从"芍陂"到"淠史杭"
——皖西水利史研究

关传友 著

东南大学出版社
SOUTHEAST UNIVERSITY PRESS
·南京·

内容提要

皖西地区是中国历史上水利事业最发达的地区之一,先后创建了芍陂、七门堰、水门塘、蔡城塘等较为著名的水利灌溉工程。特别是中华人民共和国成立后,皖西人民巧借治淮成果,兴建了新中国最大的灌区——淠史杭灌区,皖西、皖中江淮分水岭的岗丘地带呈现出"水在岭上流,船在岗上走"的奇特景观,勘为世界水利建设历史上绚丽夺目的明珠。

本书主要从水利史和水利社会史的研究视角展开对皖西地区水利史进行实证研究,填补了中国区域水利史研究的空白。全书共分七章,通过对皖西地区水利建设发展历史过程的长时段考察,分析本区域从古至今水利工程修治的特点,总结在治水过程中的经验教训,探究水利事业发展过程中所产生的水利纠纷类型、原因以及解决机制,探析水利管理过程中建立的管理制度及规约,考述著名古水利工程的发展演变历程,探讨皖西著名湖泊的生态变迁。既有宏观研究,也有个案探讨,以此展示皖西地区水利建设的历史风貌。对从事历史、地理、环境、生态、文化等领域的史学研究具有重要参考价值。

图书在版编目(CIP)数据

从"芍陂"到"淠史杭":皖西水利史研究 / 关传友著. — 南京:东南大学出版社,2020.12
ISBN 978 - 7 - 5641 - 9392 - 8

Ⅰ.①从… Ⅱ.①关… Ⅲ.①水利史-安徽 Ⅳ.①TV-092

中国版本图书馆CIP数据核字(2020)第270164号

从"芍陂"到"淠史杭"——皖西水利史研究
Cong "Quebei" Dao "Pishihang" —— Wanxi Shuilishi Yanjiu

著　者	关传友	电　话	(025)83795627
责任编辑	陈　跃	电子邮箱	chenyue58@sohu.com
出版发行	东南大学出版社	出版人	江建中
地　址	南京市四牌楼2号	邮　编	210096
销售电话	(025)83794121/83795801		
网　址	http://www.seupress.com		
经　销	全国各地新华书店	印　刷	南京玉河印刷厂
开　本	700 mm×1000 mm　1/16	印　张	18
字　数	461千字		
版印次	2020年12月第1版　2020年12月第1次印刷		
书　号	ISBN 978 - 7 - 5641 - 9392 - 8		
定　价	70.00元		

*本社图书若有印装质量问题,请直接与营销部联系。电话:025-83791830。

绪　论

　　皖西通常是对安徽省西部的泛称，现今皖西一般特指安徽省六安市。本书所述皖西是指今六安市辖的原六安县所拆分的裕安区、金安区和霍山县、霍邱县、舒城县、金寨县及霍邱县分出的叶集区，还包括2016年划属淮南市的寿县以及合肥市的肥西县，它们均属于江淮西部地区。

一、问题的提出与研究意义

　　皖西地处淮河流域中游地区，江淮农业区的西部区域，境内河流密布，水系发达，是中国历史上典型的农业区。早在春秋战国时期，当地就开始开发水利工程系统，先后兴建了芍陂、七门堰、水门塘、蔡城塘等较为著名的水利灌溉工程，农业生产获得较快发展。特别是芍陂工程成为中国古代"四大"（另外三个是都江堰、郑国渠、漳河渠）水利灌溉工程之一，至今仍能发挥灌溉作用。在长达数千年的历史进程中，皖西地区的水利建设取得了很大成就，皖西也成为中国古代历史上水利事业最发达的地区之一。特别是在新中国成立后，皖西地区大力开展治理淮河行动，兴建了佛子岭、梅山、响洪甸、磨子潭、龙河口、白莲岩等大型水库，皖西人民巧借治淮成果，兴建了新中国最大的灌区——淠史杭灌区，沟通了长江、淮河两大水系，使皖西、皖中江淮分水岭的岗丘地带呈现出"水在岭上流，船在岗上走"的奇特景观，勘为世界水利建设历史上绚丽夺目的明珠。

　　因此，对皖西地区水利史展开研究十分有必要，其具有重要的学术价值和现实意义。它的学术价值主要体现在其丰富了中国水利史和区域史研究的内容。长期以来，相关学者多从自身的研究兴趣和视角，对包括皖西区域在内的淮河流域及江淮区域史开展研究，成果也很多，涉及淮河流域和江淮区域的整体史、断代史、专题史、专门史等。但针对皖西区域史研究的成果很少，水利史研究则基本是空白。因此，本书的研究不仅弥补了皖西区域史研究的空白，还丰富了中国水利史研究的内容，为学者进行其他区域水利史研究提供了一个具有地域特色的叙事文本和比较对象。

以史为鉴，人们通过对"过往之事"进行回忆，总结经验教训，进而为现实服务。诚如英国历史学家 R. G. 柯林伍德所说："特别强调，20世纪正在步入一个新的历史时代，其中史学对人类所起的作用不逊于17世纪的自然科学。自然科学教导人类控制自然力量，史学则有可能教导人类控制人类自身的行为。"①因此，本研究的现实意义主要体现在：

一是通过对皖西地区水利建设的历史回顾，探究其水利事业兴衰的历史原因，总结历史上水利建设的经验和教训，对当今水利建设和水利事业的发展具有借鉴和历史启示意义。

二是总结历史上先贤们的执政治水理念和民本思想，历久弥新，对当今中共广大党员干部特别是领导干部具有重要的指导意义。如首创芍陂工程的孙叔敖清心寡欲、为政清廉的高洁作风，奉公律己、厉行法治的治国方略，"民惟邦本、本固邦宁"的民本思想；当代皖西人兴建的淠史杭伟大工程，体现了皖西人民自力更生、因地制宜、团结协作、艰苦创业、无私奉献的精神和风貌；解放军建设城西湖军垦农场所体现出的自己动手、丰衣足食，吃苦耐劳、求实创新的军队作风；等等，都是在一定历史条件下形成的、中华民族的宝贵精神财富，有着重要的现实意义和时代价值。

二、学术史的回顾

中国水利史方面的研究十分丰富。自民国时期开始，中外学者从不同角度、各个层面对水利史进行了探讨，主要关注传统社会的水害防治、水利工程、水利制度与水利技术等方面，有许多水利技术史与通史性著作问世。主要代表性著作有郑肇经的《中国水利史》（商务印书馆1939年版），黄耀能的《中国古代农业水利史研究》（台北六国出版社1978年版），《中国水利史稿》编写组的《中国水利史稿》（水利电力出版社1979年版），姚汉源的《中国水利史纲要》（水利电力出版社1987年版），熊达成、郭涛的《中国水利科学技术史概论》（成都科技大学出版社1989年版），汪家伦、张芳的《中国农田水利史》（农

---

① 何兆武,张文杰,等. 评柯林伍德的史学理论[M]. 北京:商务印书馆,1997:31.

业出版社 1990 年版），周魁一的《中国科学技术史·水利卷》（科学出版社 2002
年版），谭徐明的《中国防洪与灌溉史》（中国水利水电出版社 2005 年版），张芳
的《中国古代灌溉工程技术史》（山西教育出版社 2009 年版），王瑞芳的《当代
中国水利史（1949—2011）》（中国社会科学出版社 2014 年版）等。20 世纪 80
年代之后，受西方学者影响，中国水利史研究发生转向，由"治水"研究转向
"水利社会"的研究，取得了较为显著的成果。主要代表性著作有冀朝鼎的《中
国历史上的基本经济区与水利事业的发展》（中国社会科学出版社 1981 年版），
美国魏特夫的《东方专制主义——对于极权力量的比较研究》（中国社会科学出
版社 1989 年版），日本森田明的《清代水利社会史研究》（台北编译馆 1996 年
版）和《清代水利与区域社会》（山东画报出版社 2008 年版），董晓萍、蓝克利
的《不灌而治——山西四社五村水利文献与民俗》（中华书局 2003 年版），行龙
的《以水为中心的晋水流域》（山西人民出版社 2007 年版）和《走向田野和社
会》（北京三联书店 2007 年版），钱杭的《库域型水利社会研究——萧山湘湖水
利集团的兴与衰》（上海人民出版社 2009 年版），冯贤亮的《近世浙西的环境、
水利与社会》（中国社会科学出版社 2010 年版），鲁西奇和林昌丈的《汉中三
堰：明清时期汉中地区的堰渠水利与社会变迁》（中华书局 2011 年版），张俊峰
的《水利社会的类型：明清以来洪洞水利与乡村社会变迁》（北京大学出版社
2012 年版）。限于篇幅仅对有关皖西地区的水利史研究作一简要回顾。

皖西地区的水利史虽备受学界关注，但未有专门研究皖西水利史的著作面
世。王鑫义主编的《淮河流域经济开发史》一书[①] 系统地论述了淮河流域经济
的初步开发、经济的消长，北宋时期淮河流域经济的繁荣和衰落，直至清代淮
河流域经济的恢复和发展情况基本面貌，细致探讨了影响淮河流域经济发展的
各种因素，总结历史上淮河流域经济开发的经验教训，对淮河流域的经济建设
具有颇多的启发性。吴春梅、张崇旺、朱正业、杨立红合著的《近代淮河流域
经济开发史》[②] 从经济开发的角度，对近代淮河流域经济变迁的具体表现、条
件等相关问题进行了全面、具体、系统和深入的动态考察。以上是从经济史的
角度对淮河流域经济进行研究，涉及民国以前皖西地区历史上的水利建设。张

---

① 王鑫义. 淮河流域经济开发史[M]. 合肥:黄山书社,2001.
② 吴春梅,张崇旺,朱正业,等. 近代淮河流域经济开发史[M]. 北京:科学出版社,2010.

崇旺的《明清时期江淮地区的自然灾害与社会经济》一书[①]，以明清江淮地区这一重灾区作为考察对象，从自然灾害与农耕社会、灾害与社会救灾抗灾、灾害与地方宗教信仰三方面，对当地的自然灾害与社会经济进行了全方位的系统研究，其中也述及明清时期皖西（江淮西部）地区的水利建设。张崇旺的《淮河流域水生态环境变迁与水事纠纷研究》[②]以环境史、区域社会史为视角，考察了南宋以来影响淮河流域水生态环境变迁的自然和社会因素，其变迁的进程、表现、特点和影响，探究了水事纠纷产生的原因、类型、预防和解决机制，并对皖西水事纠纷有所论述。学界专门研究皖西水利史的论文也甚少，仅有关传友的4篇论文，其中：《皖西地区水利碑刻的初步调查》[③]根据野外实地调查和文献资料，初步分析探讨了皖西地区水利碑刻的分布、主要内容、价值；《皖西地区历史上的水利纠纷与社会应对》[④]回顾了皖西地区历史上水利纠纷的史实和类型，分析了产生水利纠纷的历史原因，论述了地方社会应对举措；《皖西地区水利规约的探析》[⑤]考察了皖西地区水利规约的历史与类型，并对皖西水利规约内容进行了分析；《皖西地区水利建设的历史考察》[⑥]论述了皖西地区水利建设的历史，总结了历史时期皖西地区水利建设留下的经验教训。

皖西地区的芍陂水利史研究是学界不可回避的话题，也颇受重视。最早是清乾嘉时期寿州芍陂塘下的士绅夏尚忠，他披览古籍，旁搜侧考，著成《芍陂纪事》[⑦]一书，给安丰塘（芍陂塘）留下了珍贵的历史资料。安徽省水利志编纂委员会组织撰写了《安丰塘志》[⑧]，对安丰塘进行了系统而完备的载述。研究中国水利史的著作都对芍陂工程进行了探讨。如水利史家郑肇经的《中国水利史》一书，从河防、航运、灌溉等方面详细论述了自古以来我国各水系流域和

① 张崇旺. 明清时期江淮地区的自然灾害与社会经济[M]. 福州:福建人民出版社,2006.

② 张崇旺. 淮河流域水生态环境变迁与水事纠纷研究[M]. 天津:天津古籍出版社,2015.

③ 关传友. 皖西地区水利碑刻的初步调查[J]. 皖西学院学报,2010,26(4):49-53.

④ 关传友. 皖西地区历史上的水利纠纷与社会应对[J]. 皖西学院学报,2015,31(6):38-46.

⑤ 关传友. 皖西地区水利规约的探析[J]. 农业考古,2017(4):137-145.

⑥ 关传友. 皖西地区水利建设的历史考察[J]. 古今农业,2018(4):19-27.

⑦ 该书于清光绪三年(1877)由代理凤颍六泗兵备道的任兰生组织刻印。1975年安丰塘历史问题研究小组和寿县博物馆联合采用石印法翻印了该书。2015年中国水利水电出版社出版的《中国水利史典》大型历史文献丛书,其中《淮河卷》录入并点校此书。2016年中国科学技术大学出版社出版了李松、陶立明辑校的《〈芍陂纪事〉校注暨芍陂史料汇编》。

⑧ 安徽省水利志编纂委员会. 安丰塘志[M]. 合肥:黄山书社,1995.

各地区水利发展概况，并附有图表，其中对芍陂也作了相关叙述。①方楫编著的《我国古代的水利工程》对古代灌溉、航运、堤防等部分水利工程作了介绍，书中也提到了淮河流域的芍陂灌溉工程，指出孙叔敖的期思之水是当今淮河支流淠河和灌河间的水道。②中国台湾学者黄耀能的《中国古代农业水利史研究》对中国古代帝国形成前后一个阶段的农业水利事业开发的情形加以探讨，否定了孙叔敖兴建芍陂工程，而认为其建于秦汉时期。③武汉水利电力学院和水利水电科学研究院联合编写的《中国水利史稿（上册）》对芍陂工程历史进行了考证和论述，并述及七门堰工程。④姚汉源的《中国水利史纲要》对各历史时期治河防洪、农田水利灌溉、航运等方面进行了梳理，重在叙述水利发展的史实，文中涉及芍陂工程。⑤汪家伦、张芳的《中国农田水利史》分六个阶段对中国农田水利发展的主要成就、基本特点及对其农业生产的影响进行了阐述，其中对芍陂工程进行了考述。⑥水利部治淮委员会《淮河水利简史》编写组的《淮河水利简史》概述了从远古时代至1949年淮河水利发展的历程，并对芍陂的历史兴衰进行了详述。⑦应岳林、巴兆祥的《江淮地区开发探源》一书对江淮地区的自然环境变迁、政区沿革、经济的发展过程等作出较为系统的分析研究，并对芍陂的兴修与变迁进行了重点讨论。⑧张芳的《中国古代灌溉工程技术史》是系统阐述和总结中国古代灌溉工程技术的发展进程和历史成就的专史，也对芍陂工程技术进行了探析。⑨

　　学术界有关芍陂水利史的研究论文较多，20世纪80年代中期，中国水利学会与安徽省水利厅及寿县政府联合在寿县召开了芍陂水利史学术研讨会，会后编辑出版了《芍陂水利史论文集》（1988），收录了著名学者姚汉源、郑肇经、石泉、陈怀荃、孙剑鸣、钮仲勋、周魁一、刘和惠、朱更翎等人19篇论文。此后学界多是对芍陂水利工程的起源、历史演变及管理制度进行探讨，郑全红对

① 郑肇经. 中国水利史[M]. 北京:商务印书馆,1939:251-252.
② 方楫. 我国古代的水利工程[M]. 上海:新知识出版社,1955.
③ 黄耀能. 中国古代农业水利史研究[M]. 台北:六国出版社,1978:63.
④ 中国水利史稿编写组. 中国水利史稿（上册）[M]. 北京:水利电力出版社,1979:75,214-220.
⑤ 姚汉源. 中国水利史纲要[M]. 北京:水利电力出版社,1987:31-32.
⑥ 汪家伦,张芳. 中国农田水利史[M]. 北京:中国农业出版社,1990:58-61.
⑦ 水利部治淮委员会《淮河水利简史》编写组. 淮河水利简史[M]. 北京:水利电力出版社,1990:53-63.
⑧ 应岳林,巴兆祥. 江淮地区开发探源[M]. 南昌:江西教育出版社,1997.
⑨ 张芳. 中国古代灌溉工程技术史[M]. 太原:山西教育出版社,2009.

此曾有系统评述。[①] 在沉寂了一段时间后,芍陂水利史研究重又引起学术界的兴趣,近年来有不少研究论文发表,学者们从不同视角进行探讨,其研究的深入程度也有较大提高。关于芍陂创建问题,李可可、王友奎的《芍陂创建问题再探》[②] 从孙叔敖任楚令尹期间楚国东扩的史实,楚庄王时期前后楚国和芍陂所在地区的经济发展状况及其对水利工程的要求,以及芍陂水利效益对当地经济社会发展的推动作用等几个方面进行了综合分析,论证出芍陂应为楚庄王时期楚令尹孙叔敖主持创建。陈立柱的《结合楚简重论芍陂的创始与地理问题》[③] 考证了包山楚简中"䣄䍅之田"的地理范围,与孙叔敖修造的芍陂塘分布范围接近,肯定了芍陂始建者是春秋时期孙叔敖之说。孔为廉和邢义田的《历史与传统——芍陂、孙叔敖和一个流传不息的叙事》[④] 认为孙叔敖修筑芍陂水利缺乏确凿的史料支持,该叙事的"历史真实性"不如它代表的"典范"意义重要。芍陂—孙叔敖叙事已成为当地社会感到幸福自豪的资源,叙事存在的本身实比叙事是否具有真实性更重要,其仍将在地方社会继续扮演着心理和经济上的重要角色。

关于芍陂修治问题,胡传志的《北宋治理芍陂考》[⑤] 利用《宋史》本传资料考证了北宋时期芍陂治理的史实。李松的《民国时期芍陂治理初探》[⑥] 一文认为民国时期现代水利技术逐渐被运用到芍陂工程中,芍陂治理呈现科学化、系统化趋向,其管理频度也明显超越前代,民间和官方均为此作出了贡献。李松的另一篇论文《民国时期芍陂治理述论》[⑦] 也讨论了民国时期芍陂的治理问题。日本学者村松弘一的《淮河流域的水利技术与东亚区域史——以安徽省芍陂为中心》[⑧] 论述了芍陂工程施工技术中的"草土法"在东亚的流传。

① 郑全红. 建国以来芍陂问题研究述要[J]. 江淮论坛,1997(3):78-81.
② 李可可,王友奎. 芍陂创建问题再探[J]. 中国水利,2011(10):67-70.
③ 陈立柱. 结合楚简重论芍陂的创始与地理问题[J]. 安徽师范大学学报(人文社会科学版),2012,40(4):441-449.
④ 孔为廉,邢义田. 历史与传统——芍陂、孙叔敖和一个流传不息的叙事[J]. 淮南师范学院学报,2013,15(1):1-13.
⑤ 胡传志. 北宋治理芍陂考[J]. 徐州工程学院学报(社会科学版),2014(2):74-77,92.
⑥ 李松. 民国时期芍陂治理初探[J]. 皖西学院学报,2011,27(3):25-28.
⑦ 李松. 民国时期芍陂治理述论[J]. 铜陵学院学报,2011,10(2):84-86.
⑧ (日)村松弘一. 淮河流域的水利技术与东亚区域史——以安徽省芍陂为中心[A]//钞晓鸿. 海外中国水利史研究——日本学者论集[C]. 北京:人民出版社,2014:201-207.

关于芍陂的社会管理问题，李松的《从〈芍陂纪事〉看明清时期芍陂管理的得失》[①]以清代寿州夏尚忠的《芍陂纪事》为基础，通过对明清时期芍陂管理发展脉络的梳理，揭示了明清时期芍陂管理由政府单一管理向政府与民间共同管理演变的轨迹及其作用和不足之处。李松的另一篇论文《明清时期芍陂的占垦问题与社会应对》[②]概述了明清时期芍陂地区的占垦问题，探讨了官方、豪强和民间各方在占垦问题上采取的应对措施及其相互之间的博弈。陶立明的《清末民国时期芍陂治理中的水利规约》[③]探讨了晚清至民国时期芍陂水利规约形成的主要原因，芍陂水利规约的主要内容、特点及其历史启示。关传友的《明清民国时期安丰塘水利秩序与社会互动》[④]运用水利共同体的理论，通过文献和碑刻资料考察了明清民国时期安丰塘建立水利秩序的规约、管理组织的建立、日常动员协调的途径、解决内外矛盾纠纷的惯例、地方士绅的角色与官方干预能力，展示了安丰塘水利社会不同阶层在建立和维护水利秩序中的作用。地方士绅充当了安丰塘水利共同体的代言人角色，在塘务管理中发挥了无可替代的作用。豪强、地棍类人群是安丰塘水利秩序的破坏者，成为地方官府打击的对象。保证地方赋税的收入，是地方官府对安丰塘水利秩序适度干预的根本原因。州际的水利纠纷则是安丰塘水利共同体成员的排他性反应。张崇旺的《论明清时期芍陂的水事纠纷及其治理》[⑤]论述了芍陂水事纠纷的类型与原因，探讨了明清地方官府和民间社会采取的有效措施。

关于芍陂的生态问题，陈业新的《历史时期芍陂水源变迁的初步考察》[⑥]认为水源是决定芍陂存废及其灌溉功效发挥的关键性因素，通过历史文献考证了芍陂水源的变迁情况。关传友的《安丰塘历史上水利生态问题与社会应对》[⑦]论述了自汉代至民国时期，安丰塘出现了塘身淤淀、塘面缩减、侵塘垦种、拦河截水等严重侵害水利生态的现象，究其原因乃是安丰塘补充水源不足、天气干旱及黄河夺淮等自然因素和历代南北战争波及、人地关系矛盾等人

① 李松.从《芍陂纪事》看明清时期芍陂管理的得失[J].历史教学问题,2010(2):35-40.
② 李松.明清时期芍陂的占垦问题与社会应对[J].安徽农业科学,2010,38(5):2723-2725,2733.
③ 陶立明.清末民国时期芍陂治理中的水利规约[J].淮南师范学院学报,2013,15(1):14-17.
④ 关传友.明清民国时期安丰塘水利秩序与社会互动[J].古今农业,2014(1):92-103.
⑤ 张崇旺.论明清时期芍陂的水事纠纷及其治理[J].中国农史,2015,34(2):81-93,38.
⑥ 陈业新.历史时期芍陂水源变迁的初步考察[J].安徽史学,2013(6):92-105.
⑦ 关传友.安丰塘历史上水利生态问题与社会应对[A]//王星光.中国农史研究的新视野[C].北京:科学出版社,2015:351-361.

为因素综合作用的结果；以及历史上安丰塘所属的地方官府及环塘民众采取积极修治水利、建立管理制度、打击侵塘垦种和拦河截水行为等举措，确保其水利生态不受破坏，充分发挥其水利生态效应。陈业新的《阻源与占垦：明清时期芍陂水利生态及其治理研究》[①]讨论了水源阻截和占塘垦田给明清时期芍陂水利生态造成的危害，探讨了其问题出现的主要原因，以及地方社会的应对治理之策。

研究皖西境内其他古代水利灌溉工程的论文也有发表。舒城县七门堰是皖西境内较为著名的水利灌溉工程，有数篇论文探讨。卢茂村的《话说"七门堰"》[②]主要述说了七门堰的创建者和兴建历史。金家年的《七门堰水利史探略》[③]回顾了舒城县七门堰的兴建历史，考证认为羹颉侯刘信是七门堰创建者。李晖的《万古恩同万古流——论"七门三堰"及"三堰余泽"》[④]通过对舒城县"七门三堰"的始建者、两千年来的主要疏浚扩建者以及管理上的革新者等的考证与抉微，揭示"七门三堰"对后世吏治的启迪和警示意义。关传友的《舒城七门堰水利秩序与地方社会》[⑤]根据实地考察和文献资料，从水利社会史角度对舒城县七门堰水利秩序与社会群体的互动展开讨论，论述了七门堰水利社会群体在建立和维护水利秩序中分别扮演的不同角色。

霍邱县水门塘也是皖西著名古代水利灌溉工程，仅有关传友的《清代霍邱水门塘的占垦问题与管理制度》[⑥]一文，主要以清代两块水利碑刻对霍邱县清代水门塘的占垦问题与管理制度进行了探讨，认为清代水门塘的水利管理实现了用水者在维修和灌溉管理等方面的充分参与，维护了正常的水利秩序，体现出一定的民间自治性质。

对于皖西河道的治理及环境变迁问题，学界关注较少，仅有数篇论文发表。关传友的《1915—1917年霍邱县淮河大堤的修筑》[⑦]考察了1915—1917年霍邱县所进行的一次大规模淮堤修筑活动的过程，并论述了此次修筑活动的特

---

① 陈业新. 阻源与占垦:明清时期芍陂水利生态及其治理研究[J]. 江汉论坛,2016(2):104–116.

② 卢茂村. 话说"七门堰"[J]. 农业考古,1986(1):184–186.

③ 金家年. 七门堰水利史探略[J]. 六安师专学报,1989(2).

④ 李晖. 万古恩同万古流——论"七门三堰"及"三堰余泽"[J]. 合肥学院学报(社会科学版),2007,24(6):122–126.

⑤ 关传友. 舒城七门堰水利秩序与地方社会[J]. 皖西学院学报,2018,34(3):6–11.

⑥ 关传友. 清代霍邱水门塘的占垦问题与管理制度[J]. 皖西学院学报,2013,29(1):13–16,21.

⑦ 关传友. 1915—1917年霍邱县淮河大堤的修筑[J]. 台北:中华科技史学会会刊,2019(24):40–48.

点。童雪莲的《明清时期六安城外沙洲、河道变迁考》①以明清六安方志资料为基础，分康熙前、康熙至雍正时期和雍正后三个时间段，对六安城外的沙洲及淠河河道的变迁进行了历史地理学的考证，并从自然和人文两个方面对其变化原因进行了分析。汪大明等《六安城西淠河沙洲考》②考察了六安城西沙洲及河道变化情况、成因机理，以及其形成的文化景观。

综上所述，经过史学界前辈、同仁们数十年的努力，皖西地方水利史研究已经具有一定的学术积淀，特别是皖西地区的芍陂水利史研究成绩斐然；但相对于山西、华北、江南、汉中等地的水利史研究而言，还存在着明显的不足。其对于皖西地区现代大型灌溉工程——淠史杭工程的研究、霍邱城西湖军垦农场的围垦与还湖、淮河中游湖泊群的生态变迁等都没有涉及，留存的许多水利史料、档案、碑刻等也都未得到很好的整理。因此，深入进行皖西地区水利史的研究很有必要。

三、研究思路与主要内容

本书研究思路是从水利史和水利社会史的研究视角，对皖西地区水利史进行实证研究，通过对皖西地区水利建设发展历史过程的长时段考察，分析本区域从古至今水利工程修治的特点，总结在治水过程中获得的经验教训，探究水利事业发展过程中所产生的水利纠纷类型、原因以及解决机制，探析水利管理过程中建立的管理制度及规约，考述著名古水利工程的发展演变历程，探讨皖西著名湖泊的生态变迁。总之既作宏观研究，也有个案探讨。以此展示皖西地区水利建设的历史风貌。

本书主要内容分为七章以及绪论和附录，具体概述如下：

首先是绪论部分，主要介绍本书的选题缘起，梳理回顾本区域水利史研究的相关成果，在此基础上提出本书的问题意识、研究思路。

第一章主要讨论了皖西地区的自然生态环境和社会环境，其是开展水利史研究的基础。自然生态环境主要介绍皖西地区的地形地貌、气候变化、水资源、土壤和森林植被等。社会环境主要粗略讨论了历史上皖西地区人口变化情况，考察了本地区农业发展的历史过程和所取得的历史成就，简述了本区域历

---

① 童雪莲.明清时期六安城外沙洲、河道变迁考[J].三门峡职业技术学院学报,2011,10(3):88-91.

② 汪大明,李方海,马育良.六安城西淠河沙洲考[J].皖西学院学报,2016,32(1):39-43.

史上的水旱灾害情况及其社会危害。

第二章主要是考察了皖西地区历史上水利建设的主要成就和特征，并对其历史经验和教训进行总结。

第三章主要是对当代中国大型水利灌区——淠史杭工程的兴建过程进行考察，探讨了其工程兴建的历史背景，简述了工程组织实施的过程，总结了工程建设的特点及存在问题，最后对工程建设进行了评价。

第四章主要对皖西地区历史上的水利纠纷进行探讨，概述了水利纠纷的情况和类型，讨论了引起水利纠纷的原因及地方社会采取的应对举措。

第五章主要是对皖西地区水利规约进行讨论，考察了皖西地区水利规约的形成历史和类型，分析了水利规约主体内容的构成，并对此进行了评价。

第六章主要是对皖西地区现存的著名的古水利工程安丰塘、七门堰、水门塘、蔡城塘进行考述，论述了其产生与演变的历史和管理制度。

第七章主要是对皖西地区淮河中游湖泊群的水利生态史进行研究，论述了淮河中游湖泊群的形成过程，分别讨论了霍邱城西湖、寿县城西湖、寿县南湖的生态历史变迁和垦殖情况，以及垦殖过程中的利益纷争。

附录主要是辑录了皖西地区水利的碑刻、规约、告示、文牍、诗赋、文论等，是研究地方水利史的珍贵史料。

第一章　皖西地区的生态环境与社会环境

"除害"与"兴利"是中国人水利活动的主要内容，它是基于一定的生态环境和社会环境而实现的。水利既受生态环境的制约，又受到社会环境的影响。因此，本书首先对皖西地区的生态环境和社会环境进行概述。

第一节　生态环境

生态环境一般是指与人类活动密切相关并对人类活动产生影响的各种自然力量或作用的总称。影响人类水利活动的生态环境主要包括地形地貌、气候、水资源、土壤与森林植被等。

一、地形地貌

皖西地区位于大别山北坡，面向淮北平原的斜面上，西南高，东北低，由南向北呈阶梯状分布，南部为山地，中部为丘陵岗地，北部为平原。

（一）大别山区

位于长江、淮河分水岭，山区面积7 631平方公里，占全区总面积的42.5%。山地根据不同海拔分为中山和低山。中山区分布在西南边境，海拔千米以上高峰有120多座。主峰分别在霍山县白马尖（海拔1 774米）、金寨县天堂寨（海拔1 729米），山势雄伟，峡谷深邃，山谷普遍切深在800米以上，坡度一般在30~45度。低山区海拔在400~800米，山体切割破碎，坡度多在25度左右。山间分布有许多小盆地，是山区粮食集中产地。[1]山区的"所谓畈田者，十才一二，其一垏一壑间；所谓垅田者，大都倚岩傍涧，屈曲层叠而成，奇零错落，

---

[1]　安徽省六安地区水利电力局.六安地区水利志[M].六安:安徽省六安水利电力局,1993:62.

无阡陌，得源泉之润甚少，全恃垄头凿池塘以蓄水，稍不慎则渴竭随之"[①]。

（二）江淮岗丘区

江淮丘陵是大别山余脉的延伸，面积8 367平方公里，占全区总面积的46.5%，耕地面积490万亩，占全区耕地的73%。大致可分为高丘陵和岗地两种类型。高丘陵一般海拔高度在10~200米，呈波状起伏，形态多种，有陡坡高丘、缓坡高丘、陡坡低丘、缓坡低丘，坡度一般小于25度，水利条件较差，为丘陵的产粮区。岗地海拔50~100米，地面岗冲起伏，由岗、塝、冲组成，水利条件较好，是粮食主要产区。[②]地处岗丘的农田极易遭受旱灾。故清《六安州志》称："六州田多奠陆，厥土涂泥，溉浸尤急"[③]，"山田硗瘠，忧旱为多"[④]。

（三）平原区

平原区主要分布在淮河南岸的史、沣、汲、淠河下游河谷一带和长江水系的杭埠河、丰乐河下游，面积1978平方公里，占全区总面积的11.0%。[⑤]杭丰平原为圩畈区，683平方公里，地面由洪积、冲积物组成，土层深厚、肥沃，有利耕作，是境内主要高产农区。[⑥]沿淮平原地势低洼，土地肥沃，但易遭受涝灾。如霍邱县西北沿淮一带独为水乡，"每当淮水涨溢及山水发时，南北合流，一望无际，上下百里悉为泽国"[⑦]。舒城县杭埠河下游圩畈区也是如此，地方志称："害莫大于前河，水涨则泛决为害，水落则淤塞为害。其在畈田，蛟水泛涨，或数年，或数十年一受其害。而在圩田，或间岁而受其害，或无岁不受其害。"[⑧]

二、气候

六安地区地处北亚热带的北缘，属湿润季风气候。其气候特征是：季风显著，雨量适中；冬冷夏热，四季分明；热量丰富，光照充足，无霜期较长；

---

① （清）秦达章,何国佑. 光绪霍山县志[M]. 影印版. 南京:江苏古籍出版社,1998.
② 安徽省六安地区水利电力局. 六安地区水利志[M]. 六安:安徽省六安水利电力局,1993:62.
③ （清）李懋仁. 雍正六安州志[M]. 影印版. 北京:线装书局,2001.
④ （清）李蔚,王峻,吴康霖. 同治六安州志（一）[M]. 影印版. 南京:江苏古籍出版社,1998.
⑤ 同②.
⑥ 安徽省六安地区志编纂委员会. 六安地区志[M]. 合肥:黄山书社,1997:61.
⑦ （清）陆鼎敦,王寅清. 同治霍邱县志[M]. 影印版. 南京:江苏古籍出版社,1998.
⑧ （清）吕林钟,孙浤泽. 光绪续修舒城县志[M]. 影印版. 南京:江苏古籍出版社,1998.

光、热、水配合良好。但由于处在北亚热带向暖温带转换的过渡带，暖冷气流交会频繁，年际季风强弱程度不同，进退早迟不一，因而造成气候多变，常受水、旱灾害的威胁，制约农业生产的因素亦多。

（一）气温

皖西地区年平均气温大多在14.6～15.6℃，自东北向西南随地势抬高而递减。山区气温随海拔高度增加变化较大，海拔500米处，年平均气温为13℃，1 000米处为10.5℃，1 500米处为8℃。7月份月平均气温27.2～28.4℃，极端最高气温达43.3℃（数据源自1966年8月9日霍山城关），历年最高气温平均为38℃。1月份平均气温1.4℃，极端最低气温达零下24.1℃（数据源自1955年1月11日正阳关），历年最低气温平均为零下10.3℃。[①]

（二）无霜期

全区无霜期平均为210～230天，最长达270天，最短170天。初霜出现在11月2日至11日，北部地区早于南部地区；终霜在3月27日至4月3日，南部地区早于北部地区。山区无霜期较短，海拔500米以上仅有190天左右。

（三）日照

全区年平均日照时数1 960～2 330小时，年日照百分率在46.0%～52.8%，夏秋季节高，冬春季节低。年太阳辐射总量在109.7～124.5千卡/厘米^2，相当于每亩土地可获得7.3亿～8.3亿千卡的能量。全区≥10℃期间，太阳辐射总量可达80～90千卡/厘米^2。目前利用率只占辐射总量的0.56%～0.66%，潜力很大。[②]

（四）降水

全区多年平均降水量为900～1 600毫米，具有南多北少，山区多平原少，夏春季多、冬秋季少以及年际降水差距过大等特点。降水空间分布，1 000毫米年等降水量线在舒城—六安—叶集一线，线北小于1 000毫米，线南大于1 000毫米，并随地势的抬升而递增，在接近大别山腹地形成一个多雨中心，年降水量2 000毫米左右，最多达3 000毫米。夏季雨量最多，约占全年降水量的40%，春季占30%，秋季占20%，冬季最少，占10%左右。梅雨季节是本地区降雨集中时段，一般在6月下旬至7月上旬，持续20天左右，多年平均降水量

---

① 安徽省六安地区志编纂委员会. 六安地区志[M]. 合肥:黄山书社,1997:63.

② 同上:64.

在200毫米以上。① 由于降水量分布不均，立秋前后雨量稀少，极易形成"伏旱"现象。

三、水资源

全区地表水比较丰富，年平均地表径流92.1亿~99.92亿立方米。按1985年全区人口和耕地计算，人均1 618立方米、亩均1 375立方米，高于全省人均1 283立方米、亩均922立方米数，低于全国人均2 630立方米、亩均1 506立方米数。但其分布不均，大别山区占60%，江淮丘岗区占33.7%，沿淮湖洼占4.8%，杭丰圩畈区占1.5%。地表水多集中在春夏季，占全年总量的70%~80%。年际变化也大，丰水年份易洪涝受淹，枯水年份易干旱成灾。1954年大水，地表径流多达200亿立方米；1978年大旱，地表径流只有49.5亿立方米。全区地下水资源贫乏，广大丘陵岗地和山地含水层平均每年每平方公里含水只有4.51万~4.97万立方米；沿河湖平原圩畈，平均每年每平方公里也仅含水16.54万~17.03万立方米。②

地表水主要由河流和湖泊构成。

（一）河流

全区河流众多，积水面积超过100平方公里的有45条，其中主要河流有7条，分属淮河、长江两大水系。史河、沣河、汲河、淠河、东淝河由南向北汇入淮河，流域面积15 258平方公里，占全区总面积的83%；丰乐河、杭埠河由西向东流经巢湖注入长江，流域面积3 717.5平方公里，占全区总面积的17%。③

皖西地区主要河流一览表

河流名称	发源地	长度（公里）	流域面积（平方公里）	备注（平方公里）
淠河	东源霍山大同尖 西源金寨三省垴	253	6 000	
史河	西源金寨大牛山 东源金寨三省垴	220	6 880	六安境内2 685
杭埠河	岳西石关猫耳尖	145.5	1 970	舒城县1 587.5
沣河	霍邱三元店	75	1 750	
汲河	金寨三仙山	160	2 170	

① 安徽省六安地区志编纂委员会. 六安地区志[M]. 合肥:黄山书社,1997:65.

② 同上:68、73.

③ 同上:68.

（续表）

河流名称	发源地	长度（公里）	流域面积（平方公里）	备注（平方公里）
东淝河	肥西大潜山 六安龙穴山	152	2 653	
丰乐河	六安烤炉寨	117.5	2 130	

（二）湖泊

全区天然湖泊现有城西湖、城东湖、瓦埠湖、肖严湖、梁家湖、孟家湖等。这些湖泊都是在淮河特大洪水时，作为调节洪峰的蓄水区、行洪区和滞洪区。

四、土壤

皖西地区的土壤由于受过渡性气候、复杂多样的地貌条件以及人类耕作活动等影响，其类型复杂多样，既有明显的地带性分布特征，也有着非地带性的区域分异。皖西境内地带性土壤为黄棕壤，具有南北过渡的特点；大别山中山区还分布有少量的棕壤。非地带性土壤主要是水稻土、紫色土、潮土、砂姜黑土、石灰土等。黄棕壤分布于西南部的山地丘陵和中部岗地，面积395.94万亩，占土壤总面积的19.5%。水稻土是境内最主要的耕作土壤，面积729.62万亩，占土壤总面积的36%，其中潴育型水稻土面积达669.6万亩，占水稻土面积的91.8%，在岗地和平原较为集中成片。潮土呈带状断续地分布于淮河、淠河、史河、杭埠河两岸的冲积平原，面积101.46万亩，占土壤总面积的5%，是主要耕作土壤之一。紫色土壤主要见于舒城龙河口—六安毛坦厂—霍山三尖铺—金寨江店一带的紫色丘陵，面积127.62万亩，占土壤总面积的6.3%。砂姜黑土多呈鸡窝状零星地分布于寿县堰口、霍邱县孟集等地的沿湖洼地，面积仅0.77万亩。棕色石灰土主要分布于寿县北部（八公山）和霍邱县西北部（白大山）等石灰岩残丘，面积7.23万亩，占土壤总面积的0.4%。[①]

五、森林植被

皖西地区植被丰富，现有种子植物2 000多种，其中木本植物1 056种。全区次生植被占大多数，原生植被仅少量保存在大别山北麓大山区。森林植被为亚热带落叶与常绿阔叶混交林。常绿阔叶林占比重较小，只见于山区低海拔局

[①] 安徽省六安地区志编纂委员会. 六安地区志[M]. 合肥:黄山书社,1997:79-80.

部避风向阳的湿润谷地，树种有较耐寒的青冈栎、苦槠、石栎、冬青和紫楠、湘楠等。落叶阔叶林占比重很大，在山区有以栓皮栎、麻栎、茅栗树占优势的大片林地和以化香、山槐、朴树等占优势的成片山场；在河岸、河滩和山谷地带，有以江南桤木、枫杨、赤杨、河柳为主的小片林地；在丘陵和平原地带，主要有刺槐、中槐、苦栎、枫香、臭椿、柳、榆、白杨、泡桐、梧桐、法国梧桐、重阳木、黄连木等。依据树种组成，分为松林群落、松栎混交群落、栎林群落、杉木群落、竹林群落、柳树枫杨群落等六大群落和自然灌丛。①

第二节　社会环境

人类持续的社会活动对生态环境施加的影响极为显著。人类活动往往会使某地的地形地貌、水系及植被等生态因素发生变化，进而引发严重的环境灾害。

一、皖西政区变化

皖西地区历史悠久，但历史上政区建置变化较大。夏代淮夷人南迁与当地土著结合，在皖西地区建立的方国有六、英等国。汉司马迁所著《史记·夏本纪》载夏王朝"封皋陶之后于英、六"②，故六安城有"皋城"之称。商至西周时期，迁居皖西地区的皋陶后人先后在此建立了六、英、群舒（包括舒鸠、舒蓼、舒龙、舒鲍、舒龚、舒庸）等偃姓诸侯方国。春秋后，这些方国为楚所灭。东周战国时期，皖西先后隶属吴、楚。楚考烈王二十二年（前241），楚迁都寿春（今寿县城），称郢，不久后被秦所灭。

秦统一中国，实行郡县制。今六安东南、霍山、舒城大部地区属衡山郡，并置潜县；六县、寿春、安丰县属九江郡。

西汉初期，皖西地区先后属衡山国和淮南国，今寿县和六安北属淮南国，金寨、六安、霍山、霍邱属衡山国。汉武帝时，淮南王刘安、衡山王刘赐谋反除国，汉武帝取衡山国内六县、安风、安丰等县首字，改衡山国为六安国，六安之名由此始。后设十三刺史部，皖西地区属扬州刺史部，置六县、蓼县、安风、安

---

① 安徽省六安地区志编纂委员会. 六安地区志[M]. 合肥:黄山书社,1997:82.

② （汉）司马迁. 史记[M]. 北京:中华书局,2006:10.

丰、阳泉等县。皖西境内的灊县、龙舒属庐江郡，寿春、博乡、成德属九江郡。

东汉时，皖西属九江郡、庐江郡。寿春、成德县属九江郡，六安、灊县、安风、阳泉、安丰、雩娄、龙舒等县归庐江郡。

三国时期，皖西属魏国淮南郡、庐江郡、安丰郡。寿春、成德县属淮南郡，六安、博安、阳泉县属庐江郡，安风、蓼、安丰、雩娄等县属安丰郡。

西晋时期，寿春、成德县属扬州淮南郡，六县、潜县、阳泉、舒县、龙舒五县属扬州庐江郡，安风、松滋、蓼、安丰、雩娄等县属豫州安丰郡。

东晋时期，寿县属淮南郡，六安、舒城、霍山以及寿县安丰塘西部和霍邱县城东湖以东淠河两岸属庐江郡，两郡同属扬州，霍邱、金寨则属豫州义阳郡。

南北朝时，皖西地区属南朝宋，属南豫州。继属南朝齐，寿县、霍邱、金寨以及六安县北部地区属豫州，有开化、蒙县、雍丘、安丰、北樵、小黄、松滋七县；舒城、霍山、六安及其南部地区属南豫州，置潜县、舒县。再属南朝梁，寿县属豫州，霍邱县属安丰州，霍山、舒城、金寨、六安大部地区属新设霍州。继属北朝魏、齐。

隋朝开皇初年，皖西分属淮南郡、庐江郡，寿春、安丰、霍邱县属淮南郡，六安、舒城、霍山、淠水、开化五县属庐江郡。

唐代时，皖西属淮南路的庐州和寿州。舒城县属庐州，寿春、霍邱、盛唐、安丰、霍山等县属寿州。

五代十国，先属吴国，继属南唐，后属后周。

北宋时期，皖西分属淮南西路的寿州和庐州。寿州领寿春、安丰、六安、霍邱等县，舒城县属庐州。重和元年（1118）升六安县为六安军，直属淮西路。

南宋，六安军降为六安县，舒城县属庐州，安丰县升为安丰军，领原寿州境地。景定五年（1264）复设六安军，直属淮西路。

元朝，皖西属河南行省的安丰路和庐州路。寿春、安丰、霍邱县属安丰路，六安州、六安县、霍山县和舒城县属庐州路。

明朝，皖西分属南直隶的凤阳府和庐州府。寿州及所辖霍邱县属凤阳府，六安州及下辖英山县和霍山县、舒城县属庐州府。

清雍正二年（1722），六安州升为直隶州，领霍山县及英山县，霍邱县属颍州府，舒城县属庐州府。

民国时期，废州改县，寿县、六安、霍邱、舒城、霍山、英山均隶属安徽省。民国三年（1914）至十七年（1928），舒城、六安、霍山、英山属安庆道，寿县、霍邱属淮泗道。民国二十一年（1932），寿县、霍邱属安徽省第四行政督察区，六安、舒城、霍山属第三行政督察区，英山县划入湖北省。同年10月，国民政府分安徽省的六安县、霍山县、霍邱县及河南省的商城县、固始县，成立立煌县，初属河南省，次年3月划归安徽省第三行政督察区。民国二十五年（1936），划安徽省的潜山、太湖、舒城、霍山四县成立岳西县。民国二十七年（1938），寿县、霍邱划入第三行政督察区，皖西属第三行政督察区。民国二十九年（1940）7月，第三行政督察区改为第二行政督察区。

1949年，中华人民共和国成立，皖西属皖北行署，所设六安专区辖寿县、六安、霍邱、舒城、霍山、金寨等县。

1952年，安徽省成立，肥西县划入六安专区。

1958年，肥西县属合肥市，庐江县划入。

1961年，肥西县复入六安专区管辖。六安专区辖寿县、六安、霍邱、舒城、霍山、金寨、肥西、庐江八县。

1965年，寿县东部的下塘、杨庙、水湖、杨公四区划属新成立的长丰县。庐江县划归巢湖专区。六安专区辖寿县、六安、霍邱、舒城、霍山、金寨、肥西七县。

1971年，改六安专区为六安地区，辖境未变。

1978年，以六安县城关及周边三乡成立六安市，属六安地区行政公署。

1983年，肥西县划属合肥市管辖。六安行署下辖六安市及六安县、寿县、霍邱、舒城、金寨、霍山等六县。

1992年，六安市、县合并，为县级六安市。

1999年，六安撤地设市，原县级六安市分设金安、裕安两区。

2000年，省辖六安市成立。到2007年，六安市辖金安、裕安两区和寿县、霍邱、金寨、霍山、舒城五县，以及省级六安经济技术开发区和叶集改革发展试验区。

2015年，设立六安市叶集区。

2015年底，寿县划入淮南市辖，六安市辖金安、裕安、叶集三区和舒城、霍山、金寨、霍邱四县。

二、皖西人口变化

皖西地区的政区历代变化很大，文献记载分散，想完整地考察历史上的人口变化情况极为困难。文献确载人口是西汉元始二年（2）的六安国，辖六县、蓼县、安风、安丰、阳泉等五县，有38 345户、178 616口，县均7 669.00户，户均人口4.66口。现根据著名经济史家梁方仲先生的《中国历代户口、田地、田赋统计》① 相关表格，粗略推算汉至元代皖西地区的人口变化大致情况，列表如下。

皖西地区历代人口情况估计一览表

记录时间	户数	口数	户数/县	口数/户	资料出处及备注
西汉元始二年（2）	81 417（六安国4县30 676户、九江郡3县30 010.41户、庐江郡2县20 730.5户）	372 742（六安国4县178 616口、九江郡3县156 054口、庐江郡2县76 340口）	9 046.3	4.58	甲表3，P22页（九江郡寿春、博乡、成德，庐江郡灊、龙舒，六安国六县、安风、安丰、阳泉）
东汉永和五年（140）	56 231户（九江郡2县12 777户、庐江郡6县43 454户）	243 525口（九江郡2县61 456口、庐江郡6县182 069口）	7 029.0	4.33	甲表7，P34页（九江郡寿春、成德县，庐江郡六安、潜县、安风、阳泉、安丰、龙舒）
晋太康初年（280左右）	6 935户（淮南郡2县4 175户、庐江郡5县2 100户、安丰郡3县660户）		693.5		甲表15，P62、P66页（淮南郡寿春、成德县，庐江郡六县、灊县、阳泉、舒县、龙舒，安丰郡安风、松滋、安丰县）
宋大明八年（464）	2 911.97户（南梁郡寿春690.22、庐江郡3县1 909、边城郡3县312.75）	18 606.44口（南梁郡寿春4 750.44、庐江郡3县11 997、边城郡3县1 859）	416.0	6.39	甲表17，P72页（南梁郡寿春，边城郡史水、开化、边城，庐江郡灊、舒、始新）
隋大业五年（609）	54 446户（淮南郡3县24 709户、庐江郡5县29 737户）		6 805.75		甲表22，P108页（淮南郡寿春、安丰、霍邱，庐江郡六安、舒城、霍山、淠水、开化）
唐贞观十三年（639）	4 335.5户（寿州4县2 996户、庐州1县1 339.5户）	21 596.25口（寿州4县14 718口、庐州1县6 878.25口）	867.1	4.96	甲表24，P115页（寿州寿春、霍邱、盛唐、安丰，庐州舒城）

---

① 梁方仲. 中国历代户口、田地、田赋统计[M]. 北京:中华书局,2008.

（续表）

记录时间	户数	口数	户数/县	口数/户	资料出处及备注
唐天宝六年（742）	44 245.6户（寿州5县35 581户、庐州1县8 664.6户）	228 666.2口（寿州5县187 587口、庐州1县41 079.2口）	7 374.27	5.17	甲表26，P127页（寿州寿春、霍邱、盛唐、安丰、霍山，庐州舒城）
宋崇宁元年（1102）	154 088.33户（寿州4县126 383户、庐州1县27 685.33户）	305 824口（寿州4县246 381口、庐州1县59 453口）	30 817.67	1.98	甲表38，P218页（寿州寿春、霍邱、六安、安丰，庐州舒城）
元至元二十七年（1290）	15 405户（安丰3县6 747户、庐州3县8 658户）	99 183.2口（安丰3县36 604、庐州3县62 579.2口）	2 567.5	6.44	甲表49，P248页（安丰路寿春、安丰、霍邱县，庐州路六安州、六安县、舒城县）

明代以后地方志书对人口记载相对较为详细，下表所示是根据明清时期皖西地方志资料得出的皖西明清时期大致人口情况。

明清皖西各州县人口情况一览表

州县名	洪武	嘉靖	万历	康熙	乾隆	嘉庆	道光	同治	光绪
六安州	5 920户59 530口		8 581户99 355口（10年）	32 830丁（50年）	36 543丁（36年）				
霍山县			2 450户24 078口（10年）	7 767丁（50年）	9 643丁（11年）				20 382户148 927口（29年）
寿州		8 245户104 643口（20年）		27 863丁（50年）			765 757口（8年）		66 983户379 663口（14年）
霍邱县	2 436户17 511口（5年）	4 824户43 348口（20年）	4 789户45 269口（20年）	24 008丁（五十年）			201 110户699 237口（4年）	92 698丁（8年）	
舒城县	6 736户52 173口（24年）	6 696户65 215口（40年）	5 587户31 615丁（6年）	16 004丁（50年）		396 334口（7年）		107 196口（8年）	232 454口（24年）

注：数据源自于《万历六安州志》《同治六安州志》《光绪霍山县志》《同治霍邱县志》《民国霍邱县志》《嘉靖寿州志》《光绪寿州志》《万历舒城县志》《光绪舒城县志》。

由上述列表可以看出，自西汉至清代，除魏晋南北朝时期外，皖西地区历代人口呈增长状态。特别是明清时期人口增长迅速，清乾嘉道时期皖西人口快速膨胀，达到历史最高。如乾隆年间六安州人口比明洪武年间增长数倍。霍邱县道光四年（1824）人口"而数溢于前"，已较明初增长"二十七倍有奇"。[1]到清道光八年（1828）时，寿州人口是明嘉靖二十年（1541）时的7倍多。舒城县嘉庆七年（1802）人口较明洪武二十四年（1391）人口增长了6.6倍。人口的急剧增长，势必加大对资源的掠夺，造成可利用资源的日益减少和生态环境的恶化。

三、农业生产

皖西地区位于江淮农业区的西部区域，历史上是以农业为主的地区，农业生产极为发达。在距今约4 000年的龙山文化后期遗迹中，霍邱县红墩寺和扁担岗遗址、寿县斗鸡台遗址等，都出土过人工栽培稻。夏代淮夷人南迁后，同当地土著结合，在皖西地区建立了六、英等方国，《史记·夏本纪》载夏王朝"封皋陶之后于英、六"[2]。商至西周时期，皋陶后人先后在皖西地区建立了蓼、英、六、舒、夷虎、舒蓼、舒庸、舒鸠、舒龙、舒鲍、舒龚、宗等偃姓诸侯方国，这些方国人即以稻作农业为主。《周礼·职方氏》谓"扬州宜稻"，古扬州当包括皖西地区。2000年安徽省考古所在六安市三十铺镇堰墩村发掘了一座西周时期的村落遗址，除了出土陶器、原始瓷器、印纹硬陶、铜器、石器外，还出土了一批炭化稻，经鉴定为粳稻型品种。[3] 2004年霍邱县石店镇韩店村堰台西周遗址出土了各类文物标本千余件，考古人员通过对遗址浮选发现了粳稻、小麦和粟等农作物，[4]说明该地是以稻作、麦类种植的多种农作物并存的农业经济。

春秋战国时期，皖西稻作农业技术有了新发展。司马迁《史记·货殖列传》云："楚越之地，地广人稀，饭稻羹鱼，或火耕而水耨。"东汉应劭在《史记·平准书·集解》中就"火耕水耨"注曰："烧草下水种稻，草与稻并生，高七八寸，因悉芟去，复下水灌之，草死稻独长。"就是在播种之前，放火烧

① （清）陆鼎敦，王寅清. 同治霍邱县志[M]. 影印版. 南京:江苏古籍出版社,1998.

② （汉）司马迁. 史记[M]. 北京:中华书局,2006:10.

③ 姚政权,王昌燧,宫希成. 六安堰墩遗址出土炭化稻的初步研究[J]. 农业考古,2003(3):86-88,92.

④ 安徽省文物考古所. 霍邱堰台——淮河流域周代聚落发掘报告[M]. 北京:科学出版社,2010:482-484.

去田里的野草与蓬蒿，再下种，谓之火耕。待禾苗长出七八寸时，将杂草割除，及时将水灌入田里淹没杂草，使之闷死腐烂而成为肥料以助稻秧生长，即为水耨。说明当时皖西地区稻作生产技术已达一定的水平。"火耕水耨"的耕作方式对水的需求尤为迫切，因而带动了皖西地区水利事业的发展，特别是大型水利工程设施的兴修。《后汉书·王景传》载春秋时楚庄王令尹孙叔敖（前605年左右）在寿县修建了著名的芍陂水利灌溉工程，有力地促进了皖西地区农业的发展。

春秋战国时期皖西地区的桑麻业也有很大发展。寿县蔡昭侯墓出土的蚕形玉饰说明了当时人们对蚕桑的重视；舒城县凤凰嘴春秋中期墓中出土的苎麻布残迹（分粘在铜器表面），表明桑麻生产已经成为当时皖西人的副业。

秦汉时期皖西地区先后属九江郡和庐江郡辖地，农业生产得到了进一步发展，主要体现在铁器的普及、牛耕技术的使用等。1959年寿县安丰塘越水坝汉代坝工程遗址出土大批生产工具，其中90%以上是铁器，如"都水官"铁锤、铁锄、铁斧、铁犁、铁锯、铁凿、铁鱼叉等。1956年淮南田家庵黑泥乡出土汉代铁锄和铁镰各2件。[1] 这都说明铁器是皖西地区最常用的农具。《后汉书·王景传》载建初八年（83），王景"迁庐江太守，…… 郡界有楚相孙叔敖所起芍陂稻田，景乃驱率吏民，修起芜废，教用犁耕，由是垦辟倍多，境内丰给"。在王景任庐江郡守前，"百姓不知牛耕，致地力有余而食常不足"。王景在皖西地区推行铁犁牛耕，垦田大量增多，极大地促进了当地稻谷生产的发展。

曹魏政权在皖西地区进行屯田，《三国志·魏书》记载：建安五年（200），曹操以刘馥为扬州刺史，广屯田，"兴治芍陂及茹陂、七门、吴塘诸竭，以溉稻田，官民有畜"[2]。邓艾仕魏为农计吏，司马懿辟为掾、迁尚书郎，正始二年（241）兴工开广漕渠，复修芍陂；四年（243）告成。于是"北临淮水，自钟离而南，横石以西，尽沘水四百余里，五里置一营，营六十人，且田且守。……自寿春至京师，农官田兵，鸡犬之声，阡陌相属"[3]。当时屯田规模之大，蓄粮之多，为晋统一中国创造了条件。

魏晋时期，皖西地区大量种植小麦等农作物，《晋书》载晋元帝太兴二年

① 王鑫义 . 淮河流域经济开发史[M]. 合肥：黄山书社，2001:178.

② （晋）陈寿 . 三国志[M]. 北京：中华书局，2006.

③ （唐）杜佑 . 通典[M]. 北京：中华书局，1982.

（319）"五月，淮陵、临淮、淮南、安丰、庐江等五郡蝗虫食秋麦"[①]。五郡地处淮南、江北间，反映江淮地区（包括皖西）广泛种植麦类作物。淮南是东晋南朝侨置州郡的重点地区之一，北人习于食面，对皖西推广种麦有促进作用。刘宋时期，皖西地区夏秋粮食作物已开始轮作。《宋书》记载沈亮曾向皇帝奏称："缘淮岁丰，邑富地稔，麦既已登，黍、粟行就。"[②]北齐天保元年（550），侯景征江西（江淮西部地区）租税，藉以投靠南朝梁建康政府，北齐淮南经略使辛术率军渡淮邀击，"烧其稻谷百万石"[③]。侯景能在短期内于淮南征收稻谷百万石以上，从一定程度上反映了淮南稻谷生产规模之大。

唐代玄宗时，曾在皖西大兴屯田，从开元二十五年（737）四月庚戌所下诏可知，皖西寿州当时已置有屯田。[④]唐肃宗上元中（760—762），在皖西"寿州置芍陂屯，厥田沃壤，大获其利"[⑤]，说明是利用芍陂水利，就地设置屯田。宋徐铉《稽神录》卷四载，施汴曾任庐州营田使，可知庐州舒城也有屯田，因舒城有七门堰水利。可见，皖西屯田的开展对当时耕地面积的扩大起到了积极的作用，使之成为淮南地区的重要产粮区。

唐时期皖西的桑麻种植有很大发展。早在南朝时期，皖西寿春等地所产丝绵绢布就已有名。史载淮南道赋物，也包括丝、麻二大类。在贡物中，扬州细纻，庐州交梭、熟丝布，楚州孔雀布，和州纻练，滁州麻、货布，舒州白纻布，寿州葛布，也是绢、布（纻、葛）二大类。[⑥]盛唐时期对绢布质量的评估，史载舒州火麻，庐、和货布，均名列全国第二等，扬州纻，楚、庐、寿州火麻，楚、滁州货，并居全国第三等，庐州纻为第四等，寿州绢居全国第五等。[⑦]由此约略可见，江淮地区（包括）所产桑蚕、麻布在全国所处地位已是相当的重要。

唐代，皖西已是著名的产茶区，《唐国史补》卷下载"寿州霍山之黄芽"是名茶。唐天宝年间，茶商刘清真与其徒二十余人在寿州作茶出卖。[⑧]《新唐

① （唐）房玄龄. 晋书[M]. 北京:中华书局,1974.
② （梁）沈约. 宋书[M]. 北京:中华书局,1974.
③ （唐）李延寿. 北史[M]. 北京:中华书局,1974.
④ （宋）王钦若,杨亿,孙奭,等. 册府元龟[M]. 影印本. 北京:中华书局,1960.
⑤ （唐）杜佑. 通典[M]. 北京:中华书局,1982.
⑥ （唐）李林甫. 唐六典[M]. 影印本. 北京:中华书局,1992.
⑦ 同上.
⑧ （宋）李昉,扈蒙、徐铉第. 太平广记[M]. 北京:中华书局,2013.

书》载寿、庐二州贡茶。唐元和时，彰义（蔡州）节度使吴少阳"时时掠寿州茶山，劫商贾"①。

北宋时期皖西地区的粮食产量、农作物品种以及茶叶等经济作物的种植，均有不同程度的发展。北宋之初，淮河流域（包括皖西地区）荒田很多，于是"天子乃遣议臣东出宿亳，至寿春；西出许颖，转陈蔡间，至襄邓，得田可治者二十二万顷，欲修耕屯之业，度其功用矣"②，皖西地区的农田有了较大的增加。宋朝廷多次修治芍陂水利，并对豪强侵占芍陂水利的现象进行打击，充分发挥了芍陂的灌溉作用，使得安丰县成为"当旱而霖，讫无凶年。稻粲甘精，南方之冠"③。赋税也大为增加，至庆历二年（1042）时，寿州已是"主客九万有畸，生齿倍之，赋租以斛计者岁二十万，以缗者四之一，总两计者三十万，匹端者八之一，沿赋杂订上千百计，故输入都内，寿为多"④。北宋时皖西地区农作已实行两年三熟制，粮食亩产量一般在二石左右，最少也有一石；年成好时则高于三石。如太宗至道三年（997），皖西寿春等地亩产量即高达三斛。⑤北宋朝廷推广的占城稻和菉豆在皖西地区也得到了大力种植。

宋初，朝廷在淮南山区设十三场管理和收购淮南的茶叶，其中涉及皖西地区的有庐州舒城的王同场、寿州六安的麻步场、霍山的霍山场、霍邱的开顺场四个。仅宋嘉祐六年（1061），淮南十三场共买茶四百七十九万六千九百六十一斤。其中寿州麻步场买茶三十三万一千八百三十三斤，霍山场买茶五十三万二千三百九斤，开顺场买茶二十六万九千七十七斤；庐州王同场买茶二十九万七千三百二十八斤。⑥足见皖西山区茶叶种植规模之大和产量之高。

南宋时期，皖西地区处宋、金交战之地，境内社会经济受到极大破坏。南宋朝廷在皖西采取了劝民垦荒、实行屯田等措施，恢复农业生产。南宋高宗绍兴二年（1132）于江淮实行屯田和营田，绍兴六年（1136）改称"营田"，驻扎在江淮的将领悉领营田使，"官给牛、种，抚存流移，一岁之中收谷三十万石有

---

① （宋）欧阳修,宋祁.新唐书[M].北京:中华书局,1975.

② （宋）曾巩.元丰类稿[M].影印版.上海:古籍出版社,1987.

③ （宋）宋祁.景文集[M].影印版.上海:古籍出版社,1987.

④ 同上.

⑤ （元）马端临.文献通考[M].北京:中华书局,2011.

⑥ （宋）沈括.梦溪笔谈[M].北京:中华书局,1957:136.

奇"①。受战争影响较小的大别山区茶叶、漆树、烧炭等林特业较发达，薛季宣出使淮西，记载皖西安丰军因有打柴、烧炭、割漆、采茶之利，大量饥民聚集在那里谋生。②

蒙古人统一中国后，推行"重农""劝农"的政策。因皖西地区人口稀少，荒地极多，元世祖忽必烈先令当地官员试行立屯，"遣数千人，即芍陂、洪泽试之"；一年后，仅寿州芍陂一处，就"收米二万石"。③至元二十三年（1286）七月，在江淮屯田已经初见成效的情况下，忽必烈下诏"立淮南洪泽、芍陂两处屯田"④，并在皖西安丰设屯田万户府，经营和管理当地的屯田事务。当时芍陂屯田军士已达五千人的规模。皖西民屯规模也较大，朝廷设淮东淮西屯田打捕总管府管理两淮民屯，皖西地区设有安丰提举司管理皖西地区的民屯事务。《元史·世祖纪十四》载至元三十年（1293）三月，元世祖忽必烈下令"洪泽、芍陂屯田旧委四处万户，诏存其二，立民屯二十"⑤。皖西屯田的开展，促进了当地荒闲土地的利用开发，增加了可耕地面积，有力地推动了元代皖西地区社会经济的恢复和发展。

明太祖朱元璋建立政权后，实行了鼓励垦荒、移民屯田、大兴水利、鼓励种植经济作物等惠农政策和措施，皖西地区的农业经济得到了恢复和发展。洪武十年（1377）前后在皖西设立寿州、六安卫屯田，既以驻防，亦使富余官兵携家就业，朝廷发给牛、种、农具。寿州卫置指挥使十二员，后增至十六员，辖五所，每所约一千二百人（户），各所卫官共有千户三十一员，百户五十八员。卫屯田为官产，无赋，而由卫官征收租籽，供在戍从公官兵军费军饷。⑥六安卫，"存留守城军士不及九分之一，余皆屯田"⑦。大规模的军事屯田增加了皖西土地面积和粮食产量，明《嘉靖寿州志》载：寿州五卫屯田共一千八百三十一顷一十亩，岁征租籽一万八千二百二十二石。⑧明嘉靖二十九年（1550），寿州境内仅有耕地71.4万亩（其中官田与卫屯田19.6万亩）。到明末寿

① （元)脱脱,欧阳玄. 宋史[M]. 北京:中华书局,1977.
② （宋)薛季宣. 浪语集[M]. 影印版. 上海:古籍出版社,1987.
③ （明)宋濂. 元史[M]. 北京:中华书局,1976.
④ 同上.
⑤ 同上.
⑥ 寿县地方志编纂委员会. 寿县志[M]. 合肥:黄山书社,1996:139.
⑦ （明)杨士奇. 明太宗实录[M]. 中研院校印本. 影印版. 上海:古籍出版社,1992.
⑧ （明)栗永禄. 嘉靖寿州志[M]. 影印版. 北京:国家图书馆出版社,2013.

州耕地增至382.4万亩。① 说明皖西地区的耕地面积得到了很大增加。《万历六安州志》记载穆宗隆庆五年（1571），知州唐可封奉丈实得田地塘山一万七千三百四十顷九十八余亩，内田九千三百一十五顷四余亩，地三千二百零五顷九十五余亩，塘山四千八百二十顷九十七余亩。② 皖西境内许多著名水利工程，如芍陂、七门堰等都得到了修治，为农业生产提供了灌溉保障，也使得皖西成为明朝主要的产粮区。王社教先生对明代苏皖浙赣四省的税粮作了统计，涉及皖西的情况是：秋税征米数，明嘉靖年间寿州（含凤台县）4 753石、霍邱县3 640石，万历年间舒城县10 155石，万历年间六安州7 974石、霍山县2 424石；夏税麦数，嘉靖时寿州4 730石、霍邱县1 361石，万历时六安州2 054石、霍山县629石，万历舒城县1 397石。③

明代改团茶为散茶、改"蒸"为"炒"的茶法改革，使皖西六安茶脱颖而出，成为名满天下的名茶和朝廷贡茶。明陈霆《两山墨谈》中称六安茶为"天下第一"④。明代皖西茶还涌现了"小岘春""六安贡尖""六安雀舌芽茶""云雾茶"等许多优质名品。明嘉靖初给事中汪应轸说：当时"日进月进御用之茶，酱房、内阁所用之茶，俱是六安茶。其不足则用常州茶等"⑤。六安所贡茶的贡额，《万历六安州志》载："州贡芽茶四十七斤，霍山贡芽茶二百五十三斤。"⑥ 皖西茶因其很高的知名度，吸引了各地茶商来境贩运。清初的《顺治霍山县志》对明代六安茶经销情况记载如下："每到茶时，男妇错杂，歌声满谷，日夜力作不休。校尉、寺僧、富商大贾，骑纵布野，倾囊以值。百货骈集，列布开肆，妖冶招摇，为山中盛事。"⑦ 以至出现了"陆路不通江浙货，居民多尚六安茶"⑧ 的现象。

清代皖西粮食作物主要是水稻，《乾隆寿州志》载安丰塘周边"环塘之民，插秧遍野"⑨；雍正初划归颍州府辖的霍邱县"其南乡大半皆营水田，植粳稻，

① 寿县地方志编纂委员会. 寿县志[M]. 合肥:黄山书社,1996:139.
② （明）刘垓. 万历六安州志[M]. 影印版. 台北:成文出版社有限公司,1983.
③ 王社教. 苏皖浙赣地区明代农业地理研究[M]. 西安:陕西师范大学出版社,1999:196–218.
④ （明）陈霆. 两山墨谈[M]. 北京:商务印书馆,1935.
⑤ （清）孙承泽. 春明梦余录[M]. 北京:古籍出版社,1992.
⑥ 同②.
⑦ （清）栾元魁. 顺治霍山县志[M]. 顺治十八年刻本.
⑧ （明）崔维岳,汪文奎. 万历宿州志[M]. 影印版. 北京:国家图书馆出版社,2013.
⑨ （清）席芭. 乾隆寿州志[M]. 影印版. 台北:成文出版社有限公司,1983.

渠塘堰坝蓄泄以时"。① 此时，麦类、豆类等皆得到了广泛种植。美洲大陆高产农作物番薯、玉米在皖西也得到了广泛种植。明末玉米传入皖西地区，清康熙年间霍山县"民家惟菜圃间偶种一二，以娱孩稚"。随着人们对其耐热、稳产高产、不择地而生等习性的认识加深，到清乾隆初期，皖西地区开始大量广泛种植玉米。清《乾隆霍山县志》称"今则延山漫谷，西南二百里恃此为终岁之粮"②，可见霍山种植玉米的规模之大，玉米甚至已经成了人们的主要口粮。清初，六安州和霍山县已经开始广泛种植番薯，并且有不同的品种，"薯味略同山药而稍松，大者长尺余，围盈拱。出六西乡苏埠，霍地间有种之"③。乾隆十二年（1747），安徽巡抚潘恩榘谕令在安徽试种。乾隆二十二年（1757）、二十五年（1760），先后在凤台、寿州任官的郑基，分别在凤台和寿州"教民种山薯蓣，佐麦菽，俾无旷土"④，大力推广种植番薯。

清代，山区林特经济得到较大发展。茶叶仍是山区最大宗特产，"其品最上者曰银针，仅取枝顶一枪；次曰雀舌，取枝顶二叶之微展者；又次曰梅花片，择最嫩叶为之；曰兰花头，取枝顶三五叶为之；曰松萝，仿徽制截叶，霍制全叶。皆由人工摘制，俱以雨前为贵。其任枝干之天然而制成者，最上曰毛尖，有贡尖、蕊尖、雨前尖、雨后尖、东山尖、西山尖等名，西山尖多出雨后，枝干长大，而味胜东山之雨前。次曰连枝，有白连、绿连、黑连数种，皆以老嫩分等次也"⑤。皖西茶以华北、山东、湖北武汉及江苏扬州、苏州、南京为主要市场，大部分通过淠河水路运输，由寿州正阳关入淮河。一经京杭大运河分别两路，一路北上运至山东、北京、天津等地，一路南下运至扬州、苏州、南京等地；一经颍河运至河南周家口（今周口市），再由周家口分销至陕西、山西、蒙古及新疆等地区。清朝与俄罗斯签订《恰克图条约》后，皖西茶则由山西茶商运销至俄罗斯。据关传友估计，清代皖西茶年销量应在5万担左右。⑥

清代，皖西商品林出现了杉木规模经营，地方志载：杉木质坚细而干正

① （清）王敛福. 乾隆颍州府志[M]. 影印版. 南京:江苏古籍出版社,1998.

② （清）甘山,程在嵘. 乾隆霍山县志[M]. 影印版. 台北:成文出版社有限公司,1983.

③ 同上.

④ （清）庆桂,董诰. 清高宗实录[M]. 北京:中华书局,1985.

⑤ 同②.

⑥ 关传友. 清代皖西地区的茶业[J]. 皖西学院学报,2012,28（3）:42-47.

直，"乡中最喜种植，比户皆然，西南乡尤多且善，每岁出境亦为大宗"[1]。晚清霍山的茅山，六安州的青山、水竹坪、花石等地就有成百上千亩的杉木纯林种植经营。皖西山区还多竹、栗、漆、油桐等林，出产量也较大。

皖西山区多松树，山民多以其种茯苓药材。霍山县"西南数十保地有之，（以黄丽岘保之五经山左右为最）。相传其种法受自潜人，而潜人传自云南。道咸以前潜人来霍兴种，独擅其利，每百斤值钱十千、二十千不等（时银少价昂）。光绪以来，居民趋之若鹜，弃农工、穷山谷，几于比户皆然"[2]。其他药材也有不少种植。

民国时期，皖西地区处于军阀混战、国共内战、抗日外战的局面，官吏豪夺，土地兼并严重，加速了农村的破产，使得皖西农业遭受严重的摧残。

第三节　水旱灾害

皖西地区独特的地理环境，造成其境内自然灾害频发。根据历史文献记载，早在汉代，皖西地区就有自然灾害的发生，特别是水旱灾害对人们的生命财产安全产生严重威胁，诚如六安州人杨友敬所称六安州境"近河则独畏涝，去河远则忧旱"[3]。现根据历代地方志所记资料将皖西地区历史上水旱灾害情况列表如下：

皖西地区历史上水灾年份分布情况表

县名	水灾年份分布								合计	资料出处
六安	634	814	833	973	974	1152	1188	1310	32	《同治六安州志》（1872）《六安县志》（1993）
	1322	1352	1508	1528	1529	1549	1562	1651		
	1727	1739	1750	1794	1801	1848	1849	1850		
	1857	1866	1869	1883	1908	1914	1931	1948		
霍山	824	973	1562	1569	1586	1587	1588	1651	28	《光绪霍山县志》（1905）《霍山县志》（1993）
	1711	1727	1732	1801	1808	1817	1833	1841		
	1849	1850	1857	1869	1882	1897	1914	1931		
	1932	1934	1941	1945						

① （清）秦达章,何国佑,程秉祺. 光绪霍山县志[M]. 影印版. 南京:江苏古籍出版社,1998.

② 同上.

③ （清）金弘勋. 乾隆六安州志[M]. 影印版. 台北:成文出版社有限公司,1985.

续表

县名	水灾年份分布								合计	资料出处
寿县	258	294	295	323	449	473	513	634	103	《光绪寿州志》（1890） 《寿县志》（1996）
	767	770	786	806	814	818	830	833		
	858	866	972	973	977	983	986	994		
	1003	1011	1022	1026	1057	1061	1064	1081		
	1093	1118	1134	1152	1158	1162	1164	1188		
	1192	1193	1207	1209	1314	1320	1322	1335		
	1409	1424	1432	1437	1448	1454	1460	1463		
	1476	1495	1502	1506	1517	1522	1555	1566		
	1569	1575	1579	1594	1649	1655	1698	1705		
	1727	1736	1742	1746	1749	1750	1753	1755		
	1757	1761	1782	1786	1791	1826	1831	1833		
	1850	1857	1866	1867	1870	1878	1887	1888		
	1889	1909	1916	1921	1931	1938	1948			
霍邱	634	973	1026	1064	1118	1308	1314	1334	52	《同治霍邱县志》（1870） 《霍邱县志》（1992）
	1352	1372	1409	1437	1470	1499	1517	1523		
	1534	1566	1593	1628	1636	1643	1645	1648		
	1649	1659	1662	1663	1664	1668	1700	1705		
	1719	1727	1741	1742	1747	1748	1749	1750		
	1753	1764	1772	1822	1830	1832	1905	1916		
	1931	1938	1946	1948						
舒城	1321	1493	1510	1523	1549	1561	1568	1582	50	《嘉庆舒城县志》（1802） 《光绪续修舒城县志》 （1898） 《舒城县志》（1995）
	1600	1608	1623	1629	1638	1658	1659	1670		
	1699	1710	1726	1727	1730	1755	1764	1773		
	1779	1788	1790	1799	1800	1801	1823	1831		
	1841	1842	1849	1850	1853	1857	1866	1871		
	1883	1895	1898	1901	1919	1930	1931	1938		
	1943	1948								

从上表中可看出，明代至民国时期的近六百年间，水灾发生频次较高，六安州（县）22次、霍山县26次、寿州（县）55次、霍邱县43次、舒城县49次。其中寿县、霍邱濒临淮河，舒城县濒临巢湖，故易遭受洪水灾害。较为严重者如明隆庆二年（1568）七月十一日，舒城县大雨，十九日复大雨，房舍倾圮，漂没人畜甚众，东南圩田淹没，民多逃亡。[1] 隆庆三年（1569）秋七月，霍山大雨，八面山谷"伏蛟尽起，水溢入城，居民作筏以济，四境一壑，漂溺男妇老幼者不可数计，水退，积尸盈野"。万历年间，霍山连续二年发生大水

① 　（清）熊载升,杜茂才,孔继序. 嘉庆舒城县志[M]. 影印版. 南京:江苏古籍出版社,1998.

灾，十四年（1586）大水比隆庆己巳更高三尺，为害益甚，刘稻尽腐；万历十五年（1587）五月二十九日，霍山"蛟龙大作，水流如雷，视前尤甚，民物漂没不可胜计"[①]。清雍正五年（1727），皖西全域发水灾。六安州人邓钰描述当时景象云："六西北乡号富饶，亦时患山水暴涨。岁丁未秋七月十二，连日雨昼夜不息，至十四，万山伏蛟尽发，平地水湧数丈，沿河多受患，逾日始平。霍邑灾亦相埒。"[②]寿州是年七月十五日，"蛟水泛溢，沿河人民淹没者甚众"[③]。霍邱县是年七月大水，"诸山蛟水陡发，平地丈余，淹毙人民不可胜计"[④]。舒城县是年七月十三四日，"狂风大雨急骤不休，山腰平陆多出蛟"，至十五日子时，"西南山水陡发万丈，平地水深数尺，山圩田庐淹没，厝柩坟冢漂流，溺死者以数万计，至浪打沙淤、尸沉水底无踪迹者，不计其数"[⑤]。足见此次水灾给皖西各地造成损失之大。民国二十年（1931）的大水灾则是全省性的，安徽省60个县中，有48个县受灾。全省大小圩堤溃决3 950余处，受灾田亩3 282万亩，占全省农田的67.3%。灾民1 073余万人，占全省总人口的49.4%。灾民死亡47 277人。据不完全统计，财产损失总计达4.46亿元。[⑥]皖西地区灾情严重，七月，六安降雨450毫米，百川沸腾，高岗为谷，淮、淠堤坝溃决，沿河地区一片泽国，"六安饿殍数千人，逃亡数百人"[⑦]。霍山山洪暴发，鳌山、永安、东岳庙三圩决口，大水入城。受灾农田9万亩，倒塌房屋4 000间，淹死牲畜200头，财产损失约10万元，2000余人流离失所。[⑧]寿县"淫雨为灾，山洪暴发，淹没田庐人畜无数，水溢城垣，孑遗之民，无处可栖"[⑨]。舒城县西南诸山，水势暴涨，前后两河洪流急湍，泛滥无垠，两岸圩堤悉遭冲毁，自上游直达三河陆程百里，均成泽国。[⑩]霍邱县损失更大，淮水冲破淮堤决口达27处，该县"只在一天之内，死了八千多人"[⑪]。

① （清）李蔚,王峻,吴康霖.同治六安州志[M].影印版.南京:江苏古籍出版社,1998.
② 同上.
③ （清）曾道唯.光绪寿州志[M].影印版.南京:江苏古籍出版社,1998.
④ （清）陆鼎敳,王寅清.同治霍邱县志[M].影印版.南京:江苏古籍出版社,1998.
⑤ （清）熊载升,杜茂才,孔继序.嘉庆舒城县志[M].影印版.南京:江苏古籍出版社,1998.
⑥ 安徽省志编纂委员会.安徽省志·水利志[M].北京:方志出版社,1999:13.
⑦ 秦振夫,蒋炎修,吴贯之,等.民国六安县志[M].民国二十三年稿本.
⑧ 霍山县地方志编纂委员会.霍山县志[M].合肥:黄山书社,1993.
⑨ 苏皖赣湘豫陕等六省各县水灾资料抄件年[R].中国第二历史档案馆,全宗号257案卷号421.
⑩ 安徽省六安地区水利电力局.六安地区水利志[M].六安:安徽省六安地区水利电力局,1993:23.
⑪ 佚名.可怕的水灾[N].红旗周报.1931.

皖西地区历史上旱灾年份分布情况表

县名	旱灾年份分布								合计	资料出处
六安	前190	617	1215	1433	1434	1523	1555	1589	32	《同治六安州志》（1872） 《六安县志》（1993）
	1641	1642	1655	1671	1679	1711	1714	1716		
	1768	1775	1785	1814	1856	1867	1870	1877		
	1891	1913	1914	1926	1929	1931	1934	1936		
霍山	1508	1588	1589	1615	1640	1641	1652	1679	22	《光绪霍山县志》（1905） 《霍山县志》（1993）
	1692	1711	1714	1738	1768	1785	1802	1814		
	1845	1856	1929	1930	1934	1944				
寿县	148	258	585	668	790	791	805	808	62	《光绪寿州志》（1890） 《寿县志》（1996）
	809	823	825	834	861	868	1005	1010		
	1012	1074	1075	1101	1108	1111	1119	1122		
	1169	1171	1178	1183	1185	1215	1324	1456		
	1479	1509	1512	1514	1520	1527	1568	1668		
	1678	1686	1737	1741	1743	1751	1752	1768		
	1775	1778	1785	1802	1807	1814	1855	1902		
	1918	1930	1934	1935	1942	1943				
霍邱	653	668	834	862	867	1012	1302	1109	50	《同治霍邱县志》（1870） 《霍邱县志》（1992）
	1148	1201	1308	1481	1487	1488	1540	1544		
	1572	1586	1588	1589	1617	1640	1648	1661		
	1665	1667	1679	1714	1715	1738	1744	1752		
	1758	1768	1778	1782	1785	1807	1811	1814		
	1856	1857	1867	1889	1904	1914	1929	1934		
	1935	1944								
舒城	1508	1523	1537	1549	1562	1589	1617	1620	36	《嘉庆舒城县志》（1802） 《光绪续修舒城县志》 （1898） 《舒城县志》（1995）
	1635	1652	1654	1671	1679	1690	1711	1714		
	1722	1738	1748	1784	1785	1814	1856	1891		
	1914	1915	1929	1932	1934	1936	1937	1940		
	1942	1944	1945	1947						

皖西地区历史上水灾严重，旱灾也不轻。明代至民国时期的近六百年间，六安州（县）29次、霍山县22次、寿州（县）31次、霍邱县39次、舒城县36次，给居民造成了极为严重的灾难。明嘉靖二年（1523），舒城县夏旱秋淫雨，岁大饥，人相食，斗米千钱，饿死者枕藉于道。[①] 万历十七年（1589），霍邱县春至八月不雨，淮河竭，井泉枯，野无青草，流徙载道。[②] 清康熙十八年（1679），皖西境内大旱，时人称："六邑山城，土瘠民穷，去秋寒遭灾旱，

① （清）熊载升,杜茂才,孔继序. 嘉庆舒城县志[M]. 影印版. 南京:江苏古籍出版社,1998.
② （明）杨其善. 万历霍邱县志[M]. 北京:国家图书馆出版社,2013.

五谷不登，小民饥寒啼号，难以绘状图形"，"自旧秋以至今秋，旱魃肆虐，亢阳不雨，草木尽枯，井泉尽涸，号天不应，祈祷不灵。民已十室九空，粮无隔宿；家家釜内尘生，户户灶头烟断。可怜伤心，儿女求鬻卖之无门，结发夫妻决分离于瞬息。其中有日炊木皮而养亲以草藁者"，"今则地裂土焦，秋灾愈炽，真亘古未有之奇荒。所谓尽贫富贵贱之伦，共登鬼篆者也"①。当年旱荒的严重情形，可见一斑。民国二十三年（1934），长江中下游地区发生特大旱灾，该年安徽省政府的工作报告记载："是年入夏以来，雨泽奇少，水量枯竭，加以酷热蒸腾，各田争戽，纵使塘堰全修，亦未必能抗此数十年来之奇旱。"全省受旱农田3 707.2万亩，占全省总耕地面积的69%。②民国二十四年（1935）四月的《大公报》称"客岁江淮大旱，皖灾尤烈，耆宿故老叹为百年所未有""客冬严寒凛冽，冻死、饿死者不胜其数，因不能生活而全家自戕亦时有所闻"③。皖西地区旱情极为严重，春夏秋连旱，塘堰干涸，禾苗全死，籽粒无收，草根树皮食尽，民多逃荒，流离失所，饿殍遍野。仅霍山县受灾田地20万亩，损失稻谷36.68万担，杂粮9.92万担。④旱灾还引起了蝗灾的出现。

皖西水旱灾害频发造成的直接后果就是灾后生态自我恢复时间不足，使自然生态变得更加脆弱。明嘉靖隆庆年间，寿州旱甚，芍陂"朱灰隔为上流自私者阻，大香门为塘下豪强者塞，渠日就湮，不可以灌溉，民皆两失利"⑤。清雍正丁未年（1727）大水，"山石颓落，淤塞河道，水多旁溢，旁溢则河行反缓，行缓则泥沙随在下坠，河面日渐平浅。干河浅则支河亦淤，水行地上"⑥。此外，水旱灾害应对不当还引发社会问题，如饥民就可能因饥饿而盗抢食物，有地方志称："以水旱频仍，饥寒之民聚而为匪，此变之起于天时者也。"⑦清舒城县"屡以水灾盗贼蜂起，愚民迫饥饿，往往负锄耰随之行劫"⑧。

① （清）李蕴，王峻，吴康霖. 同治六安州志[M]. 影印版. 南京:江苏古籍出版社,1998.

② 安徽省志编纂委员会. 安徽省志·水利志[M]. 北京:方志出版社,1999:18.

③ 同上.

④ 霍山县地方志编纂委员会. 霍山县志[M]. 合肥:黄山书社,1993.

⑤ （清）席芑. 乾隆寿州志[M]. 影印版. 台北:成文出版社有限公司,1983.

⑥ （清）金弘勋. 乾隆六安州志[M]. 影印版. 台北:成文出版社有限公司,1985.

⑦ （清）甘山,程在嵘. 乾隆霍山县志[M]. 影印版. 台北:成文出版社有限公司,1983.

⑧ （清）吕林钟,孙泫泽. 光绪续修舒城县志[M]. 影印版. 南京:江苏古籍出版社,1998.

第二章　传统社会皖西地区水利建设

新中国成立以前的皖西社会是以小农经济为主的土地私有制社会，故此将新中国以前的水利建设作为一章论述。

第一节　古代皖西水利建设

皖西地区是中国古代历史上水利事业最发达的地区之一。在长达数千年的历史进程中，皖西地区的水利建设在不同的历史时期发生了很大的变化，呈现出不同的特征。本节主要对清代以前皖西地区的水利建设作一概括性回顾。

一、先秦时期皖西水利的兴起

皖西地区水利建设的兴起与皖西地区原始稻作生产有着极为紧密的关联。考古工作者们在淮河上游的河南舞阳贾湖遗址中，发现了距今8 000多年的碳化水稻；在距今7 500—5 500年的淮河下游江苏高邮龙虬庄遗址各文化层中，浮选出大量水稻。因此，稻作史家研究认为，"在距今9 000年左右，稻作开始从长江中下游地区启程。往北，在西部越过了桐柏山、大别山；在东部，越过了长江，实际抵达淮河流域全线，而河南舞阳贾湖、江苏高邮龙虬庄等则正是这一高潮的见证"[1]。在皖西地区，考古发掘距今约4 000年的龙山文化后期遗迹、霍邱县红墩寺和扁担岗遗址、寿县斗鸡台遗址等时，都出土有人工栽培稻。说明在进入文明社会之前，包括皖西在内的淮河流域地区原始稻作农业就具备了一定的规模。

夏代淮夷人南迁后，同当地土著结合，在皖西地区建立的方国有六、英等

---

① 裴安平,熊建华.长江流域的稻作文化[M].武汉:湖北教育出版社,2004:171.

国,《史记·夏本纪》载夏王朝"封皋陶之后于英、六"①。商至西周时期,迁居皖西地区的皋陶后人先后在皖西地区建立了六、英、群舒(包括舒鸠、舒龙、舒鲍、舒龚)等偃姓诸侯方国,这些方国人即以稻作农业为主。《周礼·职方氏》谓"扬州宜稻",皖西即归属古代扬州的范围。当时人们种植水稻,必须相察地形之高下,蓄水或引水以溉田。《周礼·地官·稻人》记载:"以潴蓄水,以防止水,以沟荡水,以遂均水,以列舍水,以浍写水,以涉扬其芟,作田。"②"火耕水耨"的耕作方式对水利方面的需求尤为迫切,故陂塘水利灌溉工程的兴修活动逐渐展开。

春秋战国时期,楚国势力东扩,皖西境内的诸侯方国皆为其所灭,成为楚国的属邑,如六、潜、寿春、零娄等。楚国对其新辟疆土进行了十分有效的建设和治理,利用皖西及周边地区丰富的水利资源,因地制宜,兴修了芍陂、期思陂两处大型水利灌溉工程,史书记载其是楚国令尹孙叔敖所建。

芍陂是以蓄水灌溉为主,位于寿县城南三十公里处。楚庄王令尹孙叔敖利用皖西地形和水文的自然条件,因地制宜,选择了淠河东侧一片时潦时旱的沼泽洼地拦水筑堤而成为陂。《水经·肥水注》称"白芍亭东,积而为湖,谓之芍陂"。"陂周百二十许里,在寿春县南八十里,言楚相孙叔敖所造。……陂有五门,吐纳川流"③,可见芍陂灌溉工程的规模之大,蓄水量之巨,也说明其兴修的工程量之大,完全超出了一般人的想象,堪称中国水利史上的伟大创举。芍陂至今仍发挥着巨大的水利效应,被称为中国古代四大水利灌溉工程之一。芍陂灌溉工程的创建极大地满足了该地区稻作生产的水利需要,有效提高了当时的粮食产量,保障了楚国开拓疆土对军粮的供给需求,使当时的楚国得以出现"收九泽之利,以殷润国家,家富人喜,优瞻乐业"④的繁荣局面。至战国中后期,皖西地区的寿春城因芍陂水利而成为楚国新兴的中心城市,楚考烈王因避强秦的攻击,而于二十二年(前241)迁都于此,仍称为郢。此外,传说孙叔敖还在皖西霍邱县境内兴修了阳泉陂、大业陂,在寿县境内兴修了蔡城塘(今属淮南市大通区)等水利工程,有些工程至今仍发挥着灌溉作用。

---

① (汉)司马迁.史记[M].北京:中华书局,2006:10.

② 陈成国.周礼·仪礼·礼记[M].长沙:岳麓书社,1989:44-45.

③ 陈桥驿.水经注校证[M].北京:中华书局,2007:749.

④ (宋)章樵.古文苑[M].影印版.上海:古籍出版社,1987.

二、汉代皖西水利的勃兴

汉代是中国历史上第二个大一统王朝，是当时世界上最先进的文明及强大帝国。随着经济社会发展的需要，皖西地区丰富的水利资源得到了汉王朝的重视，加大了对其开发的力度，皖西水利建设由此步入了蓬勃发展的时期。一方面加强水政建设，设置和完善水利管理机构。《汉书·地理志》载："九江郡，秦置。高帝四年（前203）更名淮南国。武帝元狩元年（前117），复故。……有陂官、湖官。（辖）县十五：寿春邑……"[1]《汉书·地理志》记载当时全国各地设置管理各项专业的"官"有20种，地区达97处，例如铁官49处、盐官33处等，只有九江郡（治所在皖西寿春）设有唯一的"陂官"。北宋宋祁《寿州风俗记》也有"其大陂曰芍，古尝溉百万亩，淠水注焉。汉置陂官"[2]之载。1959年5月，安徽省文化局文物工作队配合淠史杭灌溉水利工程的兴建在安丰塘北堤老庙集处发掘了一座汉代闸坝工程遗址，发现有汉代"都水官"铁锤等。[3]以上说明汉代在皖西地区就有专门设置了水利管理机构，对当时皖西地区水利事业发展起到了良好的促进作用。

另一方面则在维护已有灌溉工程的基础上兴建了不少水利工程，皖西水利建设出现了全面开花的盛况。汉代皖西地区新建水利工程见于史料记载的有舒城的七门堰、霍邱县的穷陂等。七门堰是"食邑于舒"的西汉开国皇帝刘邦的侄子羹颉侯刘信所建，位于舒城县杭埠河（古称龙舒水、前河）中段七门岭。清《嘉庆舒城县志》载："七门堰，坐落七门岭东，前河水绕七门岭东，向东流，汉羹颉侯于此阻河筑堰，灌田八万余亩，因此七门为堰名。"[4]刘信按照自然规律，因势利导，利用陂、荡、塘、沟，形成了一个自流灌溉网。明桐城人盛汝谦《舒城县重修水利记》说："舒为江流要道，庐郡塞邑也，西去层峰萃起，巀峣秀拔，绮绾乡错，联岚四匝，若为境保障，而水利源头出是西山峻岭之下，势若建瓴，奔腾崩溃，汪洋浩荡，而民告病。羹颉侯分封是邑，直走西南，见山滨大溪下，有石洞如门者七，乃分为三堰，别为九陂，潴为十塘，而

---

① （汉）班固. 汉书[M]. 北京:中华书局,2006.

② （宋）宋祁. 景文集[M]. 影印版. 上海:古籍出版社,1987.

③ 殷涤非. 安徽省寿县安丰塘发现汉代闸坝工程遗址[J]. 文物,1960(1):61-62.

④ （清）熊载升,杜茂才,孔继序. 嘉庆舒城县志[M]. 影印版. 南京:江苏古籍出版社,1998.

埒而沟而冲也，灌田二千余顷，而民赖以不病。"①高度概括了刘信的历史功绩及七门堰的灌溉效应。

穷陂是在霍邱县西，首见于《水经注》。其称："淮水又东北，穷水入焉。水出六安国安风县穷谷。……川流泄注于决水之右，北灌安风之左，世谓之安风水，亦曰穷水，音戎。……流结为陂，谓之穷陂，塘堰虽沦，犹用不缀，陂水四分，农事用康，北流注于淮。"②穷水即沘水，穷陂即为今霍邱县城西湖的前身。

汉代原有的水利工程也得到了大力修治。《后汉书·王景传》载庐江"郡界有楚相孙叔敖所起芍陂稻田，景乃驱率吏民，修起芜废，教用犁耕，由是垦辟倍多，境内丰给"，还"曾刻石铭誓，令民知常禁"③。王景还对阳泉陂、大业陂进行了修治。东汉建安五年（200），扬州刺史刘馥实行曹操的屯田制度以供军需。《三国志·魏书·刘馥传》记载，刘馥"广屯田，兴治芍陂及茹陂、七门、吴塘诸堨，以溉稻田，官民有蓄"④。

三、魏晋至元时期皖西水利时兴时废

魏晋南北朝至元朝时期，皖西地区历经社会承平和长期战乱，水利建设受到了很大影响。社会相对承平之际的魏、西晋、隋唐、北宋及元时期，皖西地区的水利得到不同程度的修治；而一旦发生战争，皖西水利建设即停止，水利工程湮废，总体呈现出时兴时废的特征。宋《太平御览》引《寿春记》曰："三国时，江淮为战争之地，其间数百里，无复人居。"⑤数百里内无人居住，足以想见当时皖西水利之状况。六朝时期，皖西地区处于南北政权对立的前沿区域，水利工程多因战争而毁弃，传说楚相孙叔敖所建的阳泉陂在此时期也已废弃。西晋初的杜预疏称东南之地竟出现了"陂堨岁决，良田变生蒲苇，人居沮泽之际，水陆失宜，放牧绝种，树木立枯"⑥等困弊。到隋唐时期《水经注》中记载的霍邱县的穷陂已完全湮废。南宋时，皖西地区成为宋金军事对峙的前

① （清）熊载升、杜茂才、孔继序.嘉庆舒城县志[M].影印版.南京:江苏古籍出版社,1998.

② 陈桥驿.水经注校证[M].北京:中华书局,2007:707.

③ （南朝宋）范晔.后汉书[M].北京:中华书局,2006:1667.

④ （晋）陈寿.三国志[M].北京:中华书局,2006.

⑤ （宋）李昉.太平御览[M].北京:中华书局,1960.

⑥ 张泽咸.汉晋唐时期农业（上）[M].北京:中国社会科学出版社,2003:261.

沿，农业生产遭受严重摧残。据南宋人吕颐浩《论经理淮甸》所言："自建炎三年，金人残破之后，居民稀少，旷土弥望数百里。今又重困，金人蹂践，焚荡一空。"① 元末，皖西地区又沦为红巾军反元的战场。

皖西地区的水利与同期全国其他地区水利相比较，是相对较为发达的。史料中对皖西较大型的水利工程芍陂的建设多有记载。三国魏正始二年（241）邓艾重修芍陂，使其蓄水能力和灌溉面积得到了空前增大。西晋太康年间淮南相刘颂采用"使大小戮力，计功受分"的办法，修治芍陂。② 东晋义熙元年（405）毛修之修复芍陂，灌田数千顷。③ 南朝宋元嘉七年（430），豫州刺史刘义欣见"芍陂良田万余顷，堤堨久坏，秋夏常苦旱，义欣遣谘议参军殷肃循行修理。有旧沟引淠水入陂，不治积久，树木榛塞。肃伐木开榛，水得通注，旱患由是得除"，对芍陂做了比较彻底的修治，出现了"灌田万余顷，无复旱灾"的景象。④ 南朝齐垣崇祖修治芍陂。南朝梁豫州刺史裴邃整修芍陂。南朝梁大通六年（534），豫州刺史夏侯夔帅军人于寿县西南的苍陵立堰，"溉田千余顷，岁收谷百万余石，以充储备，兼赡贫人，境内赖之"⑤。隋开皇中，寿州总管长史赵轨针对芍陂堰"芜秽不修"，劝课吏民，开三十六门，"灌田五千余顷，人赖其利"⑥。唐宣宗时，义昌军节度使浑侃修治芍陂。南唐刘彦贞任寿州节度使时修治芍陂。北宋明道年间，安丰县知县张旨"浚渒河三十里，疏泄支流注芍陂，为斗门，溉田数万顷，外筑堤以备水患"⑦，使芍陂灌溉农田的面积达到了前所未有的高水平。宋神宗时，任提点淮西刑狱的杨汲重"修古芍陂，引汉泉灌田万顷"⑧。元代在皖西地区实行屯田制度，皖西大型水利工程芍陂、大业陂得到了修治。至元二十四年（1287），千户刘济"以二千人与十将之士屯田芍陂，取谷二十余万，筑堤三百二十里，建水门、水闸二十余所，以备蓄泄。凿大渠自南塘抵正阳，凡四十余里，以通传输"⑨。

① （宋）吕颐浩. 忠穆集[M]. 影印版. 上海:古籍出版社,1987.

② （唐）房玄龄. 晋书[M]. 北京:中华书局,2006.

③ （梁）沈约. 宋书[M]. 北京:中华书局,2006.

④ 同上.

⑤ （唐）姚思廉. 梁书[M]. 北京:中华书局,2006.

⑥ （唐）魏徵. 隋书[M]. 北京:中华书局,2006.

⑦ （元）脱脱,欧阳玄. 宋史[M]. 北京:中华书局,2006.

⑧ 同上.

⑨ （元）虞集. 道园学古录[M]. 北京:商务印书馆,1937.

四、明清时期皖西水利的特征

明清时期皖西地区社会承平，水利建设情况发生了较为明显的变化。从有关文献记载来看，明代前期和清代前期，皖西地方社会出现过大兴水利的热潮，其主要有以下特点。

（一）大型水利工程由地方官府组织修治

芍陂工程的修治因工程量浩大，耗费人力、财力较多，都是由地方官府组织实施，据清夏尚忠《芍陂纪事》和清《光绪寿州志·水利志》及《安丰塘志》统计，明代芍陂水利较大规模的修治9次，清代修治16次。①

七门堰也得到多次修治。明宣德年间任舒城县令的刘显"力兴水利，循旧规而导之，民沾其泽"②。明弘治癸亥年（1503），"亢阳无雨，舒民以堰久不治，诣郡控诉太守"，郡守马汝砺、知县张维善令义官濮钝之"征士发徒"，率民整修龙王、三门等荡，开侯家坝以顺水势，虽旱魃为虐，仍"蒔栽芸耨，坐庆西成铚艾"③。万历乙亥年（1575），知县姚时邻、治农主簿赵应卿"舍郊野，历险阻，偏故老田叟而诹之，直穷水之故道"，于猪板山下筑十丈陂，沟通七门堰，扩大了灌溉面积。④清雍正八年（1730）二月，舒城县令陈守仁留心舒城水利，"寻赗牍故道"，相度地势，自堰口开浚引水沟通城濠，下流分灌各荡约数十里。⑤嘉庆初年，高珍开引水渠，"北通七门堰，以资下十荡忙水之利"⑥。

（二）小型水利工程大量出现

皖西地区结合山区及丘陵岗地的地形和水文特点，因地制宜，修建蓄水灌溉工程。霍山县"山下出泉，皆可作堰；地中有水，皆可为塘，民习于勤颇自知疏筑"⑦。霍邱"县境南皆高阜冈原四达水不停蓄"，故"邑内不乏陂塘湖堰之属"⑧以资灌溉。舒城县"山冈之地最宜蓄水，因高就下，可塘可堰，潴潴

① 关传友. 明清民国时期安丰塘水利秩序与社会互动[J]. 古今农业, 2014(1):92-103.
② （清）熊载升、杜茂才、孔继序. 嘉庆舒城县志[M]. 影印版. 南京:江苏古籍出版社,1998.
③ 同上.
④ 同上.
⑤ 同上.
⑥ （清）吕林钟,孙浤泽. 光绪续修舒城县志[M]. 影印版. 南京:江苏古籍出版社,1998.
⑦ （清）秦达章,何国祐,程秉祺. 光绪霍山县志[M]. 影印版. 南京:江苏古籍出版社,1998.
⑧ （明）栗永禄. 嘉靖寿州志[M]. 影印版. 上海:古籍书店,1982.

灌溉，利饶耕作"，"沙湾之地，厥宜蓄水，泉脉夜润，小旱不枯，厥土坟垆，不任积潦，多开支渠，潢汙易去"，"蓄水之利，相度地势，广筑塘堰，农歇之时，官督民办，务令堤坝坚牢，沟洫通畅，潦水渟潴，不遽注泻，则旱既有资，涝亦无患"①，该县"西南山濒河，土人仿效前规，凿为小堰数十"②，此处"前规"即是指修治七门堰。可见皖西民众兴建了无数口当家塘、当家堰以蓄水，确保农田灌溉的需求。地方志书对皖西中小型水利工程均有不同程度的记载。明《嘉靖寿州志》记载寿州境内有陂塘47处，霍邱境内有陂塘堰15处。③明《万历六安州志》记载明代六安州共有塘72口、堰25处，霍山县共有塘5口、堰11处。④《万历霍邱县志》载霍邱县有塘25口、堰7处、湖10处、涧1处。⑤清《同治六安州志》记载六安州有塘68、堰22、湖、涧2。⑥《光绪续修舒城县志》记载有堰40、塘32、陂9、荡41。⑦《同治霍邱县志》记载霍邱县有塘25、堰16、湖29、涧15。⑧《光绪寿州志》记载寿县有塘47。⑨《嘉庆霍山县志》记载霍山县较为著名的塘有7口、堰11。⑩

（三）水利建设呈现出民间化趋势

著名社会史家傅衣凌先生指出："在中国传统社会，很大一部分水利工程的建设和管理是在乡族社会中进行的，不需要国家权力的干预。"⑪皖西地区中小型的水利工程一般都是由乡族等民间力量完成建设和管理，由地方官员行使督导之责。乡族的地方乡贤——士绅组织使水塘（堰）户投工修治水利，投工户因此而获得塘堰的用水权，并报经地方官府备案。六安州南乡的韩陈堰"自乾隆四年，派夫出费重修。凡有水分之家印册存案，并赤契注明韩陈堰使水字样"⑫。光绪三年（1877），霍邱西南乡"邑人江南壎倡议筑坝，开沟引长江河

---

①　（清）吕林钟，孙泫泽.光绪续修舒城县志[M].影印版.南京:江苏古籍出版社,1998.

②　（清）熊载升、杜茂才、孔继序.嘉庆舒城县志[M].影印版.南京:江苏古籍出版社,1998.

③　（明）栗永禄.嘉靖寿州志[M].影印版.北京:国家图书馆出版社,2013.

④　（明）刘垓.万历六安州志[M].影印版.台北:成文出版社有限公司,1983.

⑤　（明）杨其善.万历霍邱县志[M].北京:国家图书馆出版社,2013.

⑥　（清）李蔚，王峻，吴康霖.同治六安州志[M].影印版.南京:江苏古籍出版社,1998.

⑦　同①.

⑧　（清）陆鼎敦，王寅清.同治霍邱县志[M].影印版.南京:江苏古籍出版社,1998.

⑨　（清）曾道唯.光绪寿州志[M].影印版.南京:江苏古籍出版社,1998.

⑩　（清）潘际云.嘉庆霍山县志[M].合肥:黄山书社,2011.

⑪　傅衣凌.中国传统社会:多元的结构[A]//傅衣凌.休休室治史文稿补编[C].北京:中华书局,2008:210.

⑫　同⑥.

水，以溉畈田，民众皆踊跃输将，乐成其事。坝口首潴总沟一次，潴汊沟三，继续潴大小子沟七十余，分设东、中、西三闸，中名守正闸，东名紫云闸，西名瑶池闸。随时蓄洩，合保均沾其利益。初属土筑，遇山洪暴发，易致崩塌。光绪十八年，江南壤与江遐龄、杨学墒易土为石，以期一劳永逸。工竣时名曰'均安坝'，周围五十余里，用水者不下百余户。暵干无虞，成效昭著。光绪二十四年，巡抚王之春批准札饬叶家集通判就近兼管此坝水利，并议定善后章程，官督民办，以垂永久"[①]。清咸丰六年（1856），舒城县东乡民众于"韩家河口阻县河筑坝引水灌田，因协作共益，称之'合心荡'。荡口以下筑有虾子眼、重阳等八个小荡，引水灌田约万亩"[②]。六安州东南乡施家桥有一座十五口塘接连的诸户塘，延长二里，上接马鞍山水源，沟堰相连二十里，溉田千余石。清咸丰后，沟路淤塞。光绪四年（1878），当地士绅汤骏臣等倡议建筑梅花沟石闸，以时起闭，注立印册，按名支灌。请知州刘宗海给示，勒石施家桥关帝庙。[③] 以上所引佐证了皖西水利建设的民间化程度。

（四）河道水利的修治得到重视

皖西地区河流众多，时常因洪水泛滥而引发灾害。皖西地方社会注重整修浚治河道，筑坝建堤，以防止水灾的发生。舒城县原环绕县城的县河，因明万历时，舒城县令陈魁士"将河之北流改向七里河而南，久之，故道淤为陆"。清康熙六十一年（1722），县令蒋鹤鸣筹资复开县河，"募民疏沦，自龙王荡迄县河口，计长七十里、宽二三十丈不等，掘深约八九尺、一丈二尺不等，挑方四万九千三百九十有七，工徒五万一千人。始事于康熙六十一年九月，迄本年十二月，凡三月而工竣"[④]。明万历末年，因淮水横涨，在霍邱高唐镇关洲流决为口，西南诸保尽被水淹。苦于经费缺乏，一百多年决口未能堵塞。清雍正八年（1730），知县张鹭和霍邱士民捐资修筑关洲口的入淮河堤，"甫匝月而堤成，口塞水之走西者复向而东。计费三百金，面阔十三丈，底长二十丈，横□丈，巩固矣。复可永久方告成"[⑤]，不久之后，关洲口复决如故。乾隆十二年

① 钟嘉应.民国霍邱县志[M].民国十七年稿本.

② 李少白.舒城县水利志[M].舒城:舒城县水利电力局,1992:12.

③ 李秉龙.六安县水利志[M].六安:安徽省六安县水利电力局,1990:215.

④ （清)熊载升,杜茂才,孔继序.嘉庆舒城县志[M].影印版.南京:江苏古籍出版社,1998.

⑤ （清)陆鼎教,王寅清.同治霍邱县志[M].影印版.南京:江苏古籍出版社,1998.

（1747），知县钱以铨首捐资二百余金，士民踊跃捐资，修复关洲口河堤。^①乾隆二十二年（1757），知县刘吉请国帑筑西自三河尖、东至任家沟淮堤一百六十余里，堵塞入淮诸口。"自冬讫春，五阅月而蒇竣，筑成土埝二十整道，濬深沟河三道，共计土五万九千四百三十八方有奇，领销国帑六千四百八十四两有奇"，自此"西北乡各保湾田连岁丰稔，士庶鼓舞欢欣"。^②嘉庆二十一年（1816），朱村保监生屠承基等禀请霍邱李知县给示兴修被洪水冲毁的淮堤，并同该保屠、薛、徐、马、屈、刘七姓各自执业田旁分段兴工补筑，用以保护田亩。^③道光十八年（1838）霍邱知县李澄清挑濬西湖沣河桥至新店保西北义城台止段的新河，董其事者为该县士绅州同周汝冈、罗家轼、武生沈光筌等，于道光二十四年（1844）始行告竣。^④自康熙间，霍山东淠"河流南徙，城之东北隅遂当其冲，遭剥蚀者近四十年"，虽经潞河陈知县于老滩头"叠石为坝"，并在太平桥侧"倡建石堤"，北城赖以无患。至乾隆甲戌年（1754），"梅雨骤涨，浪拍太平桥""陈公旧堤亦就倾颓""居人皇皇"。乾隆二十二年（1757），知县张抡甲同县内官员和士绅乡耆"共相咨议，度地定基，择日鸠工"，新筑龚家巷口新石堤和筑高太平桥旧堤，历时三月完竣。^⑤清乾嘉道年间，霍山县项家桥、俞家畈保绅民沿淠河修筑有鳌山坝、永安坝河堤，保护河岸村庄及农田不受洪水泛滥之灾。^⑥

　　还须提及的是明清寿州城涵、月坝等防洪排涝系统的创建在中国城市水利史上具有特殊地位。寿州城内分别在东北、西北和西南角三处建有排水涵洞，雨季城内积水可通过排水沟进入涵洞，排到城外护城河中。其功能从整体上使涵闸与外隔离，免遭城内积水的淹没；可以随时进坝启闭闸门，控流自如；可以及时比较内外水位，彻底消除外水倒灌成灾的隐患。明万历元年（1573），城西北处的排水涵洞因管理不善，遭大水浸灌，知州杨涧重修涵洞，收到了"涵洞之启必以时，而闭则宜豫，豫则牢不可破，即水外涨，可恃无虞"^⑦的效

①　（清）陆鼎敦,王寅清.同治霍邱县志[M].影印版.南京:江苏古籍出版社,1998.

②　同上.

③　同上.

④　同上.

⑤　（清）甘山,程在嵘.乾隆霍山县志[M].影印版.台北:成文出版社有限公司,1983.

⑥　余恒昌.霍山县水利志[M].霍山:霍山县水电局,1991:183-184.

⑦　（清）曾道唯.光绪寿州志[M].影印版.南京:江苏古籍出版社,1998.

果。清乾隆十九年（1754），城西北处排水涵洞遭大水浸灌，城内积水较重；第二年三月，知州刘焕"以绅士能事者董其成"，重修排水涵洞，并创建了月坝。所谓月坝，即在排水涵洞上修筑的"井"字形圆筒状护堤，最初"里外下大木椿十余根，中排以竹，使外水不得越坝"，但当年因受"蛟水涨漫"而损坏，重新"护以砖墙，四外培土二丈余宽，南埂建两闸"，有效地抵御了洪水的浸灌。[①] 清光绪十年（1884），寿州知州陆显勋重修排水涵洞和月坝，东涵题刻"崇墉障流"，西涵题刻"金汤巩固"，直至现今仍存。

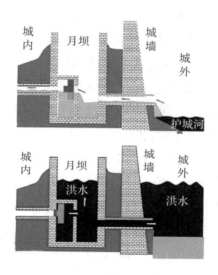

寿州城内月坝示意图（鲍雷制图）

（五）圩田建设开始兴起

圩田通常是指在河湖沼泽等低洼地区人工筑堤形成的农田。圩就是防水护田而修筑的堤坝。皖西圩田建设除安丰塘的上塘在明中期被占垦为圩田外，主要是在巢湖流域的舒城县杭埠河及丰乐河下游的滨湖地区。《宋史·叶衡传》记载合肥濒巢湖有圩田四十里，叶衡向朝廷上奏："募民以耕，岁可得谷数十万，蠲租税，二三年后阡陌成，仿营田，官私各收其半。"[②] 这是合肥地区在巢湖兴筑圩田的最早记载。舒城县应该在此之后就兴起了修筑圩田的行动，到明代，朝廷推出鼓励垦荒的政策，圩田数量有明显增长，《万历舒城县志》记载当时圩

① （清）曾道唯.光绪寿州志[M].影印版.南京:江苏古籍出版社,1998.
② （元）脱脱,欧阳玄.宋史[M].北京:中华书局,1977.

田就有41座，^① 清雍正时已达51座，^② 至光绪时有65座。^③ 圩田一般都外建圩堤，堤上筑有涵闸，内涝时开闸泄水，洪水侵袭时闭闸御水，旱时放水入沟溪，引水入田以灌溉禾苗。圩岸、涵闸、沟洫相互配合，形成水利系统，蓄泄两利，能基本达到旱涝保收的目的。但圩堤要勤为修治，明万历时有人曾评说："江河之濒，犹大恶□，圩田之谓也。惟在围其封埂时，其种□则冈原之入不得，与之计焉。如其隄防不修，困于水潦，则农之过也。而可曰圩田云乎。"^④ 但由于无序的开垦圩田，造成了水利环境问题。清舒城县的"禾丰、王宝二圩，东与庐江石珍圩接，西北而东滨于河，西南迤东属于冈，曲折十余里。春夏苦雨，冈塍流潦奔注而下，圩成巨浸矣。利在急泄内水，乃望耕获。而滨河之田，遇山水决堤，浮沙淤垫，荐为高滩，沿冈稍远，沙不能到，反如釜底。车辙潦水既降，中外皆饱，河流尽退，积潦始泄，然非十数日不能涸。故圩之低田以涝灾者，十常八九，其地势然也"^⑤，于是，道光十年（1830）三圩士绅倡议"沿冈开沟，以纳花水"，同时还"东开夹河，河尽作木涵二，达于外河"。但不久沟渠淤塞，木涵损坏。咸丰元年（1851），"按亩起夫，分段致功。沟未开者悉开之，凡深八尺，广被之；夹河之广，又三数倍之。沿边有堤御涨水，易木涵为斗门，以石为之。又使低田悉为月堤，堤外为沟，内为塘为渠。堤半为小涵，时其启闭，潦水大至，由沟分入夹河，达外河。旱则于上游引河水入沟渠灌田。法尽善矣"^⑥，历时三个月，修治完备。

（六）水利纠纷此起彼伏

明清时期皖西地方社会长期承平，民众因出于利益动机，经常因水利资源的配置和使用而引起水利纠纷，有时甚至引发械斗，造成命案发生，给水利建设带来了严重的负面影响。明成化间，"奸民董元（玄）等始行窃据，贤姑墩以北至双门铺塘之上界为田矣。嘉靖间，邑侯栗公不忍诛夷，仅为退沟以界之。元恶不惩，奸究得志。隆庆间，彭邦等又据退沟以北至沙涧铺，塘之中界变为田矣。邑侯甘公援栗公之例，又为新沟以界之"，使得奸豪占塘"蚕食过半"，

---

① （明）陈魁士. 万历舒城县志[M]. 万历八年刻本.

② （清）陈守仁,贾彬,郭维祺. 雍正舒城县志[M]. 影印版. 北京:中国书店出版社,1992.

③ （清）吕林钟,孙浤泽. 光绪续修舒城县志[M]. 影印版. 南京:江苏古籍出版社,1998.

④ 同①.

⑤ 同③.

⑥ 同上.

芍陂"盗决之弊,冲没之害",自此而起。至万历中叶,"顽民四十余家又据新沟以北为田庐矣"[①],以致芍陂水利纠纷终明之世,不能禁止。清代,霍邱县水门塘因塘日渐淤塞,"附近豪强群相侵占为田",各保士民为之不平,"以公塘被侵之故,于康熙、雍正年间频诉于县,既而上控院司,俱饬禁止占种,碑文详案,历历可稽。无如在官之文案虽炳存,而顽民觊觎之心未息也"[②]。六安州地"坦阜不一,所恃为蓄泄者尤在塘陂,但未能深浚广疏,为憾耳。乃一时因缘为奸,借肆吞噬各塘陂,指为荒地,互相侵领,告讦不止"[③]。明清时期舒城县杭埠河是两岸农田赖以灌溉的保障,县民"大旱望泽,民有同情,上若有余,下必不足,上下相争,每有械斗之事"[④]。通过对皖西水利纠纷的考察,主要存在有用水使水、筑坝截水、占垦塘堰、蓄水排水四种水利纠纷类型,使得陂塘失去灌溉之利,并造成讼案迭起、引起地方械斗等严重后果,破坏了地方社会的正常秩序。[⑤]

（七）制订了水利管理制度

明清时期皖西水利建设的重要特征还包括建立了水利管理的制度。皖西地方社会基于"亡羊后补牢"和"防患于未然"的目的,为了确保水利资源的有效合理利用,保障农业生产的有效发展,制订了较为严格的水利工程修治与管理制度。明宣德年间,舒城县令刘显修复之,"为荡十有五,又分闲忙定引水例,董以堰长,民至今仍遵行之""上五荡引忙水,自四月朔起;下十荡引闲水,自八月朔起"[⑥]。明弘治间舒城知县张惟善"于三门荡立为水则,画以尺寸,使强者不得过取,弱者不至失望"[⑦]。至清末此制度仍得到不同程度的遵行。明清时期寿州地方社会积极介入芍陂（安丰塘）日常事务管理,推举塘董、塘长、门头等管理人员,制订和完善确保芍陂水利秩序的管理制度。清康熙三十七年（1698）,寿州州佐颜伯循参与制订了"先远后近,日车夜放"的芍陂用水制度。光绪三年（1877）,凤颍六泗道布政使任兰生组织制订了芍陂水利

① （清）夏尚忠.芍陂纪事[M].石印本.1975.
② （清）张海,薛观光.乾隆霍邱县志[M].影印版.台北:成文出版社有限公司,1981.
③ （清）金弘勋.乾隆六安州志[M].影印版.台北:成文出版社有限公司,1985.
④ （清）吕林钟,孙浤泽.光绪续修舒城县志[M].影印版.南京:江苏古籍出版社,1998.
⑤ 关传友.皖西地区历史上的水利纠纷与社会应对[J].皖西学院学报,2015,31(6):38-46.
⑥ 同④.
⑦ （清）熊载升,杜茂才,孔继序.嘉庆舒城县志[M].影印版.南京:江苏古籍出版社,1998.

管理制度《新议条约》16则。光绪十五年（1889），寿州州同宗能徽勒石"六禁"碑，保护芍陂水利设施。清雍正九年（1731）任六安知州的卢见曾为六安州南乡戚家畈的下官塘制订了如下用水制度："下官塘来水自上官塘，大沟一道相通，使水二十八户，三涵、二沟。满塘之水，高埠先车四日；半塘之水，止车三日。先放高沟，次放低沟，俱照旧例，不得争论。如有私车私放，众姓禀公严究。"① 光绪二十四年（1898），安徽巡抚王之春批准札饬叶家集通判就近兼管霍邱县西南乡"均安"坝水利，并议定善后章程十条，实行"官督民办，以垂永久"②。通过对皖西地区历史上水利管理制度的考察和规条分析，可见其主要有告示类禁止约束性规约、章程类责任性规约、合理使用水资源制度性规约三种类型。其规条内容主要涉及确保用水权益不被侵夺、规定严格的用水许可、制订严厉的监管措施、明确严格的奖罚措施。③

第二节　民国时期皖西水利建设

辛亥革命推翻清朝政权后，建立了中华民国。但民国时期皖西地区处于军阀混战、国共内战、抗日外战的局面，人民饱受战争和水旱灾害的摧残，水利建设趋于衰落。但皖西地区的水利建设还是取得了一定成效。

一、民国时期皖西水利建设成就

民国时期皖西地方社会各群体对水利工程进行了力所能及的修治，取得了一定成就。本小节从河道和农田水利建设两方面加以论述。

（一）河道堤防修筑

近代经济学家冀朝鼎先生在论述中国历史上经济区与水利事业发展的关系时指出："发展水利事业或者说建设水利工程，在中国，实质上是国家的一种职能，其目的在于增加农业生产量以及为运输、特别是为漕运创造便利条件。诸如灌溉渠道、陂塘、排水及防洪工程以及人工水道等，多半都是作为公共工程

---

① （清）金弘勋. 乾隆六安州志[M]. 影印版. 台北:成文出版社有限公司,1985.

② 钟嘉应. 民国霍邱县志[M]. 民国十七年稿本.

③ 关传友. 皖西地区水利规约的探析[J]. 农业考古,2017(4):137–145.

而建造的。"① 因此许多重大水利工程已经"远远超出了农民或个体商人的能力，除非利用集中的资源和国家的权威，不然是不能完成的"②。河道堤防的修筑无疑是属于较大型的水利工程，远非一般民众力量所能够承担完成的，必须得到国家力量的介入才能够实现。

　　淮河自霍邱三河尖进入皖西境内，至寿县郝家圩出境，流经皖西境内河长近三百里。自南宋黄河夺淮以后，淮水频频泛滥，沿淮霍邱、寿县深受其害，有"害河"之称。清乾隆年间，霍邱县滨淮之居民始筑淮堤以防洪灾。因此，修筑淮河堤防是皖西境内滨淮霍邱、寿县民众的普遍希望。民国三年（1914），安徽境内连遭风雹、旱、蝗灾，皖北地区受灾严重。第二年皖省督军倪嗣冲担任督办皖北工赈事宜，决定兴办水利工程以赈济灾民，计划先修筑颍上县淮、颍河堤。霍邱县地方绅民上书当道，请求修筑霍邱淮堤，得到了皖省督军倪嗣冲同意，并委派工程技术人员前往实地勘查测量，设计"堤岸顶宽一丈，底宽四丈，高一丈，险要绝口皆层加椿木，继增内堤，并改皂沟村保堤线工程，综计需土方不下百余万"③。全县上下动员组织民工，全力以赴，"经始于民国四年十一月，次年五月将竣，旋遭大水损毁。至六年五月始，一律得臻完固"④。历时近二年，先后支用省颁工赈款七万有奇，修筑完成了上自三河尖起、下至溜子口止，长达一百六十余里的浩繁工程，实现了滨淮地区"迄今变斥卤为膏腴，其利之溥孰甚焉"⑤。寿县境内淮河堤防工程是从民国十年（1921）开始筑堤，自大涧沟、菱角嘴入凤台县境，长约25公里，称淮右干堤（淮河南岸），挡御淮水，保护农田6万亩。⑥

　　淠河是流经皖西境内霍山、金寨、六安、寿县、霍邱等地的内河，有六安人的"母亲河"之称。上游地区长期不合理开发利用山地，致使大量泥沙随洪水俱下而淤塞下游河道，造成严重灾害。民国十年（1921），寿县修建竹丝门三合堤，堤长15公里，挡御淠水，保护农田1.24万亩，在淠河之东呈一狭长圆形。同年在新旧淠河中间，还建成东孟家湾堤，长12.5公里，挡御淠水，保

①　冀朝鼎.中国历史上的基本经济区与水利事业的发展[M].朱诗鳌,译.北京:中国社会科学出版社,1981:7.
②　同上:63.
③　钟嘉应.民国霍邱县志[M].民国十七年稿本.
④　同上.
⑤　同上.
⑥　寿县地方志编纂委员会.寿县志[M].合肥:黄山书社,1996:181.

护农田1万亩；西孟家湾堤，在淮淠两河交汇弯曲处，长14公里，挡御淮、淠水，保护农田1.5万亩。[①] 民国十二年（1923），霍邱县开始在淠河左岸筑西隐贤堤，寿县在淠河右岸筑张马淠河堤。西隐贤堤又名刘李圈堤，上自六安县吴祠，下至霍邱县郭岗，全长13.3公里，面积16平方公里，保护耕地1.6万亩。[②] 淠河堤自隐贤集至迎河集南五里处，长12.5公里，挡御淠水，保护农田4万亩。[③]

　　南京国民政府建立后，于民国十八年（1929）设立了导淮委员会，蒋介石亲任委员长，旨在通过对淮河的治理促进国内的稳定。安徽省设立的水利局因经费困难而改隶建设厅，全省水利事业则统由建设厅水利股主持，但具体技术业务则交付因1931年水灾而特设的省水利工程处。安徽省建设厅召开专门会议，讨论淮河堤防的岁修问题，报经省长公署批准，每年拨助岁修淮堤费二万元，其中霍邱堤长149.8公里，每年补助三千元，寿县复堤段每年二百元。民国二十二年（1933），驻防霍山的国民第二十五路军独立第五旅旅长郑廷珍挑选精干士兵千名协助乡民将永安坝维修加固，合邑士绅及县长郭董襄曾撰文勒石表彰，将其称为"郑公堤"。[④]

　　民国二十四年（1935），霍邱县长呈请财政厅"代向银行借款二万五千元，建设厅派遣工程人员前往该县监修任家沟、新河口两处涵闸，以资洩水。继由省政府委派建设厅工程师章光彩，会同导淮委员会派员前往该湖详细查勘，以资决定开发该湖是否确有利益"，查勘结果可行，遂经省政府第五二○次委员常会议决经费八万元，由财政厅向金融机关借垫，疏河筑堤工程由建设厅负责进行。于是，建设厅立即派委前往该县组织测量队及工务所，边测量边施工。[⑤]第二年（1936），霍邱县借款在任家沟口建万民闸、在新河口建万户闸，万户闸当年即被洪水冲毁。安徽省财政厅贷款拨付建设厅负责疏浚了从张集经沣河桥至廖家渡、从高塘集经沣河桥至城西湖的两条河道。

　　民国二十七年（1938）六月，蒋介石国民党政府为阻止日本侵略军西进合击武汉，炸开郑州花园口黄河堤，致使黄河水一路向东南灌侵入淮河，两岸泛

① 寿县地方志编纂委员会.寿县志[M].合肥:黄山书社,1996:181.
② 安徽省地方志编纂委员会.安徽省志·水利志[M].北京:中国方志出版社,1998:94.
③ 同①.
④ 霍山县地方志编纂委员会.霍山县志[M].合肥:黄山书社,1993:257.
⑤ 佚名.安徽省灌溉区工程概要及其办法[J].安徽建设半月刊,民国二十五年十二月(4):10-15.

滥成灾，淹没皖北诸县良田，"淮域各县，遭受黄灾，所有堤防，冲荡殆尽"[①]，黄河泥沙使得霍邱县境内淮河干流三河尖和四百丈分别淤高0.1米和0.3米；寿县境内淠河迎河集和淠河入淮口以上10公里段，分别淤高0.5米和2米；正阳关沫河口淤高达5米，造成淮水断流，徒步可以往还。次年虽经疏治，但因黄河花园口未堵，疏而复淤，淤与岸平的河段长1公里，淮水无去路，决寿县境内正南淮堤，部分注入正阳关东南至刘备城洼地（史称东湖）；部分蹿入窑沟下泄，至五里铺会东湖之水而从冯家渡入淮。淮水迁流不畅，正阳关以上淮、淠两岸一片汪洋。[②]霍邱农田受灾55万亩，寿县农田受淹254万亩。[③]第二年（1939）春间，安徽省政府根据其初步调查堤防溃破及被灾情形，制订了工赈计划；同时安徽省还成立了淮域工赈委员会，省政府主席兼任主任委员，主持工赈事宜，采取动员灾民及普通农民以工代赈的方式，对淮域各县堤防进行修筑，防止了黄泛区的不断扩大。寿县成立了淮域工赈工程总队部（后改为防黄工程处），自民国二十七年至民国三十四年（1945）间，实支工赈粮1500余万斤，工赈及防汛款530余万元，累计完成土方980万立方米，但终因战乱、灾荒、黄河花园口未堵，复堤工程收效甚微。民国三十一年（1942）年，为防寿西湖水上漾，在冯家圩至涧沟集修筑长11公里的防洪堤，称寿西复堤。民国三十六年（1947）三月，驻正阳关的导淮委员会复堤工程局第三工务所，组织寿县、霍邱、颍上三县民工二千余人，在正阳关沫河口淤滩段开挖底宽6米的渠道，利用水力冲刷，束水攻淤。4月11日放水，5日后新渠冲宽达70余米，刷深3米多，上游水位骤减约2米，两星期后木船能上下通航，淮水始复故道。[④]抗战胜利后，寿县防黄工程处对淮、淠河堤进行整治，兴建自迎河集经北横坝至鲍家沟河堤，并连东孟家湾堤扩建为肖严淠堤；建成隐闲集至迎河集干堤长13.5公里，受益面积由1.75万亩扩大到4万亩；兴建长7公里的泥炭湖下坝至正阳关间孟正新堤，同时堵塞新淠河，使水入河床；兴筑五里铺至北横坝间的正南淮堤，杜绝了淮水回流倒灌。至民国三十七年（1948），大部分工程得到实施，初见成效。[⑤]霍邱县主要在淠河左岸兴筑了冯集至小店岗的民生圩堤，保

① 安徽省淮域工赈委员会. 淮域工赈工程进行情形[J]. 安徽政治,1940(1).

② 六安地区地方志编纂委员会. 六安地区志[M]. 合肥:黄山书社,1997:174.

③ 安徽省六安地区水利电力局. 六安地区水利志[M]. 六安:安徽省六安地区水利电力局,1993:24.

④ 寿县地方志编纂委员会. 寿县志[M]. 合肥:黄山书社,1996:182.

⑤ 同上.

护面积39.5平方公里，耕地4.5万亩。民国三十五年（1946），在圩区排水口兴建民生闸。至民国三十六年（1947），霍邱县境内民生圩堤防已达19.3公里，堤顶高程25.0米。[①]具体情况可见下表。

皖西淮河复堤土方工程完成成效一览表

堤圈编号	岸别及起讫地点	长度（公里）	估计土方数量（公方）	完成土方数量（公方）	工程成效					备注
					捍卫面积（市亩）	人口（人）	财产估计（亿元）			
							固定财产	每年农产收益		
R1	三河尖圈堤	27.1	811 620	98 844	40 000	10 000	18 000	180		
R2	临水集至四百丈	93.8	3 004 574	95 959	200 000	50 000	67 500	675		
R4	冯家集至民生闸	19.1	65 365	62 217	40 000	10 000		160		
R5	隐贤集至迎河集	13.7	100 529	84 034.5	20 000			80		
R6	洪家油坊至五里铺	29.3	1 687 219	227 343.5					圈堤尚未完成	
R7	冯家圩至牛尾岗	24.6	1 075 850	816 442.5	80 000	42 000	240	120	赵台子至牛尾岗未竣工	

注：此表摘自导淮委员会《导淮半年刊》1947年第19期

（二）农田水利建设

修建河道堤防是为抵御洪水灾害，修筑塘堰则是抗御旱灾，所以历史上皖西地区民众截陂之水潴而为塘、堵河谷溪流纳为堰池，以此使农田得到灌溉而保障农业生产。到民国时期皖西地区境内有不同规模的公、私塘堰七八万处，大多属自修、自管、自用的小型私有塘堰，灌溉面积较小，为单姓户或数户所有，名曰私塘。中等规模的塘堰则由多姓多户共有，名曰公塘，其修治则由受益户承担。大型规模的塘堰则属官府所有，灌溉面积较大，名曰官塘，如寿县安丰塘和蔡城塘、霍邱县水门塘、舒城县七门堰等，其修治则需官方力量的介入才能完成。民国年间，因战火连年，社会动乱，皖西地区历史上著名的灌溉水利工程得到全面系统修复的几乎没有。

民国二十一年（1932）至二十四年（1935），寿县安丰塘三次塘水干涸，环

[①] 安徽省地方志编纂委员会. 安徽省志·水利志[M]. 北京:方志出版社,1998:94.

塘水田不得不改种旱粮。因此，寿县"地方人士奔走呼号无虚日"。民国二十二年（1933），皖省建设厅饬水利工程处测量设计。第二年春，水利工程处处长兼总工程师、寿县人裴益祥带队测量安丰塘，历时两个月完成，测得安丰塘的面积是"纵7.4公里，横5公里，计面积37.42平方公里"，"其主旨在于灌溉，而航运防洪，亦兼筹及之"[①]，并据此编制了《寿县芍陂塘引淠工程计划书》，指出"该塘最大容量计仅56.1兆立方公尺，附近稻田除雨水外，尚须有三十公分左右水深，以供灌溉。则每十万亩所需水量，约在18.42兆立方公尺，若利用该塘平时蓄水，以供需水时期之灌溉，至多不过三十万亩，而待灌之田有百万余亩。其余田地，自必取给于引淠渠之进水量"。[②] 为此而制订了甲、乙两种方案，疏浚孙家湾至两河口间长18.365公里的河道工程（即"引淠工程"）是本次工程施工的主要项目。甲种工程计划需挖掘土方52.979 7万公方，需款十二万元，可灌田六十余万亩；乙种计划需挖掘土方27.818 4万公方，需款六万元，可灌田四十余万亩。[③] 当年因经费困难并未施工，裴益祥为此于7月7日曾致函皖省第四区行政专员席楚霖，希望"能投数万之资，每年即可增数十万之收入"，建议于地方建设项下酌拨若干，再于受益农田每亩筹洋一角，可保证修治经费。[④] 皖省及寿县地方社会正筹设办理期间，"适导淮委员会亦派队前往测量，并允地方人士之请，转请全国经济委员会拨款办理，惟须先行调查该灌溉区现在地价，及将来增价，经饬寿县县长查复，现在地价每亩四十元，灌溉后每亩可增值十元，导淮会遂订定整理安丰塘灌溉工程第一期施工草则，送由本省合力办理"[⑤]。民国二十五年（1936）至二十六年（1937），在导淮委员会的组织下，先后完成了疏浚淠源河、增培安丰塘堤及塘河堤工、修理旧有闸坝等工程，仅有淠源河进水涵洞因故未完成，"计开工款十万零九千余元"，"环塘农田二十万亩悉得灌溉之利"[⑥]。自此之后，民国期间安丰塘再也未进行过较大规模的修治行动。

寿县东乡的蔡城塘（1965年后属合肥市长丰县，今属淮南大通区）自清光

---

① 安徽省水利工程处.寿县芍陂塘引淠工程计划书[Z].1934:7.

② 同上:8.

③ 同上:23.

④ 同上:28.

⑤ 佚名.安徽省灌溉区工程概要及其办法[J].经济建设半月刊,民国25(4):10-15.

⑥ 周魁一.1935年芍陂修治纪事[A]//芍陂水利史论文集[C].中国水利史研究会,1988:23.

绪年间修治后，年久失修，塘埂严重塌陷，渗漏相当厉害，以致不能盛水，稍遇干旱，便成旱灾；而每当山洪暴发，积水难排，便又成涝灾。但因群龙无首，难以兴工。居乡的原淮上革命军司令王庆云招集水姓大户计议，选出代表成立蔡城塘整修管理董事会，明确塘长，以各姓代表为董事。王因是倡议人，带头捐大洋三百块，其余按亩筹集，土方劳力按照受益田亩出工。加高塘埂，开拓引水渠道，建设四十八个排灌斗门。仅仅花费二个冬春，完成整修工程。[①]数年后，塘长王筱杵曾领头派工摊粮维修，但因豪家反对而作罢。

民国十八年（1929），中共在皖西地区先后领导发动了立夏节、六霍农民武装起义，建立了鄂豫皖革命根据地，成立了苏维埃政权。苏维埃政府以农民自修为主，财政适当扶持为辅的原则，大力支持修塘筑堰，开渠引水，便利灌溉等事项，组织领导农民兴修水利，合理使用水源，增加抵抗自然灾害的能力，确保根据地的农业生产。据金寨县地方志记载，铁冲乡苏维埃主席周世安、村主席陈亭珍领导100多群众，在庙坎扎营修堤两个多月，完成两条共长130米、平均高2米、宽2米的河岸，恢复农田200余亩。黄龙乡苏维埃政府动员男女老少出工修堤，先后费时4个多月，修筑一长250米、高2米的土石堤坝，并恢复耕地60余亩。今存桃岭乡的钓鱼台河坝，果子园乡佛堂村构柯湾塘、吴湾村的红檀树堰、果子园村的八字堰等均是当时乡、村苏维埃政府领导修建的。[②]民国二十年（1931），春旱严重，霍邱县区乡苏维埃领导人和叶集驻军负责人召开紧急会议决定挡河打坝，从四里店至小河洲筑3华里长的拦水坝，时称"红军坝"；同时加高南桥河和马道河河埂，并开挖3华里长的引水渠，引史河水灌溉开顺（今属金寨县）、叶集农田4万亩。[③]

因日军侵略，安徽省政府被迫迁至皖西立煌县（今金寨县）金家寨（今梅山水库淹没区）。民国三十年（1941），"为繁荣农村，增加生产，把握民众，与充实抗战力量计，实有举办农田水利贷款之必要，经援照赣川黔等省先例，拟定计划呈经中央核定，与中央农行总管理处签订贷款一百万元之合同，并另由本省自筹二十五万元，一并贷放，为普遍救济与安定社会，把握一般民众，凡

① 王振宇.淮上革命军司令王庆云事略[J].江淮文史,2008(5):97-107.

② 金寨县地方志编纂委员会.金寨县志[M].上海:人民出版社,1995:173.

③ 霍邱县地方志编纂委员会.霍邱县志[M].北京:中国广播电视出版社,1992:206.

一塘一堰亦可贷款举办"①。自民国三十一年（1942）起至三十三年（1944）四月底止，计贷出立煌霍山等县总额八十五万三千四百八十六元。②霍山县先后修治了孤山堰、大沙埂水牮、洛阳河西岸水牮、移洋湾拦沙埂、西沟堰、四保公塘、崔家院五塘、杨家旱塘、八字塘、上草塘等十处工程，计关系田亩为六千九百二十亩，完成工程计划土方八万零一百一十公方、石方三千三百六十六公方；立煌县修治了哑巴沟堤、硖石口河堤、叶家大堰拦河坝、同心桥河坝、植冲拦河坝，棠桥拦河坝等六处，计关系田亩二千四百三十亩，完成工程计划土方二万三千八百四十公方、石方六百二十公方；此后立煌县还修治了坳口塘、青龙咀塘、三公塘、陈家塘四处。六安县修治了官草湖塘、关塘二处。③但因手续烦琐，物价高涨，推行数年，进展极缓，受益甚微。

民国三十六年（1947），省水利局辅导各县兴办农田水利，按全省水利环境，划分为十个辅导区，霍邱、寿县属第六辅导区，六安、舒城、霍山、立煌（金寨）县属第二辅导区。皖西地方虽制订了修治安丰塘、七门堰等水利灌溉工程的计划，但未能付诸实施。

二、水利建设的特点

在短暂的民国时期，皖西水利的发展还具有以下特点。

（一）水利制度更加完备

民国时期皖西地方社会在总结历代水利工程修治与管理的经验教训后，特别是在民国政府颁布了《水利法》后，制订了更加完备的水利制度，以达到合理利用水利资源、维护正常水利秩序、保障农业生产有效发展的目的。民国四年（1915）至六年（1916）间，霍邱县地方社会为确保淮河大堤修筑的成功，作为实施淮堤工程的组织者的地方士绅在官府的大力支持下，制订了极为完备的《堤工办法九条》，对淮堤修筑的目标、施工组织者和堤工的责任义务、经费使用、工期等都规定得较为明确完备，有力保障了淮堤工程的展开。

民国二十五年（1936），为了有效修复寿县安丰塘水利工程，国家导淮委员

---

① 安徽省政府.安徽概览[M].民国三十三年:241.

② 同上:272.

③ 同上:241.

会与皖省水利工程处、寿县政府共同制订了安丰塘灌溉区施工办法，其曰："由导淮会组织工务所，负工程上指导监督，及定线收方之责，由县政府担任征集土工工人，并组织工队管理所，负征工工人管理，及零星收方之责，其施工程序，以疏濬淠河源为第一部分，塘河堤次之，塘堤又次之。淠河源土方每公方单价九分五厘，塘堤及塘河堤土方，每公方单价七分五厘。于本年四月八日正式开工。"①

在水利工程修治后，建立和完善管理制度最为紧要，水利工程的有效使用则影响到水利效应的持续发挥。前述民国初期霍邱县淮河大堤修筑完成后，还制订了《善后章程二十条》，淮堤实行分区、分段管理，划定了段长（董）、堤长（董）、牌长、民夫的职责范围，对违反规定者，则分别不同情况、不同人员、不同时间，给予较为严厉处罚。②民国二十年（1931）六月，安丰塘周边塘民召开了塘民大会，会议审查通过了《寿县芍陂塘水利规约》，并报请官府备案，印刷成册，发至环塘民户周知。其关于工程管理的制度有如下各条："塘内不许捕鱼、牧牛、挑挖鱼池、牛尿池、私筑塘坞""塘中罾泊阻碍通源，斗门张鳝害公肥私，应随时查禁""牛群及其他牲畜践踏塘堤，应责成各该牧户随时培补""拦河截坝，堵截水源，立即铲除""斗门涵窨及车沟向有定额，有私开车沟、私添涵门者，应掘去或填平""侵占公地，盗使堤土，应责令退还或培补""培垫塘堤，堵塞破口，须兴大工者，由环塘按伕公派；斗门毁坏或冲决，由该门使水花户修理""斗门尺寸均有限制，按伕规定大小，不得放大"。③民国二十三年（1934）十月十日，霍山县政府县长郭董襄应项家桥保士民所请颁布禁令，并"勒石以垂久远"，保护淠河堤坝安全，禁止牛畜践踏、顽民砍伐竹树等破坏鳌山、永安等堤坝的行为。④民国二十三年三月，舒城县县长翟树五据吉家堰民呈请发布布告，禁止在山塘河道上放竹排树木者造成吉家堰坝堤的危害。⑤

（二）水利纷争日趋激烈

民国时期皖西地区水利工程缺乏长期有效修复，民众时常因水利资源的配

① 佚名.安徽省灌溉区工程概要及其办法[J].经济建设半月刊,民国二十五年(4):10-15.
② 关传友.1915—1917年霍邱县淮河大堤的修筑[J].中华科技史学会学刊,2019(24):40-48.
③ 安徽省水利志编纂委员会.安丰塘志[M].合肥:黄山书社,1995:60.
④ 余恒昌.霍山县水利志[M].霍山:霍山县水利电力局,1991:184.
⑤ 李少白.舒城县水利志[M].舒城:舒城县水利电力局,1982:209-210.

置和使用问题发生水利纠纷，并呈愈演愈烈的趋势。主要表现在：

一是引发诉讼纠纷。民国十年（1921），寿县部分地方士绅出于私利，向安徽省主席吕调元呈请开垦安丰塘，遭塘周围民众的反对而作罢。[①]民国二十七年（1938），寿县众兴集附近的农户在塘河两岸开垦菜园，阻塞河道。河水由众兴滚水坝向西漫溢，致使小河湾、鲁家湾、甘家桥等地数千户农田被淹。民国三十年（1941），安丰塘塘工委员会组织清除被侵占的塘河河堤，遭到占垦者的抗拒，致使双方讼案迭起。[②]民国三十三年（1944）秋，寿县田粮处副处长赵同芳，向安徽省财政厅厅长桂竞秋，呈报了《寿县安丰塘官荒放垦计划书》。计划书称，安丰塘南半部有荒滩5万亩，拟划为50个小区，组织50个人民社团圈圩放垦。安徽省政府从其建议，选派专员筹建放垦机构。11月，安丰塘塘工委员会主任王化南等，迭次呈诉于安徽省水利工程处处长盛德纯、导淮委员会主任蒋介石，力辟倡垦者的不实片面之词，痛陈放垦之弊端。导淮委员会遂转请安徽省政府予以查禁。民国三十四年（1945）10月13日，安徽省政府电告导淮委员会，"已将寿县安丰塘荒地管理专员办事处撤销"[③]。最后因政府撤销放垦计划而平息了纠纷。民国期间，寿县东乡有朱姓人等在蔡城塘来水道上筑朱家坝拦水，致使塘水不足，影响蓄水。塘长王筱杵带领团练武装数十人强行扒毁朱家坝，引起水利纠纷，官司一直打到南京国民政府。结果王败诉，被责令重新打起朱家坝，并赔偿有关损失。[④]最后造成蔡城塘无人维护管理，濒临湮废状态。这些都是垦塘引发的纠纷。

筑堤防洪也引发诉讼。据金陵大学森林系教授、美国人罗德民所称，淠河下游寿县距六安县五十里处（约在今寿县隐贤集至迎河集间）有一新岔河，系民国三年（1914）大水所决口，"淹没农田计约一百八十英方里"。至民国七年（1918），受灾农民倡议修补决口，遭到对岸及下游农民的反对，认为淠河在此处当有一新岔河入淮，如"填补决口，违逆水性，则对岸必遭大灾，而下游河堤亦有溃决之虞。两方之争执久而未决，乃向省中起诉，请省长公决此事。结果主修堤之农民失败，勒令将修补之处着即毁去，但受灾之农民始终未从命

---

① 安徽省水利志编纂委员会.安丰塘志[M].合肥:黄山书社,1995:18.

② 同上:20.

③ 同上:63.

④ 合肥市水利志编纂委员会.合肥市水利志[M].合肥:黄山书社,1999:98.

令，最后调停办法，将修补之处挖掘一缺口"①，此案方告结束。

二是引发械斗。民国年间，舒城县民常因用水纠纷得不到有效解决而进行械斗。如民国八年（1919），舒城县民方瑞庭等人因争执水利殴斗而杀伤人命，经安徽省高等审判厅审理，杀伤人命者受到惩罚。②民国十一年（1922），舒城县新任知事（县长）鲍庚在《舒城县大概情形》中也说舒城县"一至久旱为灾，挖沟争水，农民聚斗，动至千人，甚有辗转借用枪械凶器，互相搏击"③。民国十七年（1928），"乌羊堰下游向上游要水发生械斗，死伤9人"。民国三十三年（1944）大旱，"下十荡地主石鼎九与上五荡地主张省如各带武装煽动群众，在洪家荡发生武装械斗，当场死伤3人"④。

（三）民间力量起主导作用

美国史学家彼得·C.珀杜在研究明清时期的洞庭湖水利史时指出："整个中国的水利在保证地方粮食供应方面起着重要的作用。在中国北部，沿河的堤坝控制着洪水，而水库贮存着稀少的降水。中国南方有着丰富的河流湖泊，农民利用堤坝防御难以预料的洪水和确保水的供应。清政府的一项重要职能就是对于主要水利工程的建设与维修。官方通常并不独自从事大规模工程，而主要依靠地方士绅与土地所有者们的合作。"⑤在中国传统社会里，官方都会将地方社会的公共民生工程（包括水利）委托于地方士绅代表的民间力量管理，仅行使督导之责。在民国时期，不论是皖西地方的水利工程的修筑，还是水利工程及其水利秩序的维护完全是民间力量主导的结果。民间力量一般为地方士绅所主导。民国初期霍邱县淮堤修筑就是由地方士绅所主导，《民国霍邱县志》载："邑人蒋开径为会办，襄办者陈国磐、裴景升、邹宗鲁、曾昭孔、钟嘉彦、马祖述，上下分局段长刘勋芳、薛廷桢，皆不避劳怨，董率劝导。"⑥文中所记此次工程出力较多者均为霍邱县的地方士绅，特别是会办蒋开径（紫攀）、总段长刘勋芳（舜臣）贡献最大。蒋紫攀，霍邱西乡人，宣统己酉拔贡，曾任安庆官纸

① 罗德民.淮河上游之现状[A]//中国水利史典编委会.中国水利史典·淮河卷一[M].北京:中国水利水电出版社,2015:211.

② 胡旭晟,夏新华,李交发.民事习惯调查报告录·上册[M].北京:中国政法大学出版社,2000:233.

③ 舒城县地方志编纂委员会.舒城县志[M].合肥:黄山书社,1995:654.

④ 李少白.舒城县水利志[M].舒城:舒城县水利电力局,1992:61.

⑤ （美）彼得·C.珀杜.明清时期的洞庭湖水利[A]//历史地理.第4辑[C].上海:人民出版社,1984:215.

⑥ 钟嘉应.民国霍邱县志[M].民国十七年稿本.

印刷局局长,民国初霍邱县著名的敷文学校创办者。其十分留心家乡水利,并沿淮勘查,草拟筑堤治水规划,呈书当道。工程获批后,担任会办,上下联系,动员组织筑堤民工,实地督查工程质量,三年中席不暇暖,劳尽心力。刘舜臣,霍邱县西北乡人,官宦世家,出任工程总后勤兼总段长,负责官员接待及议事支出费用,大部分资财都花费于筑堤工程。[①] 前述寿县东乡士绅王庆云领导整修蔡城塘水利也是如此。

水利工程设施的维护管理也是民间力量起主导作用。民国期间,寿县安丰塘成立了"塘工委员会"和"水利公所"等民间组织管理安丰塘日常事务。寿西淮堤、正南洼地淮堤则成立了"堤工委员会"管理。委员会大都由环塘、环堤民众推选10~12位有名望人士(地方士绅)担任。[②] 舒城县在杭埠河、丰乐河中下游地区历代开垦了很多圩田,河道沿岸建有圩堤,确保圩田安全。至民国三十七年(1948)统计,全县有188圩。各圩都有圩长,由当地百姓推选地方上有政治、经济势力或有户族威望的人担任,管理岁修经费,由受益户按田亩、人丁摊派,政府不承担。冬春修圩、汛期看圩、抢险堵漏,皆鸣锣为号。[③] 霍山县城西鳌山、永安两坝由当地耆绅、长老和热心公益事业者组成堤工委员会负责管理。[④]

地方士绅是地方社会的灵魂,对稳定地方社会秩序发挥着主导作用。他们积极参与水利事业正是其发挥社会影响力的体现。著名历史学家萧公权先生说:"乡绅对水利非常热心的理由是显而易见的。由于大多数(虽然不是所有)乡绅都是地主,他们很容易了解确保租种其土地的农民收获的重要性。实际耕种土地的农民也懂得灌溉的重要性,但由于他们没有乡绅那样的威望、财富或知识,自然要让后者来扮演领导角色。"[⑤] 前述反对皖省安丰塘放垦计划就是地方士绅所发挥的主导作用。

(四)现代水利科学技术的运用

中国现代水利科学最早是由"外国技术专家引进的,不久全国就掀起强烈

① 关传友. 1915—1917年霍邱县淮河大堤的修筑[J]. 中华科技史学会学刊,2019(24):40-48.

② 寿县地方志编纂委员会. 寿县志[M]. 合肥:黄山书社,1996:205.

③ 舒城县地方志编纂委员会. 舒城县志[M]. 合肥:黄山书社,1995:154.

④ 霍山县地方志编纂委员会. 霍山县志[M]. 合肥:黄山书社,1993:265.

⑤ (美)萧公权. 中国乡村——论19世纪的帝国控制[M]. 张皓,张升,译. 台北:联经出版事业股份有限公司,2014:337.

的学习愿望，促进了国内技术人员的成长"。近代中国著名实业家和工业家张謇"先后建立了第一批培训中国学生的水文测试机构，尔后创立了河海工程专门学校，培养的毕业生成为中国训练有素的水利工程师"。[1]从民国元年（1912）至民国十一年（1922），运用"西方近代测绘技术对淮河流域为期十多年的测量，是淮河有史以来的第一次"。这些测量成果虽然"未能在当时实施"，但为以后"各个时期的治淮提供了科学依据"，并使用海拔高度计算水位高程。[2]民国三年（1914），皖督倪嗣冲成立的安徽水利局测量事务所工程技术人员大都接受过西方国家所派技师的指导和培训，他们利用现代水利科学对淮河水利工程建设进行科学测绘，编绘工程图说，计算淮堤工程的工程量。[3]民国初期霍邱县淮堤工程的勘察设计就是皖省水利局蚌埠分局黄家杰率技术人员运用现代水利科学技术完成的。民国二十三年（1934），安徽省水利工程处所编制安丰塘引淠工程计划书，就是利用现代水利科学对安丰塘进行了历时两个月的测量，得到了有关芍陂的精确数据，编绘出五份水利工程图，设计出甲、乙两种工程计划方案。而此项工程主导者裴益祥先生就是从美国留学归来的水利工程技术专家。

三、民国时期皖西水利的经验教训

纵观民国时期，皖西地方社会出于各自利益的需要，运用现代水利科学技术对水利工程进行了一定程度的修治，水利建设取得了一定的成效，为当今社会的科学治水提供了宝贵经验。但是在当时的社会历史条件下，皖西地区水利建设还存在着严重的缺陷和不足，使其未能充分发挥其应有的功效，对于其不足和漏缺之处，我们要引以为戒，并加以克服。

（一）官方重视不够

民国前期的北洋政府时期，皖西地区没有专一的官方水利组织，一切水利建设均由县知事（县长）负责，但县长由于事务繁重而无力承担，只能委托地方士绅负责。诚如当时人说"其号称负责者，上则县长，下则有堤之处，所谓堤绅、坪董、坝长等类名目而已"。也就是说一县水利建设主要在于县长的"能力精神，以为藏否"，"县长贤，固有所施设，否则，泄沓因循"，而"堤绅、坪董之

---

① （美）戴维·艾伦·佩兹. 工程国家:民国时期（1927—1937）的淮河治理及国家建设[M]. 姜智芹,译. 南京: 江苏人民出版社,2011:37-38.

② 水利部治淮委员会淮河水利简史编写组. 淮河水利简史[M]. 北京:水利电力出版社,1991:323.

③ 同上.

流，论其名分，似必有肩负全责，然权义既无法定，劳怨每不甘任"，如是"上恃县长，下恃堤绅诸人之水利事业，安得而不废弛？"[1]民国中后期的国民政府时期，在民国二十年（1931）安徽特大水灾后，省政府颁布了《各县水利工程委员会规则》，限期全省各地成立水利组织，并受建设厅和省水工处领导。皖西各县于次年（1932）分别成立了水利工程委员会，六安县成立于三月二十六日，寿县成立于六月十四日，舒城县成立于八月八日，霍山县成立于八月十日，分别承担整修各县水利工程任务。[2]在沟渠、塘堰、堤坝所在地也设立了治水团体。但由于战乱及资金短缺，各县水利工程委员会有名无实，工程未能维修。如寿县安丰塘已落得"水源淤阻，塘坝颓废，蓄水之效，几已全失"[3]。

（二）资金投入不足

民国时期皖西水利经费的投入严重不足，成为限制水利事业发展的最主要因素之一。民国十八年（1929）国民政府设立导淮委员会，安徽省建设厅召开专门会议，讨论淮河堤防的岁修问题，报经省长公署批准，每年拨助岁修淮堤费二万元，其中霍邱堤长149.8公里，每年补助三千元，寿县复堤段每年二百元。前述因干旱，省水利工程处及寿县地方于民国二十三年（1934）准备修治安丰塘引水工程，因资金缺乏，无力开工，后在国家导淮委员会的支持下才得以基本完工。民国三十年（1941）至三十三年（1944）省建设厅会同中国农业银行核定农田水利贷款工程，虽然推行了数年，但进展极其缓慢，受益甚微。揆其原因，"实因公文展转，手续繁琐，待至贷款额数确定后，而因物价高涨，原估之数已不敷用，再请增贷，稽延时日，影响极大"[4]，造成许多水利工程因不能及时得到资金而无法修治。皖省原计划贷款四百余万元修治舒城县舒惠渠（七门堰）工程，该项工程关系田亩约十万亩，历经数年，进展缓慢，使得七门堰修治工程不能进行。[5]

（三）工程计划有名无实

民国时期皖西地区水利建设雷声大，雨点小；开始有工程计划，最后都未能及时实施，有名无实。淮河治理在北洋政府时期因各省利益不一致，没有形

① 孙语圣. 民国时期安徽的水利建设[J]. 民国档案,2002(4):107-109.

② 安徽省六安地区水利电力局. 六安地区水利志[M]. 六安:安徽省六安地区水利电力局,1993:23.

③ 康复圣. 淮河沧桑[M]. 北京:中国科学技术出版社,2003:66.

④ 安徽省政府. 安徽概览[M]. 民国三十三年:243.

⑤ 同上:241.

成统一规划；国民政府时期虽制订了《导淮工程计划》，但因日军侵华未能落实。皖西霍邱、寿县仅开展了灾害发生后的恢复工程建设。安丰塘灌溉区仅在民国二十五年（1936）、二十六年（1937）两年基本修治。到民国三十四年（1945），皖省水利工程处提出了《查勘寿县安丰塘情形及意见报告书》，提出了开源、节流、整修闸坝，使灌溉面积扩大到百万亩的治理意见，建议恢复山源、增引肥源、扩展淠源，修建防洪工程，建进水节制闸、泄洪闸，增培塘堤及河堤，疏浚塘河、挖掘塘深，整修并增加放水涵洞、加宽并增开放水沟渠等六项工程，因抗战而未能实施。① 民国三十五年（1946）十二月，淮河流域复堤工程局编制了《寿县安丰塘查勘报告书》，建议在六安城北下龙爪处修建进水闸，疏浚淠源河，整理塘河河堤，疏浚中心沟、边界沟，整修附属建筑物。第二年（1947）五月，淮堤工程局第三工务所进行复勘，并向导淮委员会呈报其报告书。② 后因工程浩大需费众多而作罢。其他水利工程也多是有计划而无实施。

（四）各方利益未能协调

水利工程兴建不易，而确保水利工程效应的有效发挥则更为不易。因水利工程会不同程度地受到自然和社会因素的不断影响和破坏，如洪水暴发可能冲损水利工程，长期自然淤塞降低了水利工程的有效蓄水量，人为的占垦塘堰、截水打坝使水利工程废弃等。在水利资源的使用上，历代都制订有较为合理的制度，以实现各方利益均沾，这实际上是广大民众的良好愿景。但在实际运用中，各方大都出于私利，侵占对方利益，从而破坏水利秩序。舒城县七门堰上下荡间虽制订有用水规约，但干旱年份常因争夺有限水资源而引发武装械斗，造成无数民众伤亡。寿县东乡蔡城塘因朱姓人在源河筑坝截水，致使该塘濒于涸竭。民国后期，地主豪绅把控安丰塘，干旱季节，常常私开斗门，拦渠打坝，垄断水源，民众称之为"阎王坝"。这些纠纷事例正是主导者没有考虑到不同群体的利益诉求，未进行切实有效的利益协调和沟通所造成的结果。

---

① 安徽省水利志编纂委员会. 安丰塘志[M]. 合肥:黄山书社,1995:34.

② 同上:21.

第三章　引水上岗：淠史杭灌区工程兴建

淠史杭灌溉区是皖西境内淠河、史河、杭埠河三大主要河流所形成的灌溉区的简称，是中国共产党建立的中华人民共和国（新中国）建设的最大灌溉区。淠史杭灌溉区的范围包括皖豫2省4市17个县区，沟通长江、淮河两大水系，总设计灌溉面积1 198万亩，其中安徽省1 100万亩，河南省98万亩。灌溉区还有水运、发电、水产养殖、城镇供水和旅游观光等综合利用功能。自1958年开工建设以来，现已经建成蓄（水）、引（水）、提（水）并举，库、渠、塘、站联合运用，以及大、中、小型工程相结合的长藤结瓜式的灌溉系统，灌溉和综合利用效益显著。[①] 数十年来，史学界忽视了这一问题，对其缺乏全面系统的研究。本章主要对淠史杭灌区工程兴建历史过程及特点进行讨论。

第一节　淠史杭工程兴建的历史背景

淠史杭灌溉区的兴建是在一定的历史条件下进行的，可以说是天时、地利、人和的综合运用结果。

一、淮河治理运动创造了根本条件

中国历史上的统治者通过兴修水利治理水患、消除旱灾，这是在政权稳定之后，必须要考虑的重要问题。德国社会学家、经济学家马克思·韦伯曾较精辟地指出，治水是一切合理的经济决定性前提，"回顾一下中国历史，便不难发现，治水的这一必要性是中央政权及其世袭官僚制之所以成立的关键所在"，其"首要的任务是筑堤以防水患，或开凿运河以通内河航行"[②]。按其所说治理淮

---

① 安徽省水利志编纂委员会. 淠史杭灌溉工程志[M]. 2000:1.

② （德）马克思·韦伯. 儒教与道教[M]. 洪天富，译. 南京:江苏人民出版社,1995:27.

河无疑当是新中国成立之后凝聚社会人心的开局之战。

1950年7月淮河流域大水，淮堤决口，洪水横流，造成许多民众死亡，两岸居民损失惨重。同年10月14日，中央人民政府政务院在周恩来总理主持下，作出《关于治理淮河的决定》，确定了"上中下游兼顾、局部服从整体、整体照顾局部的豫皖苏三省共保"原则和"蓄泄兼筹"方针，并作出了治淮规划：在山区建大型水库拦蓄山洪，减轻淮河干流负担；在沿淮开辟蓄洪区，汛期蓄洪，以杀水势；退建堤防，开辟行洪区，打开排洪通道，使水流畅通；培修沿淮堤防，增强防洪能力。六安地区大部分属淮河流域，按治淮规划，除在境内大别山区兴建佛子岭、磨子潭、响洪甸、梅山4座大型水库，承担淮河中上游全部山谷蓄水容量的40%以外，还在沿淮开辟四个蓄（滞）洪区，负担淮河中游全部湖泊蓄水容量的80%；同时开辟姜家湖行洪区，退建临王段，培修沿淮堤防。① 因此，1950年冬，开始了淮河干支流的复堤工程，培修霍邱淮堤、寿西淮堤、淠河迎北圈堤。1951年1月16日，寿县政府动员民工3.7万人开始了疏浚自钱家滩至入淮口19公里长的东淝河工程，到7月15日完工，完成土方175.27万立方米。2月，霍邱县动员民工18.6万人（其中阜阳地区支援5.2万人），修复城西湖、城东湖蓄洪区堤防，3月底完工，② 完成土方119.51万立方米。3月底淮河分水闸润河集闸开工。5月，中共最高领袖毛泽东主席题字并发出了"一定要把淮河修好"的伟大号召。11月，寿县瓦埠湖蓄洪区东淝河闸兴建，并先后开挖了寿西退水渠、寿西排水渠、正南排水渠，在正阳关建正阳涵。1952年1月，新中国第一座钢筋混凝土连拱坝佛子岭水库在大别山区霍山县正式开工建设；11月，城东湖蓄洪区城东湖闸开工兴建；12月，淮河润河集船闸开工。1954年3月26日，大别山区第二座大型钢筋混凝土连拱坝梅山水库在金寨县动工兴建；11月，佛子岭水库基本建成。1955年春，对上年被洪水冲毁的淮河堤防进行了全面修复；5月23日，大别山区大型混凝土单拱重力坝响洪甸水库在金寨县兴建；9月，大别山区大型混凝土双支墩坝磨子潭水库在霍山县兴建。到1958年7月，皖西大别山区4座大型水库建成蓄水，总库容量58.02亿立方米，防洪库容量30.11亿立方米，兴利库容量17.74亿立方米，有力地减轻了淮河中下游地区的洪水压力。同时为淠史杭灌溉区工程兴建创造了根

① 六安地方志编纂委员会. 六安地区志[M]. 合肥:黄山书社,1997:175.

② 安徽省六安地区水利电力局. 六安地区水利志[M]. 六安:安徽省六安地区水利电力局,1993:27.

本条件，提供了丰富的水资源。

皖西大别山区四大水库基本情况表

水库名称	河流	流域面积（km²）	平均降雨量（mm）	坝高（m）	总库容（亿 m³）	防洪库容（亿 m³）	兴利库容（亿 m³）
佛子岭水库	东淠河	1 840	1 512.6	75.9	4.96	2.51	2.71
梅山水库	史河	1 970	1 362.0	88.24	23.37	11.39	7.96
响洪甸水库	西淠河	1 400	1 475.4	87.5	26.32	14.05	7.70
磨子潭水库	东淠河	570	1 526.1	82.0	3.37	2.16	1.37
合计		5 780			58.02	30.11	17.74

新中国第一坝——安徽霍山佛子岭水库大坝（孙道清摄）

二、人民群众的迫切愿望

皖西地区主要属江淮丘陵地区，其基本特点是容易遭受洪涝灾害，时常出现大雨大灾、小雨小灾、无雨旱灾的现象。皖西地貌多属岗丘冲洼，很难将低于岗丘农田的河水引入灌溉。据测算每年岗丘区农田缺水在400～500毫米降水量，且降雨多集中在夏季，而水稻需水的夏秋之交时节降水稀少，极易形成干旱，即伏旱。皖西地方民众的歌谣"洼地洪水滚滚流，岗上滴水贵如油。一方盼水水不来，一方恨水水不走""五日不雨是小旱，十日不雨是大旱，半月不雨青苗黄，一月不雨禾可燎""一年忙到头，浑身累出油，立秋不下雨，收个瘪稻头"等，都是对灾害的形象化描述。而皖西地方存在着许多"晒死鸡""荒十八""晒网滩""烧脉岗""火龙岗""死人堰"等地名，则真切道出了岗丘地带的旱灾惨景。因此，摆脱旱灾就成了岗丘地带历代民众的强烈愿望，利用大别山区四大水库的水源兴建灌溉工程，无疑成为当时社会的普遍共识。

三、人民公社制度是工程实施的制度保障

西方汉学家很早就注意到在中国兴修水利同权力之间的关系。他们分析认为，动用大量的人力、物力兴修水利，就需要有跨地区的权威的存在，提升了帝国的权力。以水利为基础的政权，他们称之为东方的集权。魏特夫就认为，"所有治水都需要有领导者、庞大完整的治水队，进行工作时需要有在场的领袖和执行纪律的人，还需要全面的组织者和设计者。治水农业的这种大规模事业需要这两种类型的指导。工头常常根本不做任何低贱的工作，除了少数工程专家以外，劳动大军的警卫人员和长官们基本上都是组织者""要有效地管理这些工程，必须建立一个遍及全国或者至少是及于全国人口重要中心的组织网。因此，控制这一组织的人总是巧妙地准备行使最高政治权力"①。按魏氏之说，治水国家的区域性治水更是如此。在"大跃进"时期建立的人民公社制度无疑是大规模水利建设的制度保障。

自1950年以来，皖西地区的农村经历了土地制度改革、农业互助组、初级社、高级社运动，到1958年建立了人民公社制度，实行了生产队、生产大队、公社三级集体制经营管理体制。人民公社因经营规模大，在土地使用和调剂等问题的解决上，变得较为合理和容易；在个体经营状况下不能轻易调节的矛盾，能得以较快化解。同时，人民公社制度对实现社会动员、组织劳动力进行较大规模的行动提供了有效基础。诚如罗兴佐在其博士论文中所说："政社合一使公社的权力高度集中，这种高度集中的权力与集体所有制相结合"，为公社集体化体制"提供了史无前例的动员能力，如国家可以随时根据自己的需要占用任何一块土地，公社有权随意甚至无偿调用任一生产队的劳动力"，也正是这种具备高度动员能力的体制，为公社集体化时期的"水利建设提供了牢固的政治与组织基础"②。因此，人民公社的集体化制度是淠史杭工程兴建的制度保障。

① （美）魏特夫. 东方专制主义——对于集权力量的比较研究[M]. 徐式谷, 吴瑞森, 邹如山, 等译. 北京:中国社会科学出版社,1989.
② 罗兴佐. 治水:国家介入与农民合作——荆门五村农田水利研究[D]. 武汉:华中师范大学,2005:18.

四、皖西人有着兴建水利工程的历史传统

皖西地区有着悠久的引河蓄水、兴建水利工程的历史。早在春秋时期楚国令尹孙叔敖就在寿县城南六十里处,兴建了中国历史上四座大型水利灌溉工程之一的芍陂(另三座分别是都江堰、郑国渠、漳河渠),唐代改称安丰塘。其引淠河之水,形成了一个"陂径百里,灌田万顷"的人工水利灌溉系统,经历代修治,寿县从此实现了"人赖其利,境内丰给",延续至今已有 2 600 余年。如今,芍陂成为淠史杭灌溉系统中的中型调节水库,至今仍发挥灌溉作用。

舒城县七门堰为汉高祖刘邦伯兄之子、羹颉侯刘信所创建,史载"羹颉侯分封是邑,直走西南,见山滨大溪下,有石洞如门者七,乃分为三堰,别为九陂,潴为十塘,而埧、而沟、而冲也,灌田二千余顷,而民赖以不病"[①]。历代多次修治,现被纳入杭埠河灌区仍发挥着农田灌溉作用,其建设至今已 2 200 余年。

霍邱县水门塘古称大业陂,位于霍邱城北五公里,相传为春秋楚国令尹孙叔敖所创修。现塘面 5 000 亩,库容扩大到 1 040 万立方米,成为史河灌区沣东干渠的中型反调节水库。

寿县东部的蔡城塘(1965年属长丰县,今属淮南市大通区)规模仅次于芍陂,"周围约计三十六里""溉田二百余顷"[②],相传亦为孙叔敖所兴建,经历代修治,至今仍发挥灌溉作用。

上述这些蓄水灌溉工程的兴建,积累了丰富的历史经验,体现了历史上皖西人的聪明睿智。皖西地区古水利灌溉工程对淠史杭灌区的建设提供了有力的借鉴标杆。

五、中央权力下放为工程兴建提供了历史机遇

在1957年初召开的全国水利工作会议上,国务院副总理邓子恢发表了重要讲话,强调农田水利是群众性的工作,必须依靠群众办水利,国家对水利建设是重视的,国家对农田水利要给予支援,但不能有单纯依赖国家的思想。[③]自此形成了"两条腿走路"兴办水利的方针。1958年初,中央为了掀起建设社会

---

① (明)陈魁士. 万历舒城县志[M]. 万历八年刻本.

② (清)曾道唯. 光绪寿州志[M]. 南京:江苏古籍出版社,1998.

③ 王瑞芳. 当代中国水利史(1949—2011)[M]. 上海:中国社会科学出版社,2014:133.

主义的高潮，提出了"大跃进"号召，将由中央掌握的权力部分下放给地方各省，各省依托中央权力下放获得了部分资源的分配权限，因此"地方政府获得上级下放的部分权力——预算资金和物资分配权，同时也自下而上获得了剩余劳动力的调配权，地方政府能够充分调度的剩余劳动力资源，与稀缺的工业投资物品配套起来，可以落实一些地方性的工程计划"[1]。皖西地方党委政府就是及时抓住了中央下放部分权力的历史机遇，获得了部分预算资金和物资，动员广大农民群众，实行"两条腿走路"，而达到了兴建淠史杭工程的目的。

第二节　淠史杭工程的组织实施过程

一、工程规划

1950年在国家决定治理淮河之际，苏联水利专家布可夫针对淮河治理就提出了具体建议："在上游修建大量的山谷水库，在中游更好地利用湖泊洼地蓄水，并采取其他措施，要求在淮河流域的广大土地上，将大自然所给的水全盘控制利用。不但消除水灾，并且大规模地发展灌溉事业，改进航运，建设水电站。"[2]苏联专家的意见，拓展了新中国淮河治理的思路，对当时治淮举措产生了极大的影响。皖西淠史杭工程的兴建毫无疑问也是受苏联专家影响的结果。1952年在佛子岭水库开工后，国家治淮委员会初步规划开发淠河下游灌溉50万亩的淠右灌区，六安专区治淮指挥部编报了《淠右灌溉工程初步设计书》，设计灌溉面积扩大到109万亩。[3] 1953年，方案虽经安徽省委第一书记曾希圣同意，并准备开工兴建，但因居民搬迁及毁占大量农田等实际问题较难解决，没有得到群众支持而未实施。1956年，根据淮委的要求，淮委勘测设计院编制完成了《淮河流域规划报告》，其中淠河、史河灌区分别发展灌溉450万亩和140万亩，并组织查勘淠河、史河灌区的渠首、渠线、主要建筑物。[4] 1957年，淮委勘测设计院编制了《淠河灌区工程规划》，计划在东、西淠河合流处兴建青山

① 老田.从淠史杭灌区的建设过程看集体农业的粮食增产中介[J].开放时代,2017(6):100-117.
② 王瑞芳.当代中国水利史(1949—2011)[M].北京:中国社会科学出版社,2014:137.
③ 安徽省六安地区水利电力局.六安地区水利志[M].六安:安徽省六安地区水利电力局,1993:174.
④ 安徽省水利志编纂委员会.淠史杭灌溉工程志[M].2000:15.

水库，利用淠河上游三大水库的水量，发展灌溉 551 万亩的灌区。1957 年至 1958 年，淮委勘测设计院编制了《巢滁皖流域规划》，提出在杭埠河中游兴建大型水库，以此建成杭埠河灌区，灌溉舒城、庐江 90 万亩。1958 年，淠史杭灌区规划初步出台，淠河灌区在六安县横排头兴建渠首枢纽工程和开挖总干渠、干渠，并在灌区内兴建中小型反调节水库，灌溉包括寿县瓦埠湖流域和滁河流域，发展灌溉面积达到 726 万亩；史河灌区在金寨县红石嘴兴建渠首枢纽工程和开挖总干渠、干渠，灌区内兴建中小型反调节水库，发展灌溉面积 318 万亩；杭埠河灌区灌溉面积 174 万亩。总计灌溉面积达 1 218 万亩，其中六安专区 732 万亩，初步奠定了淠史杭灌区的规模，为灌区初期工程建设提供了依据。[①]此规划在工程兴建的实践过程中不断完善和修正，形成了《淠史杭工程总体规划与总体设计》，于 1986 年获得安徽省科学技术进步奖一等奖。[②]

二、施工组织

为了有效地组织好工程建设，1958 年 5 月 30 日，中共六安地委召开会议，研究开发史河、淠河灌区建设问题，决定成立由地委第二书记、专员赵子厚任组长，地委常委、农工部长魏胜德，副专员郑象生为组员的三人领导小组，专门负责规划方案。6 月 29 日，中共六安地委召开了各县县委书记、水利局长会议，讨论开发史淠灌区的规划方案。会议期间，舒城县决定独立兴建龙河口水库工程。7 月 15 日，中共六安地委召开了常委会，会议决定成立"六安专区淠史杭沟通综合利用工程指挥部"，同时成立工程党委会。[③]8 月 3 日，中共安徽省委在佛子岭水库召开会议，同意开发淠史杭灌区工程。[④]灌区各县都相继成立了工程指挥部，并设置配备了专门机构及人员。地、县指挥部为常设机构，在动用辖区内人、财、物方面具有权威。负责施工的民工采取军事化建制，生产队成立水利连或排，由生产队长负责；生产大队成立水利营，大队民兵营长或大队长任营长，大队支部书记任教导员；公社成立水利团，公社党委书记或副书记任政委，公社主任任团长；舒城县还成立了水利师，由所在重点区的区

①　安徽省六安地区水利电力局.六安地区水利志[M].六安:安徽省六安地区水利电力局,1993:178.

②　同上:410.

③　杜维佑.淠史杭工程决策前后的回忆[A]//政协六安市委员会,六安市水利局.皖西治淮六十年[C].香港:天马出版有限公司,2011:309.

④　同①:175.

长任师长，区委书记或副书记任政委；重点建设工程成立指挥所；均由县指挥部负责领导。[①] 这些组织的成立确保了工程的有序开展，取得了较好的效果。

三、工程兴工

1958年4月始，皖西地区连续70多天未雨，塘堰涸竭，干旱严重，人民群众盼水愿望更加热切。六安专区工程指挥部提出了"一年通水，两年完成，三年扫尾"的实施计划，自1958年至1962年分两期施工。[②] 8月19日，淠河灌区渠首横排头枢纽工程正式开工，中共六安地委第一书记杜维佑剪彩，专员赵子厚挥锹破土，揭开了淠史杭工程兴建的序幕。11月11日，杭埠河灌区的舒城县龙河口水库工程开工；12月，史河灌区红石嘴渠首枢纽工程开工。在这一年里，皖西境内11条干渠同时施工，数十万民工怀着强烈的盼水热情，自力更生、自带口粮，积极参加工程建设，掀起了建设闻名于新中国的大型灌溉工程的热潮。据统计正常上工人数50万人左右，最高达67.8万人。每个民工一个工日仅补助半斤至一斤口粮和一角钱菜金。率先动工的樊通桥、五里墩、东河大郢、车王集、平岗、王店、白龙井、潘家楼、将军岭等20多处深切岭和高填方段，每处民工都在万人左右，多至4万至5万人。[③] 舒城县动员全县广大干群30万人，分期分批进入水库工地，组建成3个民兵师、13个民兵团、1个工兵独立团和砌工、马车、水上运输三个直属营，起床、用餐、上工、收工、放炮，一律按军事化进行。平时，日上工人数都在4万人左右，关键时刻高达8万多人，同时，还集中1200多头耕牛拉车运土。[④] 1959年1月16日，蓄水8.2亿立方米的龙河口水库开始兴筑土坝工程，至4月下旬，历经三次河水溃坝险情，东大坝兴筑成功。到1959年5月，完成了史、淠灌区的第一期工程，民工回乡参加人民公社生产劳动，仍有5万多民工坚持在工地上，从事多处深切岭、高填方及建筑物的施工。是年夏天，皖西地区旱情严重，中共六安地委动员全专区抗旱保苗。7月中旬，动员全区广大民工、机关干部、城镇居民14万人，突击10天，挖通史、淠总干渠的小断面。7月27日，史河总干渠引水灌溉金寨、霍

① 安徽省水利志编纂委员会.淠史杭灌溉工程志[M].2000:72.

② 同上:74.

③ 同上.

④ 史元生.创业界奇迹 立千秋伟业——兴建龙河口水库纪实[A]//政协舒城县委员会,文史资料研究委员会.舒城文史资料(第三辑)[C].舒城:政协安徽省舒城县委员会,2002:14-15.

邱3万亩旱田;7月29日,淠河总干渠开闸放水,灌溉六安、寿县77万亩受旱农田;舒城县利用龙河口水库西主坝导流明渠放水入杭埠河,将水引入七门堰,灌溉了17万亩受旱农田。[1] 这基本上实现了一年通水的目标,受惠群众编歌谣道:"幸福河水滚滚流,流来幸福流去愁。流来幸福满河面,流去苦难不回头。"[2] 河水上岗的强有力事实,不仅更加激励了广大干群建设工程的积极性,还消除了部分干群心中的疑虑。10月,国家水电部决定大力支持淠史杭工程建设,拨款4 500万元,钢材200吨。

六安淠河总干渠切岭现场施工图(《六安县水利志》)

1959年冬至1960年春,第二期工程建设开始,突击开挖干渠和支渠,这是淠史杭工程继续施工的高潮。此时正处于"三年困难期间",皖西农村因"粮荒"严重而发生了大量农民"非正常死亡"现象。工地民工从社队已无粮可带,仅靠工程补助粮食维持,有时也难以及时兑现。民工因粮食不足,体力消耗较大,无力在工地支撑,工程进展缓慢。省委第一书记曾希圣利用兼任山东省委第一书记的机会,从山东派出一万多民工来六安,以工代赈,参加淠河灌区大潜山灌渠的土方工程,完工后返回。1960年2月,舒城县民工封堵龙河口水库西主坝导流明渠成功。至此,龙河口水库主坝工程基本告竣。到6月1日,

① 高翼生.淠史杭建设回顾[A]//政协六安市委员会,六安市水利局.皖西治淮六十年[C].香港:天马出版有限公司,2011:325-327.

② 罗会祥.淠史杭灌区建设纪实[A]//政协六安市委员会,六安市水利局.皖西治淮六十年[C].香港:天马出版有限公司,2011:365.

淠、史灌区二期工程结束，实现放水灌溉农田100万亩。

1960年冬至1961年春，因饥荒较为严重，面上工程基本停工。仅高填方、深切岭和重点建筑物等工程，转包给省第一、第三劳改支队一万余人，在工地常年施工。1961年6月，为扩大淠河灌区灌溉效益，解决寿县、六安县及肥西县高丘地带的农田旱情，开挖淠河总干渠青龙堰至肥西红旗沟、官亭渠段，省委从合肥市15所大专院校和17个工厂先后动员1.27万名师生和职工参加开挖；六安地委也动员六安地、县机关职工参加淠东干渠开挖。是年夏秋之际，淠河引水至肥西看墙郢，瓦西干渠实现通水，淠东干渠引水至寿县安丰塘，淠河灌区灌溉农田77万亩。史河总干渠全线通水，沣西、沣东干渠部分实现通水，灌溉面积47万亩。龙河口水库缓建，通过杭北干渠引水至七门堰灌区，灌溉农田37万亩。^①1961年淠史杭灌区灌溉面积达到161万亩。

1962年冬，连续两年休养生息的皖西农村经济得到了较快恢复，淠史杭工程再次掀起冬修高潮，投入劳动力20万至30万人。1962年底根据国家计委要求，工程指挥部会同有关单位编报了《安徽省六安专区淠史杭沟通综合利用工程设计任务书》，1963年2月由省上报国家计委，同年秋编制了三个灌区的修正规划报告，灌溉农田总面积调整为1 096万亩。^②1963年4月，史河灌区的沣西、沣东干渠全线通水。1964年，横排头渠首工程重新加固，淠河总干渠通水至肥西将军岭，并送水至所有干渠引水口；史河灌区汲东干渠进入了紧张施工阶段，至1965年实现全线通水。到1965年夏秋，淠史杭灌区灌溉面积达346万亩。^③1965年10月，龙河口水库复工续建。同年冬，滁河、舒庐干渠复工，潜南干渠分水岭及南干渠开工兴建。1966年，淠河水经将军岭输入合肥董铺水库。1967年，滁河干渠输水至肥东县。1967年，杭北、潜南干渠全线通水。1968年，淠河灌区的瓦东干渠通水至长丰县下塘集。1969年，舒庐干渠输水至庐江县。1971年5月，长达近900米沟通江淮分水岭的将军山渡槽建成，实现了淠、杭干渠的沟通。1971年4月，六安县张家店境内的杭淠分干渠打山渡槽开工，至1973年6月工程竣工。1974年10月，寿县组织11万人大干一冬春，对境内69公里长的淠东干渠进行了扩建整治，扩大和改善灌溉面积20万亩。^④

① 安徽省水利志编纂委员会. 淠史杭灌溉工程志[M]. 2000:75.

② 同上:55.

③ 同上:76.

④ 安徽省六安地区水利电力局. 六安地区水利志[M]. 六安:安徽省六安地区水利电力局,1993:47.

1975年，瓦东干渠全面建成通水。至此，淠史杭灌区总体工程全部完成，灌溉面积超过700万亩。[①]

安徽淠史杭灌区基本情况表

灌区名称	灌区面积（km²）	开工时间	完成时间	灌溉面积（万亩）	自流面积（万亩）	提水面积（万亩）	备注
淠河	7 750	1958.8	1975	660	431	229	
史河	3 526	1958.10	1973	285	256.54	28.46	
杭埠河	1 854	1958.11	1973	151	136.6	3.4	
合计	13 130			1 096	824.14	260.86	

1970年冬，全国开展了"农业学大寨"运动，皖西地区各县积极响应，开展旱涝保收、稳产高产的农田建设，灌区水利建设的重点转移到支渠配套和小型水利工程的兴建上来。社队组织社员兴建小水库，开挖当家塘，灌区内1 000多座小型水库有三分之二就兴建于此时期。结合引水渠道的开挖，平整土地，格田成方，建设沟、渠、田、林、路综合治理田园化的"大寨式"样板田。至1978年，全灌区有十分之一的土地得到了平整，实现了节水、增产。[②]在农村实行家庭联产承包责任制后，公社集体化经济解体，大规模的水利兴建活动基本停止。

1984年，安徽省政府引进世界银行资金1.93亿元，国家水利部和省也增加基建投资，对淠史杭灌溉工程进行了续建配套。从1985年至1991年，分别对2条总干渠、4条干渠、6条分干渠、205条支渠和分支渠、9座中型水库和476座小型水库进行加固，并对其与25处电管站进行了续建配套及更新改造，共完成土方4 388万立方米、砌石64.79万立方米、钢筋混凝土37.79万立方米，修建各类建筑物52 500余座[③]。使得灌区的效益得到了充分发挥，实现灌溉农田800多万亩。

四、工程效益

至1975年，皖西人民苦战了18个春秋，终于建成了伟大的淠史杭灌溉工程。18年间，国家投资仅29 352万元（原值），群众投工、料折资34 733万

---

① 安徽省水利志编纂委员会.淠史杭灌溉工程志[M].2000:76.

② 同上:78.

③ 同上:79.

元。①国家投资仅占45.8%，群众投劳、料等占54.2%。据地方志记载，自1958年淠史杭工程全面动工，到1988年，经过30多年的艰苦奋斗，已建成总干渠2条，总长145公里；干渠11条，总长840公里；分干渠19条，总长400公里；支渠326条，总长3 345公里；分支渠、斗渠和农渠1万多条，总长2万多公里。兴建各类渠系建筑物近3万座；修建中小型反调节水库1 200多座，连同21万多处塘坝，有效库容12亿多立方米；建成机电灌溉站644处，外水补给站39处，总装机1 000万千瓦。整个渠道和建筑物工程共完成土石方近5亿立方米。已形成长藤结瓜式灌溉系统，近期实灌面积达到830万亩（河南98万亩未计）。在水力发电、航运、水产和城市供水等方面也发挥了综合利用效益。②淠史杭灌区修建以后，水田面积日益扩大，旱作物面积逐步缩小，沤水田得到改造，耕地率相应增加。据1988年统计，六安、寿县、肥西、霍邱、舒城、庐江等6县水田面积占耕地总面积增至85%，粮食单产增至382公斤，为1957年的3.2倍。改造沤水田150万亩，复种指数提高到118%。至1988年，灌区累计灌溉面积1.83亿亩，因水利条件改善而增产的粮食已达102.5亿公斤，仅增产粮食一项，其价值已超过总投资的三四倍。1981年安徽省出售粮食超过3亿公斤的有5个县，其中4个县在淠史杭灌区。1978年为百年不遇的干旱年，灌区从5大水库引水30亿立方米，引灌旱田729万亩，灌区粮食总产量达43亿公斤。1988年人均1亩地的庐江县提供商品粮达2亿公斤。灌区范围内的寿县、霍邱、六安、庐江、肥西、长丰等6县（河南固始县未计）已被国家确定为商品粮基地县（市）。占全省七分之一耕地面积的淠史杭灌区，为全省提供的商品粮占全省总量的四分之一，仅1984年就高达15.33亿公斤。③当年兴建淠史杭工程的亲历者称，从1976年至1998年间，灌区进行了局部的续建配套及工程加固，国家先后投资16 274万元，引用世界银行贷款19 300万元，同期民劳投资16 583万元。1958至1998年40年间，淠史杭灌区建设总投资116 242万元，其中群众投劳及世行贷款70 616万元（贷款由群众归还），占总投资60.7%；国家投资仅45 626万元，亩均40多元。其投资之省、效益之大，在全国也是少见的。④

① 高翼生.淠史杭建设回顾[A]//政协六安市委员会,六安市水利局.皖西治淮六十年[C].香港:天马出版有限公司,2011:319.

② 安徽省志编纂委员会.安徽省志·水利志[M].北京:方志出版社,1999:322.

③ 同上:342-343.

④ 同①.

第三节　工程建设的特点

淠史杭灌溉工程建设的特点主要体现在以下方面。

一、科学决策　合理规划

淠史杭工程兴建之初，决策者考虑主要利用淠河、史河上游霍山、金寨县境内的四大水库余水建设淠河灌区、史河灌区，以解决六安、寿县、霍邱三县的农田灌溉问题。中共六安地委将方案上报安徽省委主要领导曾希圣处时却被否决。曾希圣从全省的大局考虑，设想在东、西淠河合流处的六安县西两河口再兴建一座大型水库——两河口水库，将水库之水引到皖东及皖中地区。但如果按此设想实施，六安地区霍山县的县城（兴建梅山水库时就淹没了金寨县城金家寨）和数万亩农田将被淹没，同时移民数万人，付出代价太大。六安地委在广泛征求科学技术人员的意见后，经过慎重研究，提出了分别在舒城和霍山县境内各建一座大型水库，将史河、淠河、杭埠河沟通，将杭埠河水北引至六安，增加淠河引水量，输入皖东、皖中；南引至庐江县保障庐江农田灌溉，同时还消除了舒城县杭埠河下游的常年涝灾。六安专区的主要领导将此新方案汇报给省委主要领导曾希圣等，经过方案对比后，曾希圣等省领导认为新方案可行，不再坚持要求兴建两河口水库。[①]

省委领导认可后，六安地区有关部门很快组织工程技术人员进行科学论证和规划如何实现新方案。经过对六安地区岗丘的地形地势进行分析和反复比较，认为抬高引水口水位，灌渠沿分水岭走高线，通过深切岭和高填方，能够把淠史杭水输入到淮河沿岸、合肥以东和巢湖湖畔，实现灌溉面积达到1 200多万亩。确定淠河灌区引水口建在六安县的横排头，史河灌区引水口建在金寨县的红石嘴。但其直接后果是六安地形复杂，勘测量大，土方量大，建筑工程量大，施工任务艰巨，财力严重不足，建一座灌溉千万亩的大型灌区仅凭当时六

---

① 杜维佑.淠史杭工程决策前后的回忆[A]//政协六安市委员会,六安市水利局.皖西治淮六十年[C].香港:天马出版有限公司,2011:309.

安专区8县的力量则力不从心。①

淠河总干渠渠首——六安县横排头(孙道清摄)

人工开挖的河道比降问题也是很重要的问题。一般传统人工河流比降在五千分之一，即河道每行五千米必须降低一米，比降大，河道窄，河水流速快，可以节省土方；但造成下游自流灌溉面积小，需要提水灌溉。经过反复慎重的研究，采用两万分之一的比降，河道行两万米降低一米，河道需要加宽，可以实现80%自流灌溉，还有利于通航。但问题是灌溉渠道要四次穿过江淮分水岭，增加了土、石方工程量。②

最后是灌溉渠道走向及建筑物选址问题。渠道定线走向实行领导、群众、技术人员三结合的方针，充分征求、听取各方面的意见，以尽量不占用良田为原则。如在确定淠河总干渠渠首至六安的河道走向时，工程建设总指挥、六安专区专员赵子厚带领工程设计人员到六安县苏家埠区召开群众座谈会，听取农民群众意见。苏家埠区位于淠河右岸，岗多田少，群众惜田如命。大家认为政府兴修水利、挖渠放水是为了多打粮食，可是人稠地紧，田地好比饭锅，挖掉好田好地，等于是为取水而砸锅，工程建设最好是不占用良田。③淠河总干渠在穿过今六安城区段时，原定从六安卫校与六安长途汽车站之间的冲田走线，省工省时，可避开五里墩切岭。但群众却极力反对，原因是需要挖压大片良

① 高翼生. 淠史杭建设回顾[A]//政协六安市委员会,六安市水利局. 皖西治淮六十年[C]. 香港:天马出版有限公司,2011:317.

② 同上:318.

③ 罗会祥. 淠史杭灌区建设纪实[A]//政协六安市委员会,六安市水利局. 皖西治淮六十年[C]. 香港:天马出版有限公司,2011:354.

田，同时对将来城市发展不利。最后决定切开五里墩，一劳永逸。①

二、宣传动员　达成共识

宣传动员是共产党人在战争年代发动群众的一大武器，在新中国建设年代依然如此。兴建淠史杭灌溉工程的宣传工作主要是积极争取广大干部群众的支持理解，达成社会共识，团结社员群众，鼓舞士气，调动广大群众的积极性。在皖西地区，只要提起旱灾，人们就有吐不尽的苦水，说不完的灾难。因此，全专区开展了"诉旱苦"运动，在生产队召开的动员会上，在县委召开的公社、大队、生产队干部参加的誓师会上，都把组织群众忆旱灾之苦和说家史、村史列为重要内容。在大旱之年，诉说旱灾之苦，说清楚兴建工程的意义、作用，讲明地理情况及实现岗丘地带引水灌溉的可行性，通过摆清道理，展示工程美好未来，是创建工程最好的动员令。②针对工程建设进程中出现的怀疑、悲观等消极情绪，工程宣传采取了今昔对比、使用渠水和不能使用渠水对比，用工程发挥事实效益进行对比宣传，能较快地消除误解，达成社会共识。通过宣传动员，广大公社社员认识到国家和农民群众是密不可分的水利共同体中两个重要的组成部分，在反复的灾害记忆和搬演中，有关水利的文化和地方性知识已经深深融入了地方的话语结构，被用来表达若干的象征或者隐喻，形成了群众力量只有依靠共产党和政府才能发挥作用的认识。这种认识代表了一种集体生存意识及由其延伸出的生存策略，贯穿到农民群众的日常生活中，使得他们带着对水的渴望，自觉不自觉地融入淠史杭工程的建设中。当时人们说的"千军万马上阵，四面八方支援，热火朝天开渠，誓引库水灌田"③，正是皖西干部群众兴修淠史杭工程的热切愿望和行动的真实概况。

三、土法上马　自力更生

淠史杭工程是未得到国家计委批准立项而仓促上马的，施工中面临的最大困难是当初国家无资金支持和施工所需的钢材、水泥及木材等物资供应不足。

① 高翼生.淠史杭建设回顾[A]//政协六安市委员会,六安市水利局.皖西治淮六十年[C].香港:天马出版有限公司,2011:318.
② 安徽省水利志编纂委员会.淠史杭灌溉工程志[M].2000:82.
③ 刘秀章.人工河网——记投资少、效益大的淠史杭灌区[A]//中共六安市委宣传部等.情系淠史杭[C].北京:团结出版社,2018:282.

在省委第一书记曾希圣的协调支持下，省有关部门拨付了部分资金，但这些资金连建设两大渠首工程都不够。至于蓄水量8亿多立方米的舒城县龙河口水库，也仅获得拨款300万元。中共六安地委和工程指挥部决定实行"社办公助"的办法，依靠皖西人民群众自力更生。六安各级党委政府进行广泛的社会动员，依靠岗丘地区农民群众盼水的热切愿望，利用冬闲时间进行大会战，拿下土方工程。因此，皖西人民自带粮草、自带工具、自筹物资、自学技术，从四面八方汇聚到各自指定工地，风餐露宿，日夜劳作。一段时间内，皖西各地出现了父子、夫妻、兄弟、姐妹、姑嫂齐上工地的热烈场面。农民群众不仅义务出工，而且无偿献料。据统计，在工程第一、二工期内，群众自筹石料14.22万立方米，木材2.16万立方米，树木22万多棵，毛竹12万多根，元竹65万多公斤，旧钢材437吨，还有人把家里老人的寿材和准备建房的木料都贡献到建设工地。①

开山炸石需要炸药，采购的炸药远不能满足工地的需求，炸药严重缺乏。工程指挥部就发动群众，土法上马，刮墙土熬硝，自制土炸药。寿县人满城刮墙土熬硝，正阳关、隐贤集一带处处可见熬硝场面。舒城县自建炸药厂，在梅河东湾爆竹店集中石臼30多个，组织四十余人，加工自制炸药。1959年2月12日，中共舒城县龙河口水库工程委员会分配给各区制硝任务是8万斤，每天要完成1 000斤。②龙河口水库导流明渠11 300立方米石方及主副坝结合槽石方所使用的炸药基本上都是自制的。据统计，第一、二期工程期间，共制造土炸药230吨。③

工程建筑物建造需要大量的水泥，否则工程质量不能保证。因水泥欠缺较多，早期中小型水利工程都就地取材，将混凝土改成了石砌、砖砌，用水泥勾缝。为缓解水泥缺乏的严重程度，工程指挥部分别在产石灰石矿石的寿县八公山、霍邱县四平山自建了水泥厂，没有球磨机和破碎机，就用石臼捣、碾子碾，再用筛子筛，但细度不够，只有200标号。寿县工程指挥部就将八公山水泥厂的4 000吨熟料运至淮南蔡家岗，再用火车运至巢湖水泥厂，由其代为加工

① 罗会祥.淠史杭灌区建设纪实[A]//政协六安市委员会,六安市水利局.皖西治淮六十年[C].香港:天马出版有限公司,2011:349-350.

② 中共舒城县龙河口水库工程委员会文件[R].龙河口水库管理处档案,1959,2.

③ 高翼生.淠史杭建设回顾[A]//政协六安市委员会,六安市水利局.皖西治淮六十年[C].香港:天马出版有限公司,2011:321.

后运回，标号达到400号。① 这些土法生产的低标号水泥在小型工程设施建设中发挥了重要作用。这两个水泥厂，后来都成为地方的骨干企业。

建设工地上各种工具消耗大，各县水利团自力更生，在工地上自办了铁、木、竹加工厂2 000多个，制造各类工具94种、60多万件，还自制了240台4至6吨的启闭机。② 这些临时自办小型加工厂有效地保障了工地对工具的需求，还培养了铁、木、篾工1.1万多人。③

四、重视人才　保证质量

相信和依靠专业技术人员，注重发挥技术人员的作用，坚持科学施工是中共六安地委兴建淠史杭工程的重要指导思想。因此，中共六安地委提出了"要讲科学技术，不能蛮干要巧干"的口号。④ 在淠史杭工程即将兴建之际，国家淮委撤销，治理淮河任务分归沿淮各省承担，淮委一批工程技术人员将重新分配充实到各省基层。负责筹备工程的地委第二书记、专员赵子厚得知后，立即向省水利厅要求把淮委勘测设计院淮南组的技术人员全部分配到六安，作为工程的主要技术力量，其中有工程师25名、测绘员69名，包括勘测、规划、设计、施工、管理等各类专门人才。⑤ 这些技术人员到来后就被委以重任，为淠史杭工程的兴建成功作出了重要贡献。

吴琳，1933年毕业于浙江之江大学土木工程系，国民党政府时期曾先后在江苏江北运河工程局、导淮委员会綦江工程局、淮河流域复堤工程局供职，为治理淮河费尽了心力。新中国初期出任淮委测量队长、工程处副处长、主任工程师。到六安后任淠史杭工程指挥部副指挥兼工务办主任，是工程技术的总负责人。

黄昌栋，1951年毕业于浙江大学土木工程系，淮委勘测设计院淮南组组长、主任工程师，担任淠史杭工程指挥部工务办副主任，主要负责工程的勘测和规划设计，也是工程规划设计的总负责人。史河灌区的总干渠要经过史河与汲河

---

① 高翼生.淠史杭建设回顾[A]//政协六安市委员会,六安市水利局.皖西治淮六十年[C].香港:天马出版有限公司,2011:324.

② 罗会祥.淠史杭灌区建设纪实[A]//政协六安市委员会,六安市水利局.皖西治淮六十年[C].香港:天马出版有限公司,2011:350.

③ 安徽省六安地区水利电力局.六安地区水利志[M].六安:安徽省六安地区水利电力局,1993:183.

④ 杜维佑.淠史杭工程决策前后的回忆[A]//政协六安市委员会,六安市水利局.皖西治淮六十年[C].香港:天马出版有限公司,2011:312.

⑤ 同②:351.

分水岭的叶集区平岗，在规划设计史河总干渠水如何通过三公里长的平岗岭头时，地、县委主要负责人和设计人员反复讨论多次，形成切岭、电灌两种方案。电灌方案是在平岗建一座大型电灌站，提水过岗，输水到下游，开挖土石方很少，能节省大量人力，但投资较大，需要消耗大量电力，获得效益比较小。黄昌栋经过实地勘测后坚决主张切岭，平岗岭头是史、汲两河分水岭最低处，水过平岗岭后，在看花楼处建一座跌水闸，降低水位6米，可减少大量填方工程，再开挖汲东干渠，可永久性消除汲东地区的干旱。切岭方案最后获得了工程指挥部的批准。[①] 黄昌栋因长期劳累过度，积劳成疾，于1964年5月，42岁就英年早逝。

王培性，毕业于苏州高等工业专科学校（苏州大学前身）土木工程系，原任淮委工程师，主要承担舒城县龙河口水库建设方案设计及施工技术工作。在很短的时间内，他根据已有的地质、测量、水文资料，在苏联水利专家古列耶夫、国家水利部副总工程师李捷提议筑土坝的基础上，提出了采用黏土心墙块石护坡沙壳坝的建设方案，既满足了灌溉用水规划要求，又符合当地地形地质条件，而且也解决了建设条件困难的问题。其方案原理是，大坝中央部位的黏土心墙保证坝体渗流安全，心墙底部向上游延伸的水平黏土铺盖确保坝基渗流安全，心墙连同其二侧的沙壳组成重力断面，抵挡水库水体的水平推力，而坝面块石护坡起到稳定坝面的作用，从而很好地满足了大坝挡水和防渗安全的基本要求，为灌区建设解决了大问题。王培性被六安专区淠史杭工程指挥部任命为舒城县龙河口水库工程建设指挥部副指挥，全面负责水库建设的技术指导和技术监督。他通过组织调来舒城县水利学校120名师生，24小时坚守在工地，严把质量关，每一批黏土上坝都必须测算水分和成分，工地上添置若干个大铁锅和大筛子，大铁锅用来熬制糯米汁，大筛子用于筛土，上坝的黏土只有达到技术标准要求后，才允许用3～4吨重的石碾子作为压实工具，层层压实，发现问题，立即返工。时任中共舒城县委第一书记的史元生回忆时说，"县委对工程质量问题明确规定由淠史杭王工程师负责，由他一锤定音，即使是县委书记和其他指挥也不能干预"[②]，有效地确保了水库工程质量。

① 罗会祥.淠史杭灌区建设纪实[A]//政协六安市委员会,六安市水利局.皖西治淮六十年[C].香港:天马出版有限公司,2011:355-356.

② 史元生.创业界奇迹　立千秋伟业——兴建龙河口水库纪实[A]//政协舒城县委员会,文史资料研究委员会,舒城文史资料(第三辑)[C].舒城:政协安徽省舒城县委员会,2002:17.

舒城县龙河口水库(《淠史杭灌溉工程志》)

　　工程总体规划及输水渠道、建筑设施等勘测设计任务重，专业技术人员严重不足。工程指挥部先后从各县各公社抽调了1 500名有较高文化水平的青年，经过短期集中培训后，在工程技术人员的带领下，投入各个工地，边实践边学习，很快就掌握了实地测量、放样、施工等技术要领，仅用了四个月时间就完成了常规需四年完成的规划、设计及测量任务。[①] 同时在工程技术实践中，培养造就了一支农民专业技术队伍，解决了技术人员缺乏的难题，为保障工程质量发挥了很大作用。这些经过短期培训的人员后来大多数成为皖西地方水利工程建设的技术骨干，有的还成为地方领导干部。

　　1964年，刘伯承元帅曾为淠史杭工程题词"科学态度，革命精神"，其中的"科学态度"无疑就是对皖西地区当时工程技术人员的充分肯定。淠史杭工程的建设，无论是工程的规模，还是技术的难度，都证明了当时我国水利技术上的非凡成就。

五、勇于担当　造福一方

　　皖西地区建造历史空前的大规模灌溉工程，其决策者、组织者没有勇于担当、敢作敢为的精神品质是很难成功的。工程主要决策者当属曾希圣、杜维佑、赵子厚三人。

---

① 罗会祥. 淠史杭灌区建设纪实[A]//政协六安市委员会,六安市水利局. 皖西治淮六十年[C]. 香港:天马出版有限公司,2011:352.

　　曾希圣是当时安徽省委第一书记、淮委副主任，在安徽的水利建设事业上付出了极大的心血。前述治理淮河工程中的四大水库兴建后，他就萌发了利用水库的尾水发展下游农田灌溉的设想，因社会经济限制未及实行，最后形成了从皖西调水至皖中、皖东的设想。皖西地方党委政府根据曾希圣的设想，编制了沟通淠河、史河、杭埠河三大河，兴建一个大型灌区的规划方案，实现了其送水到皖中、皖东的目的，曾希圣书记十分满意，并对工程实施提出了具体要求。当时工程未经国家立项就开工，缺乏资金和物资，他立即指令省有关部门给予及时解决，以解燃眉之急。1959 年 6 月 2 日，曾希圣到舒城县龙河口水库工地视察，看到舒城县上十万民工艰苦卓绝的劳动场面，十分感动，题下了"劈山引水灌溉良田千万亩，兴利除弊造福子孙亿兆年"，回到省里就批拨平板车 1 000 辆，汽车 1 辆。不久省长黄岩也到龙河口工地视察，又批拨了 500 辆胶轮车。这些工具大大加快了龙河口工程的建设速度。1960 年春，曾希圣在兼任山东省委第一书记职务时，从山东调集一万余名灾民到六安，以工代赈，承担淠河灌区大潜山干渠的土方施工，直至第二期工程结束。在淠史杭工程建设中，只要遇到难以克服的困难，曾希圣书记都会及时予以解决。1962 年，曾书记因安徽出现"五风"问题而被调离安徽前，他还向中央领导提出要求到淠史杭工程指挥部担任副指挥，把工程建设好，却未能如愿，只得遗憾离开安徽，他在赋闲上海期间还托人捎信给皖西领导干部，嘱咐他们要把淠史杭工程干好。皖西群众曾评价说："没有曾希圣，就没有淠史杭。"①

　　1956 年至 1966 年期间，杜维佑担任中共六安地委第一书记。此时正是兴建淠史杭工程高潮时期。杜书记承担了淠史杭工程建设的总体规划、设计及所有重大问题决策的领导工作。他领导中共六安地委结合皖西地情，抓住历史机遇，因势利导，作出了正确的决策。

　　六安地委第二书记、专员赵子厚无疑是淠史杭工程兴建的主要决策者、组织者、指挥者和管理者。他担任淠史杭工程指挥部指挥和党委书记，深入现场调查研究，亲临淠史杭重点工程勘察，科学合理决策，为工程兴建作出了不可磨灭的贡献，皖西人称誉其为"活龙王"。在 1959 年 10 月召开的全国大型水利工程会议上，赵子厚现场展示了淠史杭工程规划图，并代表安徽作了全面介绍淠史杭工程建设情况和经验的精彩发言，特别突出了在缺乏资金和原材料的情

---

① 罗会祥. 曾希圣与淠史杭[J]. 人物，1999（1）.

况下，充分发动群众，自力更生，艰苦奋斗，战胜各种困难的经验，得到了与会代表和领导的赞扬，会后也争取到了国家有关部门的支持和投资，淠史杭工程被列入国家投资计划。当年国家就拨款4 500万元，使淠史杭工程建设得以顺利进行。1960年春，皖西农村饥荒严重，很多人因缺粮而非正常死亡，工地上的民工中也出现了死亡的现象，赵子厚想方设法确保民工粮食的供应，暂时停止面上工程，不动用农村劳动力，确保深切岭、高填方及建筑物等重点工程的建设进度，得到了省委曾希圣和地委杜维佑的大力支持。针对工地上出现的民工非正常死亡，赵子厚勇于承担，在六安地委常委会上深刻检讨，称是自己"急于想让淠史杭早日通水，只看到群众的热情，只想为人民办一件好事，没料到农业生产潜伏着严重的危机""给皖西人民造成了不可挽回的损失"，应承担主要责任，各县水利书记只是执行命令，有功而无过。[①]

1961年春，国家经济面临严重困难，许多在建工程纷纷下马。比淠史杭工程建设早二个月开工的举全省之力的甘肃引洮工程，就于此年6月下马，造成严重经济损失和浪费，直至四十五年后才重新建设。此时六安淠史杭工程也面临下马的严重局面。中央调查组来六安调查，就先入为主，认为"淠史杭工程得不偿失"。而当中央调查组到六安县木厂区查看时，看到当地正在上演着一场"先斩后奏"的挖河突击战。按照工程规划设计，淠河灌区的木北干渠经六安木厂引入寿县众兴区，寿县段尚未开工，河水只能引到木厂。有水和无水的农田天差地别，有水庄稼绿油油，无水庄稼似火烧。两区群众纷纷要求开工挖河，但慑于地、县委的压力，木厂区领导不敢行动。寿县众兴区委书记找到木厂区委书记协商，上下游两区群众同时挖河，若上面追查，共同承担。全长60多华里的干渠，两区群众只用一个月时间就挖通实现输水。中央调查组到来时正看到群众自觉挖河的动人场景，十分感动，最后在作调查结论时，给予了淠史杭工程充分肯定，支持了六安地委工程不下马的决定。[②]

1959年3月5日，舒城县连续大雨，上游水位陡涨，水库工地一片汪洋，无法备料施工，出现水库下马的流言。赵子厚专员连夜亲临工地，察看现场，

① 张洪祥.忆淠史杭建设中的赵子厚[A]//政协六安市委员会,六安市水利局.皖西治淮六十年[C].香港:天马出版有限公司,2011:545.

② 罗会祥.淠史杭灌区建设纪实[A]//政协六安市委员会,六安市水利局.皖西治淮六十年[C].香港:天马出版有限公司,2011:368.

听取县委汇报，根据天气预报资料，分析天气形势，认为雨后会有一段晴好天气，要求舒城县委在30天不下雨的情况下，将主坝心墙升高到55米高程，沙壳升高至63米高程，如若继续降雨影响施工，造成后果由地委负责。第二天舒城县委召开了工地民兵团以上干部会议和民工动员大会，号召干部群众，克服困难，苦战30天，夺取胜利。自此每天都有8万人奋战在工地，创造了"水高一寸，坝高一尺"的奇迹。4月16日，筑到工程要求的坝高，即进行刹洪合拢，但因水流太急，合拢木桩被激流冲断，投抛块石及土袋也都被洪水冲走。紧急情况下，县长李屏带头并指挥500名党团员手挽手组成三道人墙，阻挡激流，终使东大坝合流成功。①

担任工程指挥部党委副书记的地委常委、农工部长魏胜德，担任工程指挥部副指挥（后期任指挥）的副专员郑象生，二人都是淠史杭工程的策划者、参与者和领导者之一，为淠史杭工程兴建呕心沥血。魏胜德因兴建杭北干渠将军山渡槽工程而操劳过度，造成肝病复发，于1970年11月病逝，年仅48岁。

舒城县县长李屏为确保龙河口水库的工程质量，大胆地使用曾在国民党政府任过职的技术人员。如在1949年解放军渡江战役支前工作中被评为舒城县"十大模范"之一的李少白，曾因担任过一年多的国民党政府乡长，得不到重用，李屏县长把他放在水库工地任水电局副局长；原国民党县政府的教育参议员刘化难、曾经被人民政府劳改过的土木工程师顾阳初，精通测量技术的原国民党军队中的一个炮兵营长，他都择才而用，一一将他们请了出来，后来这些人都在水库工地发挥了重要作用。② 而李屏县长则因此在"文革"时期遭到批判。1974年，李屏在肥西县革委会副主任的任上去世。

以上事例说明正是共产党领导干部勇于担当、敢于负责的精神气魄，才造就了淠史杭这一震惊世界的宏伟工程。

六、集思广益　攻坚克难

根据淠史杭工程的总体规划，人工开挖河道须沿着起伏岗丘等高线走向，高处岭头需要切岭挖河，低处洼地需要填方筑堤，穿过自然河道则要建地下涵

---

① 李少白. 龙河口是来之不易的千秋大业[A]//龙河口水库资料征集工作领导小组. 回眸龙河口[C]. 合肥：安徽人民出版社,2004:47.

② 春桃. 失忆的龙河口[J]. 当代,2001(6):129-143.

洞或人工渡槽。据统计，切岭深度达10米以上的工程有98处，填土筑堤高度超过10米的填方工程有48处。[①] 如此浩大的工程量全部都用锹挖肩挑，困难巨大。工程指挥部发动干群集思广益，积极发挥群众的聪明才智，攻坚克难，解决了许许多多的问题。1959年秋季，淠河总干渠开工不久，就挖到了黄礓土（俗称"马肝土"），工程进展缓慢，民工们唱起顺口溜"黄礓土，似铁块，刨不动，挖不开"形容此土极其难挖。参加樊通桥工地的张家店水利团火箭队长、退伍军人刘美三领头成立了攻关小组，经过无数次试验，成功发明了"劈土法"，即先在挖土或取土塘一侧开挖高约1～2米的陡坎，陡坎两侧开出深槽，陡坎下端掏空一定深度，再用长约两米、直径10～12厘米的硬木木桩3～5根，用铁锤依次将木桩打入陡坎上部，使黄礓土胀裂，数人齐力撬动木桩使土如墙一样崩塌。这样劈一架土就有十几方，工效提高了几十倍，很快在淠史杭工地得到了全面推广。刘美三也被誉为"劈土英雄"，参加了国庆十周年的观礼。[②]

"倒拉器"的发明则实现了将土方顺坡运往几米到三十多米的高地，极大地减轻了民工的劳动强度。所谓"倒拉器"就是在坡顶处设置一个滑轮，绳索绕在滑轮上，一端系住低处的负土重车，三人合作，一人掌握负土重车上行，两人自高处拖曳滑轮另一端的绳头下拉，将负土重车拉至堤顶，这与通常的运土方式相反，故称为"倒拉器"。"倒拉器"也很快在工地得到了推广应用。民工们举一反三，相继发明了许多运土工具。如"机器牵引车"，用一个10至25马力的内燃机带动卷扬机，将负土重车从低处牵引至坡顶，一台"机器牵引车"可拉动三至五辆负土重车或七八辆负土手推车。"空中运土器"是在挖土和卸土区各立一木桩，上端各置一固定滑轮，滑轮间穿承重及行走钢丝绳，运土器用滑轮吊挂在钢丝绳上，用人力牵引装土箱至卸土区。装土箱上采用活动挂钩，撞击木桩箱底板即自动打开卸土。此外，民工们还发明了"脚踏运土器""快速上土器""转盘运土器""绞架式运土器""十女大牯牛"等运土工具，对加快工程进度起到了重要作用。

皖西岗丘地质复杂，地底岩石层广泛分布着红色砂砾岩石及风化岩石，石

---

① 罗会祥.淠史杭灌区建设纪实[A]//政协六安市委员会,六安市水利局.皖西治淮六十年[C].香港:天马出版有限公司,2011:361.

② 同上:359.

质软硬相间，炮眼容易漏气，一般爆破法效果差，且需要很多炸药。因炸药严重缺乏，工地民工们就发明了"洞室爆破法"。先是在岩石层上凿出一米见方、六七米深的若干个竖井，再从井底两侧横向掏出3.5米长的平洞做药室，每个竖井装入800公斤炸药组成爆破群，用雷管引爆，联合爆破。此法在霍邱县平岗（今属叶集区）切岭工地上，由从朝鲜战场退伍回国的有功之臣冯克山借鉴朝鲜战场挖坑道的经验，摸索试验成功。当时平岗切岭指挥所成立了由冯克山任队长包括12名退伍军人的爆破队，他们在平岗工地上苦战五昼夜，打出了四口竖井，一炮成功。[①]为缓解下游旱情，促使史河总干渠尽快通水，工程指挥部要求工期提前，冯克山爆破队提出了"一炮成河"的想法，得到了工地指挥部批准。他们在平岗岭2 500米渠线上，间隔25米凿一口竖井，共凿出一百口竖井，所有竖井深达渠底，每口竖井均向四个方向凿出药室，工地上总共约有500个药室，药室全部装满炸药，并与起爆装置连成一线。在工程现场指挥起爆令发出后，冯克山按下起爆装置，一百口深井同时爆破，实现了"一炮成河"。预计需三年完成的工程，提前到八个月就完工了。[②]整个平岗切岭工程共开挖土方275万立方米、石方67万立方米。

此外，霍邱白龙井治流沙、寿县石集倒虹吸施工、六安县戚家桥进水闸施工等许多问题的解决，都体现了皖西干群的聪明才智。当代著名文学家、历史学家、诗人、人大副委员长郭沫若1964年视察工程后，在安徽省城稻香楼宾馆即兴写下了"人民力量不寻常"[③]，赞美皖西人民的伟大壮举。

七、先进引路 比学赶超

工程兴建期间，工程指挥部在各工地普遍开展了社会主义劳动竞赛。从第一期工程开始，就开展了高工效和完成任务、工程质量、技术革新、努力学习、安全生产及团结互助的"一高六好"群众性劳动竞赛，团、营、连、排之间互相挑战、相互促进，形成劳动热潮。各县淠史杭工程指挥部、政治部每个

① 罗会祥.淠史杭灌区建设纪实[A]//政协六安市委员会,六安市水利局.皖西治淮六十年[C].香港:天马出版有限公司,2011:360.

② 姚国海.激战平岗岭[A]//淠史杭灌区管理总局,中共六安地委宣传部.胜天歌[C].合肥:安徽人民出版社,1979:85-87.

③ 李秉龙.六安县水利志[M].六安:安徽省六安县水利电力局,1990:224.

工期都要组织2至3次检查评比，待施工结束后进行评选和表彰。[①] 工地上最为流行的就是小红旗和小黑旗，表现好的民工背插一枚小红旗，落后的民工背插一枚小黑旗，表现好的给予奖励，增强了广大民工们的荣誉感。舒城县龙河口水库工地指挥部设广播站，播放每日评比结果，设立评比栏和红旗升降杆，用火箭、飞机、火车、汽车、老牛等图示表示评比结果。单位之间、个人之间定时间、定任务、挑应战、打擂台，奖惩兑现。难度大、时间紧、任务重的工段，组成青年突击队、"铁姑娘"队、"老黄忠"队攻坚，小雨不停工，大雨打冲锋，树立榜样，推动全工地。[②] 龙河口工地女民工许芳华的"刘胡兰战斗连"挑战男民工的"董存瑞战斗连"，用拉八千斤重大石磙比高低，"刘胡兰战斗连"仅用了十天时间就打败了"董存瑞战斗连"。擂台赛轰动了整个工地，许芳华名声为之大振，当时的《淠史杭快讯》称之为"在龙河口的上空放了一颗特大卫星"。[③] 许芳华后被评为省劳动模范，受到表彰。工地上还涌现了"穆桂英战斗连""刘胡兰突击队""三八突击队""妇女野战营"等女民工队伍。"妇女野战营"是霍邱县的民工队伍，由六百多名妇女组成，承担史河总干渠普荫寺一段长三百米、底宽四十五米的渠道工程，她们在很短时间内，完成了切岭深达八米，填方高达七米，共计十多万方的土方工程。[④] 此段工程后来还被霍邱县工程指挥部命名为"三八渠段"，并获全国妇联赠送的奖旗一面。1959、1960年，专区、县分别召开了群英会，对评选出的先进县、先进民工集体、特等劳动模范进行了表彰。皖西地区先后有刘美三、冯克山、隋友玉、许芳华、孙显超、吕树美等被评选为特等劳动模范。工地指挥部通过光荣榜、广播、板报宣传、发奖品等形式对先进劳动者予以表扬，对违规、偷懒等落后者给予点名批评、罚款、示众等形式的惩罚，使落后者与先进者在现场形成鲜明对比，确保了思想上的统一，降低了组织与管理成本，提高了民工们行动上的一致性，极大地调动了各县民工劳动会战的积极性。

为更好地提高民工的劳动积极性和出勤率，专区淠史杭工程指挥部制订了"底方制、超方奖"办法。即根据不同工地的土质、运土距离和上土标准等订

① 安徽省六安地区水利电力局. 六安地区水利志[M]. 六安:安徽省六安地区水利电力局,1993:188.

② 李少白. 舒城县水利志[M]. 舒城:安徽省舒城县水利电力局,1992:73.

③ 春桃. 失忆的龙河口[J]. 当代,2001(6):129-143.

④ 廖竝. 妇女野战营[A]//淠史杭灌区管理总局,中共六安地委宣传部. 胜天歌[C]. 合肥:安徽人民出版社, 1979:116.

出每人每天应完成的土方数和工程质量标准，应得工分和补助金作为基本报酬，超产给予奖励工分和补助金，完不成任务的扣减工分和补助金，一至三天收方并兑现。工程指挥部不断总结经验，逐步完善，并将之作为制度执行，大大激发了广大民工的积极性，取得了很好的效果。霍邱县姚李水利团半月内就有3 800人共获得3 200元奖金。寿县瓦埠团出勤率由79%提高到91%，工效由每人每天2.9立方提高一倍。①

淠河总干渠（《淠史杭灌溉工程志》）

八、团结协作　相互支援

工程开工后，中共六安地委和工程建设指挥部要求各县团结协作，互相支援，特别是在灌区建设中，各县需抽调民工支援干渠兴建工程。1958年冬至1959年6月，寿县组织了3 200余人支援淠河灌区渠首枢纽工程。1958年冬，庐江县组织万人参加舒城舒庐干渠开挖，17天后因工程缓建而撤回。1959年冬至1960年春，寿县组织民工8 500人参加六安淠河总干渠五里墩切岭工程。1959年冬，肥东县组织6万民工、定远县组织2万民工组成远征师，开挖肥西

县境内的滁河干渠将军岭至三十头闸段54公里渠道，完成土方600万立方米。[①]
1961年6月，省委从合肥抽调8所大专院校师生和19个工厂的工人计1.2万人，
支援肥西县大潜山干渠开挖工程，仅用一个半月就实现引淠河水至肥西境内。
1961年1月至5月，寿县组织2万民工至六安县开挖瓦西干渠，完成土方120万
立方米。1964年冬至1965年春，霍邱县组织孟集、姚李、长集等区数万民工
支援六安县境内汲东干渠的土方开挖。1966年秋至1967年春，寿县从三觉、
安丰、堰口、双桥四区组织抽调了共计4.5万民工支援位于肥西县境内，长
15.2公里的瓦东干渠续建工程，完成土方280万立方米，实现了当年夏秋通水
至寿县。[②] 1967年1月，长达160余华里的舒庐干渠工程重建，庐江县组织10
万民工到舒城支援建设，苦战一年多，至1968年9月，干渠建成通水。[③] 1972
年春，寿县组织三觉等区5 000民工到瓦西干渠的上游六安县境内进行全段清
淤。1978年冬，寿县组织受益区8900民工到六安参加瓦西干渠改建工程，完
成土方18.73万立方米。[④] 此外，河南固始县还组织投入大批民工，援助金
寨、霍邱两县人民重建红石嘴渠首工程滚水坝。从以上可以看出这种区域间的
协调运作在水利建设中产生的巨大效果，正是最大限度地调动了社会资源，这
虽然是在上级党委政府的组织下进行的，但也体现出皖西地方各县团结协作兴
建水利工程的合作精神。

第四节　存在问题及解决

淠史杭工程是皖西地方各级党委和政府在中央及省级有关部门的支持下，
因势利导，充分调动和发挥广大人民群众的积极性和创造性，为尽快改变皖西
贫困面貌而创造的人间奇迹。但在兴建过程中也存在着不少问题，有些现已得
到纠正。主要有以下方面。

---

① 安徽省水利志编纂委员会.淠史杭灌溉工程志[M].2000:81.
② 安徽省寿县水利电力局.寿县水利志[M].寿县:安徽省寿县水利电力局,1993:57.
③ 高翼生.淠史杭建设回顾[A]//政协六安市委员会,六安市水利局.皖西治淮六十年[C].香港:天马出版有
限公司,2011:330.
④ 同②.

一、规划设计不周全而造成损失

工程兴建之初，因施工摊子铺得过大，造成工程技术人员不足；边规划、边设计、边施工，考虑不周全，造成不小损失。淠河灌区瓦东干渠尾部的寿县车王集填方工程就是典型事例。此工程长4 282米，最大填土高度达23米，运距逾千米，当时计划土方720万立方米，寿县组织了5万余民工，仅完成土方300余万立方米，以及一座每秒过水500多立方米的渠下涵，过度使用民力。1966年，瓦东干渠改线，车王集填方工程作废，造成极大地浪费，[①]严重地挫伤了广大农民群众的积极性。因龙河口、梅山水库的供水量不足，规划中淠河、史河、杭埠河三河沟通未能实现。规划建设的霍山县白莲岩水库长期得不到兴建，直至五十多年后才开工建设。塘坝蓄水调节原规划要求每平方公里蓄水6.5万～7万立方米，但实际上灌渠上游许多塘堰被垦为田，造成上游用水多而下游水少的局面，灌溉面积达不到规划要求。史河灌区渠首工程因规划时选择上坝址，并在下游胡庄建泄洪闸，使得金寨县原流入史河的自然河流洪河进入总干渠。结果洪河水携带大量泥沙进入总干渠，造成渠底淤高1～2米，需要经常清淤，大大增加了管理成本。[②]

提水灌区规划设计因效能过大造成浪费。如淠河总干渠三八电灌站设计规模很大，分三级提水，输水渠道沿江淮分水岭长达60里。杭淠干渠的通水后，在杭淠干渠又兴建了几个规模较小的电灌站，使原设计装机2 100千瓦、灌溉15万亩灌区的一级电灌站常年闲置，实际灌溉面积不到2万亩，浪费严重。六安三十铺电灌站原系临时性抗旱机灌站，后改为电灌站，因建站位置选择不当，达不到设计水位，致使电站水泵吸程不够而无法提水抗旱。如果改建，则需重新投入资金，花费较大。官亭电灌站灌区也是因设计规模过大而造成不必要的浪费。[③]

灌区在建设水电站方面也存在着失误。如六十年代首先兴建的沣东干渠霍邱城关水电站，装机560千瓦，瓦西干渠保义集水电站，装机100千瓦，淠东干渠木厂埠水电站，装机100千瓦。前两座水电站因接近干渠尾端，水源无保

① 安徽省水利志编纂委员会. 淠史杭灌溉工程志[M]. 2000:75.
② 王国干. 对淠史杭工程总体规划设计的体会[J]. 灌溉排水,1985(3):30-35.
③ 王国干. 对淠史杭工程总体规划设计的探讨[J]. 农村水利与小水电,1985(6):15-18.

证，不久均报废；木厂埠水电站建成后，却在接通系统电源后亦报废，直到1980年代才重新装机1 000千瓦。①因此，完全挫伤了地方上在灌区内兴建水电站的积极性。

二、经济补偿不到位造成群众困难

当时人民公社盛行"平调风"，进行土地挖压和房屋搬迁，发动群众收集工程所需建筑材料（竹木料、石料）及自制黑色炸药等，都没有按照规定给予补偿，有些还是无偿调用。根据记载："至1985年，淠河灌区共挖压、淹没耕地12.88万亩，拆迁房屋6 365间，迁移1 856户。史河灌区挖压淹没耕地6.69万亩。1958年到1960年，淠史杭工程是人民公社自办为主的工程，挖压土地和房屋拆迁均交公社处理。"②实际上公社并没有给予经济补偿。1960年冬根据中央文件指示精神，各县对灌区建设过程中出现的劳力、资金无偿使用，房屋、树木、青苗的挖压和土地无偿征用等都进行了清理。工程指挥部补给退赔经费450万元，其中六安县134万元、寿县133万元、霍邱县105万元、舒城县73万元；还支付困难社队补助费200万元。③但这些支付的款项大部分被县及公社变相截留，农民真正获得补偿金额很少。舒城县龙河口水库淹没耕地、经济林、山场不作补偿，住房不计间数，每人补助不足50元，移民生活一直处于当地最低水平。龙河口水库非常溢洪道下游5个村，近6 000人，2 700间房屋，深受泄洪危害，三十年得不到解决。④淠河总干渠渠首工程横排头的兴建淹没了六安县陶洪集、青山、石板冲等乡内的大片农田及村庄，许多农民获得的经济补偿较少；虽然修建了圩堤，但极易遭受涝灾，生活极为贫困。这种情况在40多年后才得到缓慢解决。

三、废塘为田而出现新的水害

淠史杭工程实现通水灌溉后，在灌区上、中游灌溉水量比较充裕的地方，片面依赖灌渠供水，废塘为田现象严重。许多大塘、名塘、古塘都被改造成农田种植了水稻。1973年水利工程"五查四定"中，六安地区废塘坝达2.4万多

① 王国干. 对淠史杭工程总体规划设计的探讨[J]. 农村水利与小水电,1985(6):15-18.
② 安徽省水利志编纂委员会. 淠史杭灌溉工程志[M]. 2000:92.
③ 同上.
④ 李少白. 舒城县水利志[M]. 舒城:安徽省舒城县水利电力局,1992:77.

口。[①] 寿县统计，1957年全县塘坝5.3万处，至1964年减到4.5万处。[②] 六安县淠河总干渠上具有悠久历史的查陵陂大塘，蓄水面积约千亩，能蓄水约100万立方米；木南支渠下游的秣备大塘，面积约770亩，能蓄水61.5万立方米；六安县地方志记载的古塘堰被废为田的有38口；舒城县杭北干渠上九井的靳家大塘、桃溪的连墩大塘、龙山的女姑塘，都是县志上有记载的名塘，均在渠道通水后废塘为田。群众说"塘是田的娘，无水不打粮""修塘如修仓，粮食水中藏"，说明水塘蓄水抗旱的重要性。霍邱县1979年降雨1 000多毫米，与正常年份雨量相当，但因塘坝废弃，蓄水少，造成旱情严重，粮食减产很多。舒城县三沟公社塘捞生产队因废塘受旱，少收稻谷16 000斤。而相邻的安庄生产队保存塘坝连蓄三次水，多收稻谷36 000斤。[③] 灌区农田直接利用渠道河水灌溉后，出现了"寒水进田""深水淹灌""串田漫灌""坡水下冲"等新水害，造成水稻严重减产。[④] 在七十年代"农业学大寨"运动中，社队大修当家塘，这些问题才得到了逐步消除。

四、乱挖乱放、用水无节制影响到工程效益

淠史杭灌区工程建设尚在进行期间，许多工程设施不配套，效益得不到有效发挥。特别是支渠以下没有得到很好规划，干渠通水后，灌区内许多地方各自为政，有些社队不按照规定建放水涵闸，有的为多用水和及时用水乱挖缺口放水，造成冲刷严重，降低了灌溉水位。1960年夏，霍邱县众兴集附近一农户为方便引水灌溉自己承包的农田，私自用大锹在沣东干渠高填方堤段挖放水口，造成决口破堤，渠水冲毁淹没了大片农田，影响到向下游送水灌溉。[⑤] 设计灌溉面积11万亩、渠长30公里的六安县清凉寺分干渠，设计放水口89处，实际达107处，土口就有77处，严重影响到渠道的使用效率，造成下游用水严重不足。[⑥] 各级灌渠存在着上游用水无节制、过度任意，造成中游用水紧张、

① 安徽省六安地区水利电力局. 六安地区水利志[M]. 六安:安徽省六安地区水利电力局,1993:277.

② 高翼生. 淠史杭建设回顾[A]//政协六安市委员会,六安市水利局. 皖西治淮六十年[C]. 香港:天马出版有限公司,2011:340.

③ 侯学煜. 生态学与大农业发展[M]. 合肥:安徽科学技术出版社,1984:189.

④ 王劲草. 建设高产稳产淠史杭灌区的辩证法[J]. 江淮论坛,1982(2):56-60.

⑤ 汤达. 我与淠史杭一起成长的那些岁月[N]. 皖西日报,2017(第5版).

⑥ 同②.

下游无水供应的局面，在干旱无水年份，极易引起用水纠纷。寿县瓦西干渠设计灌溉面积 15 万亩，渠首进水流量每秒 27 立方米，到六冲下泄流量仅达每秒 12 立方米，保义集以下控制的灌溉面积 11 万亩，在干旱时渠水达不到，无水灌溉。[①] 因此，省政府成立了淠史杭工程管理总局，建立完善了规章制度，对灌区用水进行了合理调配，矛盾得以缓解。

五、兴建工程因原材料缺乏造成质量问题

淠史杭工程在兴建之初，因钢筋、水泥原材料严重缺乏，不得已土法上马，造成不少工程出现隐患。如有的工程采用糯米石灰砂浆代替水泥或自制土水泥等措施，使高填方和建筑物的质量受到影响，造成决堤事故，冲毁田地。很多工程遗留了渗水等质量隐患，缩短了工程使用寿命，使用不久就要维修加固，增加了工程造价。有的地下涵洞工程使用石块或石条代替钢筋混凝土，建成不久即被洪水冲毁，需要重建。霍邱县石庙节制闸和桂庙节制闸、舒城县丰收节制闸、肥西县王岗节制闸等，因初建时未做好消能工程而被洪水冲毁，都需重新加固。在钢筋、水泥不再缺乏之时，各地也对存在隐患的部分工程进行了加固或重建，确保了工程质量，如六安县的樊通桥和百家埝，肥西县的官沟和大埝等渠下涵。

第五节 淠史杭灌区工程的评价

马克思在《不列颠在印度的统治》一文对东西方国家的治水及其政治效应有过深刻的描述："利用水渠和水利工程的人工灌溉设施成了东方农业的基础。无论在埃及和印度，或是在美索不达米亚和波斯以及其他国家，都是利用河水的泛滥来肥田，利用河流的涨水来充注灌溉渠。节省用水和共同用水是基本的要求，在西方，例如在弗兰德和意大利，曾使私人企业家结成自愿的联合；但是在东方，由于文明程度太低，幅员太大，不能产生自愿的联合，所以就迫切需要中央集权的政府来干预，因此亚洲的一切政府都不能不执行一种经济职能，即举办公共工程的职能。这种用人工方法提高土地肥沃程度的设施靠中央

---

① 安徽省六安地区水利电力局.六安地区水利志[M].六安:安徽省六安地区水利电力局,1993:351.

政府管理，中央政府如果忽略灌溉或排水，这种设施立刻就荒废下去。这就可以说明一件否则无法解释的事实，即大片先前耕种得很好的地区现在都荒芜不毛。"① 而冀朝鼎先生在其《中国历史上的基本经济区与水利事业的发展》一书开篇中也指出："发展水利事业或者说建设水利工程，在中国，实质上是国家的一种职能，其目的在于增加农业产量以及为运输，特别是为漕运创造便利条件。诸如灌溉渠道、陂塘、排水与防洪工程以及人工水道等，多半都是作为公共工程而建造的，它们都同政治都有着密切的联系。"② 正是如此，水利工程的建设当是共产党政府为社会大众所提供的社会公共工程的"水利政治"。以人民利益为代表的中国共产党和人民政府，通过兴修水利以减少和消除水旱灾害，无疑是其"为人民服务"宗旨的体现。1950 年代初，新中国成立不久开展的"其功不在禹下"的治理淮河运动，就是其真实表现。西方的汉学家们认为新中国"发动了一场'治淮运动'，在几年的时间取得了显著成效。中华人民共和国政府克服了困扰着国民政府在淮河水利工程上的障碍，通过土地改革，调整地方组织结构，使政府能够有效地组织劳力和资源，疏浚河道，构筑堤防"③，道出了共产党政府治淮成功和国民党政府治淮失败的根本原因。

　　书写了中国水利史辉煌篇章的淠史杭灌区工程建设毫无疑问就是"治淮运动"的进一步深化，更是将治淮成果成功嫁接并转化成为新中国建设的最大的大型水利灌溉工程。它是皖西地方各级党委和政府依托人民公社的集体化制度，利用人民群众对水利的渴望热情，最大限度地动员数百万人的劳动大军，采取军事化的建制，开展大兵团协同作战的形式，艰苦奋斗，历经 18 载的辛劳，牺牲了一代人的幸福健康乃至生命，从而改变了江淮岗丘严重缺水的历史面貌。皖西、皖中江淮分水岭的岗丘地带也因此呈现出"水在岭上流，船在岗上走"的奇特景观，勘为世界水利建设历史上绚丽夺目的明珠。应该说淠史杭工程是共产党领导下的集体化时代水利建设所取得的巨大成就，有着时代的特征。正如刘伯承元帅曾为灌区题词称："淠史杭是这一地区广大群众作出光芒万

---

① 中共中央马克思恩格斯列宁斯大林著作编译局. 马克思恩格斯选集(第 1 卷)[M]. 北京:人民出版社, 1995:672.

② 冀朝鼎. 中国历史上的基本经济区与水利事业的发展[M]. 朱诗鳌,译. 上海:中国社会科学出版社,1981: 7–8.

③ (美)戴维·艾伦·佩兹. 工程国家:民国时期(1927—1937)的淮河治理及国家建设[M]. 姜智芹,译. 南京: 江苏人民出版社,2011:129.

丈的基本建设，给予子孙的长远幸福和全国的雄伟示范。"① 有人对此总结说："六安地区之所以能创建出举世闻名的淠史杭工程，这是与那个年代我党提倡的艰苦奋斗、发愤图强的精神分不开的。淠史杭的创业者们具有为民造福、不畏艰辛、勇于开拓的精神，我把这种精神称为'淠史杭之魂'。如果没有这种精神，没有'要叫三河水上岗''滔滔碧波手中扬'的伟大气魄，没有创业者的艰苦奋斗，就不会有这一震古烁今的宏伟工程；没有淠史杭工程，也就没有灌区多年来的旱涝保收、稳产高收的根本保障，皖西、皖中就不会成为全国重要的商品粮生产基地之一。"② 淠史杭工程建设的亲历者、原工程指挥部副指挥、淠史杭工程管理总局原局长高冀生在淠史杭灌区建设40周年之际，将其凝练为"自力更生艰苦奋斗的创业精神；依靠群众克服困难的坚韧精神；顾全大局团结治水的协作精神；牺牲自我造福人民的奉献精神"的"淠史杭精神"。③ 这种"淠史杭精神"和"红旗渠精神"等，都是集体化时期典型的时代精神和表现，是中国广大人民艰苦创业伟大实践的结晶，仍然是我们今天进行水利建设及各条战线建设中值得发扬的优良传统。

但必须指出，皖西人民兴建的淠史杭水利工程是当时中国人民公社集体化时期水利建设成就的典型代表。诚如温锐先生所指出："集体化时期，地方政府利用政府的管理力量，广泛组织民众开展了大规模的农田水利设施改造与兴建，填补了旧中国水利设施建设的两个空白。一是兼防洪、灌溉、养殖等多项功能为一体的大中型水库的修建；二是提水工程的兴修和提水机械的广泛使用。"④ 因此，共产党领导下的国家强力动员与组织，并借助集体经济基础，是人民公社集体化时期水利建设取得辉煌成就的关键。黄宗智在对长江三角洲地区水利建设进行研究时，也注意到这种组织机制的重要意义，认为"水利过去很大程度上归于地方和乡村上层人士的偶然的引导和协调。解放后，水利改进的关键在于系统的组织，从跨省区规划直到村内的沟渠。基于长江三角洲的地质构造，盆地中部有效的排水要求整个盆地的防洪与排水系统协调""很难想象

① 高冀生. 淠史杭建设回顾[A]//政协六安市委员会,六安市水利局. 皖西治淮六十年[C]. 香港:天马出版有限公司,2011:335.

② 屈可珍. 追忆赵子厚在淠史杭灌区[A]//政协六安市委员会,六安市水利局. 皖西治淮六十年[C]. 香港:天马出版有限公司,2011:556.

③ 同①:315.

④ 温锐、游海华. 劳动力的流动与农村经济社会的变迁[M]. 上海:中国社会科学出版社,2001:170.

这样的改进能如此低成本和如此系统地在自由放任的小农家庭经济的情况下取得。集体化，以及随之而来的深入到自然村一级的党政机器，为基层水利的几乎免费实施提供了组织前提"[1]。当时皖西地区的群众曾总结说："这样大的工程，单干户想也不敢想；初级社、高级社也只能修口大塘，只有人民公社在国家支援下，才能叫三河连通，万里成渠。"[2] 正道出了事实之所在。

① 黄宗智. 长江三角洲小农家庭与乡村发展[M]. 北京:中华书局,2000:234,236.
② 中共安徽六安专区淠史杭沟通综合利用工程指挥部委员会. 建设淠史杭水利工程的初步体会[J]. 中国水利,1965(4):1-7.

第四章 皖西历史上的水利纠纷与社会应对

水利纠纷是指水利资源的配置、使用过程中发生的纠纷。皖西地区因其所处的地理环境复杂多样，有山地、丘陵、岗地、台地、平原，而以丘陵为主，且气候多变，降水年际分布不均匀，常有水旱等气象灾害发生，历史上经常因水利资源的配置和使用而引起水利纠纷，有时甚至引发械斗，造成命案发生。本章主要对皖西地区历史上水利纠纷的类型、引起原因及社会应对进行探讨。

第一节 皖西地区历史上水利纠纷的概况

皖西地区水利纠纷早在汉代就已发生。《后汉书·王景传》载王景修治芍陂时，"曾刻石铭誓，令民知常禁"，表明当时已有水利纠纷的出现。西晋初杜预疏称：东南之地竟出现了"陂堨岁决，良田变生蒲苇，人居沮泽之际，水陆失宜"[①]等困弊，其当包括皖西地方在内。南齐时，裴瓒侄裴之横"与僮属数百人于芍陂大营田墅，遂致殷积"[②]，表明官僚贵族们分割侵吞芍陂水利，引起纷争。唐宣宗大中年间，浑偘出任寿州时，"芍陂之水，溉田数百顷。为力势者幸其肥美，决去其流以耕"[③]。五代时，因战乱纷起，不暇即芍陂堤防，任其圮倒崩塌，塘不注水，民苦于荒旱，而豪右则分占水利，"小则阻以利己，大则决以害人，冒占盗决之弊，自此起焉"[④]。北宋仁宗时，李若谷出"知寿州，豪右多分占芍陂，陂皆美田。夏雨溢，坏田，辄盗决"，引起争讼。李若谷"摘冒占田者逐之。每决，辄调濒陂诸豪使塞堤，盗决乃止"[⑤]，在一定程度上抑制了芍陂

① （唐）房玄龄. 晋书[M]. 北京:中华书局,1974.
② （唐）李延寿. 南史[M]. 北京:中华书局,2006.
③ （清）董诰. 全唐文[M]. 北京:中华书局,1982.
④ （清）夏尚忠. 芍陂纪事[M]. 石印本. 1975.
⑤ （宋）乐史. 太平寰宇记[M]. 影印版. 上海:古籍出版社,1987.

的占塘垦田行为，使当时的水利纠纷得到了遏制。

到明代，随着皖西地方社会的长期承平，有关水利的纠纷迭起，以芍陂水利纠纷最为频繁。明太祖朱元璋废弃安丰县，此后，芍陂"官无专责，民呈豪强"，水利纠纷层出不穷。明成化间，"奸民董元（玄）等始行窃据，贤姑墩以北至双门铺塘之上界为田矣。嘉靖间，邑侯栗公不忍诛夷，仅为退沟以界之。元恶不惩，奸宄得志。隆庆间，彭邦等又据退沟以北至沙涧铺，塘之中界变为田矣。邑侯甘公援栗公之例，又为新沟以界之"，使得奸豪占塘"蚕食过半"，芍陂"盗决之弊，冲没之害"，自此而起。至万历中叶，"顽民四十余家又据新沟以北为田庐矣"①，以致芍陂水利纠纷终明之世，不能禁止。除芍陂外，明正德嘉靖年间，霍山县也有水利纠纷的出现。据嘉靖间吏部主事高第所撰《李侯德政录》称："霍有豪右专塘堰为己利者，侯廉得状罪之，利乃众。"② 明弘治癸亥（1503），"亢阳不雨，舒民以堰久不治，诣郡控诉"③。

清代，随着人口的增加，皖西地方水利纠纷此起彼伏。先看寿州芍陂水利纠纷，康熙年间有豪强八人者，上呈开垦芍陂塘，得到了官府批准，将委派专员勘垦。芍陂塘周边士民联名具呈"请止开垦公呈"，称陂塘"不可开垦者有五"④，官府因此收回准垦令，芍陂得以保存。乾隆四十三年（1778），六安州民晁载典、方希乐、张宗海等，在芍陂之来水上游"拦河阻坝，断绝陂原（源），利一害万，陂民赴诉"。凤颖六泗道台勒保"檄饬六安州主查办"，晁载典藐抗不理，而方、张等坝俱乘夜尽除。⑤ 到嘉庆十年（1805），有芍陂塘生员陈厂等多次呈讼至道、抚等各级衙门，经安徽巡抚胡克家"委员会堪，檄饬拆毁，仍勒石示禁，以杜后讼"⑥。霍邱县城北有水门塘，相传为春秋时楚令尹孙叔敖所兴建，又名大业陂，附塘各保农田赖以灌溉。到清代，因塘日渐淤塞，"附近豪强群相侵占为田"，各保士民为之不平，"以公塘被侵之故，于康熙、雍正年间频诉于县，既而上控院司，俱饬禁止占种，碑文详案，历历可稽。无如

① （清）夏尚忠. 芍陂纪事[M]. 石印本. 1975.

② （清）李蔚，王峻，吴康霖. 同治六安州志[M]. 影印版. 南京:江苏古籍出版社,1998.

③ （清）熊载升,杜茂才,孔继序. 嘉庆舒城县志[M]. 影印版. 南京:江苏古籍出版社,1998.

④ 同①.

⑤ 同①.

⑥ （清）曾道唯. 光绪寿州志[M]. 影印版. 南京:江苏古籍出版社,1998.

在官之文案虽炳存，而顽民觊觎之心未息也"[1]。清代六安州地"坦阜不一，所恃为蓄泄者尤在塘陂，但未能深浚广疏，为憾耳。乃一时因缘为奸，借肆吞噬各塘陂，指为荒地，互相侵领，告讦不止"[2]。杭埠河是舒城县人的母亲河，河两岸农田赖以灌溉的保障，至清代，县民"大旱望泽，民有同情，上若有余，下必不足，上下相争，每有械斗之事"[3]。

民国时期，皖西地方的水利纠纷更是时常发生。最大的水利纠纷是寿县安丰塘的放垦。民国三十三年（1944）秋，寿县田粮处副处长赵同芳，向安徽省财政厅厅长桂竞秋，呈报了《寿县安丰塘官荒放垦计划书》。计划书称，安丰塘南半部有荒滩5万亩，拟划为50个小区，组织50个人民社团圈圩放垦。安徽省政府从其建议，选派专员筹建放垦机构。11月，安丰塘塘工委员会主任王化南等，迭次呈诉于安徽省水利工程处处长盛德纯、导淮委员会主任蒋介石，力辟倡垦者的不实片面之词，痛陈放垦之弊端。其理由略为：1. 所谓'荒滩'实仅约1万亩，且为塘满则淹没，塘涸则现滩；2. 安丰塘现实灌20万亩，效益不可轻视；3. 实施放垦，则圩田宣泄无从，塘民与圩民的矛盾更加突出；4. 安丰塘蓄洪作用不容抹杀；5. 放垦伊始，则永无废田还塘之时，将来开发水利亦无伸缩余地。导淮委员会遂转请安徽省政府予以查禁。民国三十四年（1945）10月13日，安徽省政府电告导淮委员会，"已将寿县安丰塘荒地管理专员办事处撤销"[4]，最后因政府撤销放垦计划而平息了纠纷。

第二节　历史上水利纠纷的类型

皖西地区历史上的水利纠纷复杂多样，主要有以下4种类型。

一、用水使水纠纷

此种类型主要是在使用水利资源进行农田灌溉过程中引起的水利纠纷，在皖西地区极为普遍。清初，在今金寨县张冲乡西石村（原属六安州辖）有江、

①　(清)张海,薛观光. 乾隆霍邱县志[M]. 影印版. 台北:成文出版社有限公司,1985.

②　(清)金宏勋. 乾隆六安州志[M]. 影印版. 台北:成文出版社有限公司,1985.

③　(清)吕林钟,孙浤泽. 光绪续修舒城县志[M]. 影印版. 南京:江苏古籍出版社,1998.

④　安徽省水利志编纂委员会. 安丰塘志[M]. 合肥:黄山书社,1995:63.

王两大姓公用堰一道，争水事端常起，后经官府判决于堰中央立一分水石墩，左右出水，分灌江氏田80亩，王氏田40亩，称分水堰。[①] 国家第一历史档案馆收藏的清乾隆至光绪年间史料记载，皖西地区各州县民众因用水使水纠纷而造成命案的刑事案就有十多次，涉及私自开挖塘堰埂坝放水灌田、未先照知争先车水、邻田过水、争抢他人塘水等。清咸丰六年（1856）春大旱，霍山俞家畈人争水，"案悬莫结，几酿多命"，后经县教谕、舒城人靳学洙协调才得以平息。[②] 清末民国时期，六安东南乡张家店张氏宗族与胡氏宗族常因干旱年份使水而引起争讼。

二、筑坝截水纠纷

此即河流的上游地区人拦河筑坝截水引起的水利纠纷。如明清时期六安州民在芍陂水源上游山源河筑坝截水，使下游寿州安丰塘来水受阻，无法得到补充水源，多次引发纷争。明《嘉靖寿州志》载："明正统以来，六有奸民辄截上流利己，陂流遂淤。成化间，巡按御史魏璋得其状惩之，委任指挥戈都董治尽逐侵者"；弘治二年（1489），"巡按都御史李昂，檄指挥胡瑞、六安指挥陈钊会勘，参考古典，指点旧迹，众皆输服。凡朱灰塘坝五道开其三，李子湾坝四道开其二，案存各司"。[③] 可见自明正统时期，六安州民就有在芍陂水源之山源河拦坝截水的行为，引起芍陂塘周边士民的强烈反响而上控地方官府。巡按都御史李昂出面檄寿州、六安州之官员现场会勘，考虑到双方利益，使两方输服。清嘉庆间的六安南乡《韩陈堰使水碑记》则载："其堰上流不得打坝，无水分者，不准使水，历年无异。突今四月，有朱谋贤、许明乐、蒋启盛并无水分，恃强打坝，经堰头秦隆山、周维其具禀差押毁坝，谋贤等屡抗不遵，复经乡地原差具禀移送军主讯究，谋贤自知情亏，愿具永不打坝切结，恳免究惩。"[④]

三、占垦塘堰纠纷

也就是部分人受利益驱使强占塘堰开垦为田而使多数人失去水利灌溉而引起的纠纷。如前述明清时期寿州安丰塘、水门塘的占垦问题，多次引起社会纷争。

① 金寨县地方志编纂委员会. 金寨县志[M]. 上海:人民出版社,1992:173.
② （清）孙沄泽. 续修舒城县志[M]. 合肥:黄山书社,2009.
③ （明）栗永禄. 嘉靖寿州志[M]. 影印版. 上海:古籍书店,1982.
④ （清）李蔚,王峻,吴康霖. 同治六安州志[M]. 影印版. 南京:江苏古籍出版社,1998.

清康熙初年，六安州北有"官塘蓄水，民利其便。割据为田，争讼不已"①。寿州南乡保义集有上、下罗陂塘，上塘在保义集东南五里处，"灌田数十顷，使水约九十余户"；下塘在保义集东八里处，"向蓄水灌田"。②咸丰间，保义集居民"私垦上、下罗陂塘田地三百七十一块，方广各十五里"引起地方民众争讼，知州金光筋查充。同治间纷争又起，知州施照"详请总督曾国藩批准，归入循理书院"。③

四、蓄水排水纠纷

就是指同一水利设施内，部分人需蓄水，而部分人则需排水，从而引发纠纷。如寿州芍陂塘常因蓄水淹没东南部部分农田引起纷争。寿州东七十里有蔡城塘（今属淮南市大通区所辖），"亦寿州水利之大者"。因岁久不修，"塘内不能聚水，塘中迤西一带居民皆垦为田，升科纳粮，由来已久"。至乾隆十四五年，"山水大涨，塘水盈溢，塘西田浸没，遂有盗决塘埂之事，以致争讼"④。无疑是因蓄水与排水矛盾而引发的水利纠纷。清嘉庆年间，凤台县民在寿西湖与淝河相连处建二里坝闸确保湖田不受淮水淹没，造成了寿州城排水的难题，于同治十一年间，引发了寿州、凤台绅耆互控案，在道台任兰生批饬下，经寿州、凤台州县两级官府现场勘查，原被告双方达成调解协议。⑤

此外，寿县芍陂塘周边还有塘民于塘内罾网捕鱼，两端筑小坝而堵塞河心，引起纠纷。还有于芍陂塘放水门拦门张鱣，惟鱼是利而引起纷争，清夏尚忠认为其有"七害"。⑥

第三节　皖西地方水利纠纷的后果

在传统的皖西地方社会里，由于各种人为因素的干扰，其水利纠纷不能得到及时预防和正确处理，所以持续的水利纠纷产生了极为严重的社会后果，对地方社会秩序产生了极大的负面影响。主要体现在以下3个方面。

① （清）李蕙，王峻，吴康霖.同治六安州志[M].影印版.南京:江苏古籍出版社,1998.

② （清）曾道唯.光绪寿州志[M].影印版.南京:江苏古籍出版社,1998.

③ 同上.

④ 同上.

⑤ （清）李师沆,石成之.光绪凤台县志[M].影印版.南京:江苏古籍出版社,1998.

⑥ （清）夏尚忠.芍陂纪事[M].石印本.1975.

一、陂塘失去灌溉之利

皖西地区水利纠纷的后果之一是使陂塘失去了灌溉之利。明中期后寿州芍陂塘出现的占垦行为造成了严重的恶果。诚如知州栗永禄、黄克缵二人所说，"塘中淤积可田，豪家得之，一值水溢，则恶其侵厉，盗决而阴溃之矣。颓流滔陆，居其下者苦之"[①] "夫开荒广土美名也，授田抚窜大惠也，鲜不轻作而乐从之。岂知田于塘者，其害有三：据积水之区，使水无所纳，害一也；水多则内田没，势必盗决其埂，冲没外田，害二也；水一泄不可复收，而内外之禾俱无所溉，害三也"[②]，所以出现了芍陂塘之内"种而田者十之七，塘而水者十之三"[③]的严重局面。到清代乾隆年间，芍陂塘东南部明代占垦的围田，因在塘水注满时被淹没，时常出现盗决塘堤，破坏芍陂塘的水利生态，从而引起纷争。清夏尚忠称其害有五："埂决水涌，外田冲没"；"水泄不能复收，塘下之田无所溉"；"决后不复来水，而围中阻截，上流灌彼围田，塘下之田仍无救"；"决后纵来大水可以至塘，而口缺不能即筑，水仍无济"；"决后纵即赶筑，来水也可满塘，而新筑之土，力不敌水，势将复决，塘下之田仍无救"。[④] 清康熙年间，六安州北有官塘被豪民占垦为田，引起对方争讼不已。知州王所善以"既田矣，塘不可复，少与之粮，以补旧额之缺"，同意垦田，争讼悉止。不久之后感到后悔，认为是其过失。[⑤] 以致六安州许多塘堰被垦殖为田。《同治六安州志》称："州有官塘湖堰原以蓄水灌田者也。向有平浅处所，居人承种菱藕，完纳塘稻。雍正七、八、九年，民间领垦成田者不一。十年，知州卢见曾悉民困而审水利，列册上详，得除开垦之弊，豁塘稻之徵，甚善政也。"[⑥] 乾隆四年（1739），知州戚振鹭并州同陈惟谦奉文复加确勘，造有新册。其中被久垦为田者有孝义乡金陂塘、张公塘、官塘、铜壶塘，永和乡竹稍塘、早塘、朱灰草塘、东陂塘，其有"久垦迷失"者二十余处，即苏草陂塘、段家塘、白水塘、

① （明）黄廷用. 本州邑侯栗公重修芍陂记[Z]. 碑存寿县孙公祠碑廊. 明《嘉靖寿州志》,清《乾隆寿州志》,清夏尚忠《芍陂纪事》,《安丰塘志》均录有该碑文.

② （明）黄克缵. 邑侯黄公重修芍陂界石记[Z]. 碑存寿县孙公祠碑廊. 清《乾隆寿州志》,《光绪寿州志》,清夏尚忠《芍陂纪事》,《安丰塘志》均录有该碑文.

③ 同上.

④ （清）夏尚忠. 芍陂纪事[M]. 石印本. 1975.

⑤ （清）李蕣,王峻,吴康霖. 同治六安州志[M]. 影印版. 南京:江苏古籍出版社,1998.

⑥ 同上.

下官塘、新塘、大蒙长塘、团塘、官塘、南庄塘、桑陂塘、猪儿塘、小官塘、马家官堰、鬼门堰、赵家堰、刘家堰、范家堰、斗篷堰、草湖、关草湖、白湖、竹丝湖、官湖等。[①] 清舒城县有石人塘，"截冲筑堤，长里许，潴曹家河水灌田，今悉淤废，开垦成田。原其弊在水挟沙泥，不以时浚，久益淤塞，小民贪利，渐占为田，已复升科，遂不可复，此在官私陂塘堰荡，无不然也"；该县横山之北有花李山，其下有花李堰，"北迤为金司堰，今堰口占为民田，不复引水"。[②] 也是占塘垦田使陂塘失去了灌溉之利。

二、引起地方械斗

皖西地方历史上时常因干旱季节农田争水而引起殴斗。清舒城县上荡白露沟、下荡猪漕沟农户的田地向赖河水灌溉。乾隆四十七年三月，干旱田中缺水，上荡农民筑坝蓄水，以致上荡之水不能下流，下荡农民无水插秧。下荡荡长郑维刚、陶见章向上荡荡长栢友凤、谢万山恳其开坝放水，栢友凤等许"十八日开放"。下荡农民黄万珍、袁老五、孙二、张玉洪、席中林、罗四等先于十七日，各带铁锹木棍偕至白露沟边，正在扒坝放水，上荡刘得仓知觉持棍赶至喊骂，罗四同袁老五上前迎阻，孙二尾随，刘得仓首先遇见罗四，持棍迎面向殴，罗四将身侧闪，刘得仓棍头落空，罗四乘势夺棍打伤刘得仓顶心，刘得仓站立辱骂，罗四又殴伤刘得仓偏右倒地，经伊弟刘万仓扶回后身死。[③] 清嘉庆年间，芍陂塘用水出现因"近者得水，先即车使，远者不敢过问。时遇待救情急，近者夜以继日，远者亦难查究。更有强梁拦沟筑坝，尽己车使，水不下注，弱者吞忍，强者用武，轻则受伤，重则致命，乡愚凶顽，殊堪痛恨"[④]。民国年间，舒城县民常因用水纠纷得不到有效解决而引起械斗。如民国八年（1919），舒城县民方瑞庭等人因争执水利殴斗而杀伤人命，经安徽省高等审判厅审理，杀伤人命者受到惩罚。[⑤] 民国十七年（1928），"乌羊堰下游向上游要水发生械斗，死伤9人"；民国三十三年（1944）大旱，"下十荡地主石鼎九与

① （清）李蔚,王峻,吴康霖.同治六安州志[M].影印版.南京:江苏古籍出版社,1998.

② （清）吕林钟,孙浤泽.光绪续修舒城县志[M].影印版.南京:江苏古籍出版社,1998.

③ 中国第一历史档案馆藏.题为审理舒城县民罗四因放水纠纷殴伤刘得仓身死一案依律拟绞监候请旨事[R].乾隆四十七年十二月初八日,刑科题本,档号:02-01-07-07676-010,缩微号:02-01-07-207-547-2708.

④ （清）夏尚忠.芍陂纪事[M].石印本.1975.

⑤ 胡旭晟,夏新华,李交发.民事习惯调查报告录(上册)[M].北京:中国政法大学出版社,2000:233.

上五荡地主张省如各带武装煽动群众，在洪家荡发生武装械斗，当场死伤3人"。①

三、造成讼案迭起

皖西地区因干旱而造成水利资源分配问题突出。近代学者梁庆椿先生指出："若遇天旱，水量求过于供，争水纠纷时有所闻，小则涉诉而费时失事，大则械斗，以致灌溉之建筑亦因而随之破坏。"② 前述清康熙雍正年间霍邱县水门塘即因占塘垦田造成地方频讼于官。民国二十七年（1938），寿县"众兴集附近的农户在塘河两岸开垦菜园，阻塞河道。河水由众兴滚水坝向西漫溢，致使小河湾、鲁家湾、甘家桥等地数千户农田被淹。民国三十年，安丰塘塘工委员会组织清除被侵占的堤岸，遭到占垦者的抗拒，致使双方讼案迭起"③。

第四节　皖西地方水利纠纷的原因

皖西地方水利纠纷的原因包括社会原因和自然原因两方面。

一、社会原因

社会因素是皖西地方水利纠纷的外部因素。社会承平的明清时期人地关系的日益紧张是皖西地方水利纠纷的主要原因。因元末红巾军起义战争造成皖西及周边地区人烟稀少，人口严重缺失，明初朝廷不得不从山东、江西、江南等地移民垦荒。④ 寿州、霍邱规模最大、人数最多的移民活动即明初山东兖州府枣林庄移民，寿州的孙氏、柴氏、徐氏、尹氏、李氏、孟氏、张氏、韩氏、谢氏、聂氏、杨氏、戴氏、丁氏、曹氏、鲍氏、蒯氏、石氏、葛氏、邱氏、蔡氏等宗族，霍邱县的傅氏、丁氏、葛氏、何氏、宋氏、孟氏、张氏、王氏、田氏、杨氏、蒋氏、屠氏、聂氏、管氏、裴氏、徐氏、刘氏、黄氏、朱氏等宗族，其族谱都记载是迁移自山东枣林庄，而六安州、舒城县及霍山县等则是从

---

① 李少白. 舒城县水利志[M]. 舒城:舒城县水利电力局,1982:61.
② 梁庆椿. 中国旱与旱灾之分析[J]. 社会科学杂志,1935,6(1).
③ 安徽省水利志编纂委员会. 安丰塘志[M]. 合肥:黄山书社,1995:64.
④ 曹树基. 中国移民史(第五卷)[M]. 福州:福建人民出版社,1997:43-60.

江西、徽州等地迁移，结果使得皖西地区人口不断增加。到清道光八年（1828）时，寿州民户和屯户人口达76万余人，[①] 比明嘉靖二十年（1541）时的10.4万多人，[②] 多出近7倍。据《同治霍邱县志》记载，明朝初年全县人口有2 436户、17511人；而到清道光四年（1824）时，霍邱本地人口户数是201 110，人丁总数是699 237。[③] 所以"生齿日繁"，人均耕地面积减少，出现了"人稠地满，莫不乐得地之广以为己业，而凡塘之可耕者，皆侵为田。而凿私塘于其中，其或塘之大而不能占者，则历经陞科而为田。而塘之制渐狭，而塘之利亦渐湮。且生齿日繁，则六畜亦多，从前田地中有可为刍牧之地，后则渐开阡陌，遂以塘为养畜之所。不使蓄水，则亦不筑其堤，是有塘之名而无塘之实矣"[④] 的局面。明嘉靖二十九年（1550）统计，寿州境内仅有耕地71.4万亩（其中官田与卫屯田19.6万亩）。嘉靖之后到崇祯近百年间，丁口滋增，复移民垦荒，寿州耕地增至382.4万亩。明末战乱频仍，田地多弃荒。清顺治十一年（1654），尚存耕地304.3万亩。康熙盛世，弃荒多被垦复。雍正十一年（1733），寿州耕地增至367.9万亩。[⑤]《同治霍邱县志》也称："我朝太和翔洽，民气繁昌，自定额之后百余年之久，而数溢于前，已二十七倍有奇。一邑如是，天下亦如是。"[⑥] 寿州芍陂塘自明中期就出现了豪强占塘垦田的现象，官府屡禁不止。被占垦塘面约长50里，变塘为田达569顷67亩有奇。[⑦] 其结果是严重破坏了安丰塘的水利生态，造成"鸡犬桑麻之介其中，樵牧弋鱼之无其地，而民失所资"[⑧]，民众赖以生存的"水利"变成了"水害"。舒城县有前、后二河，《光绪续修舒城县志》载："前河源出潜、霍诸山，自源迄委，曲折经行县境二百余里。而后河界连六、合，源于平冈，无沙石之淤，河身低于前河，水势不及前河之半，故前河山水暴发，必北注后河以杀其势。生齿日繁，山民不足于食，垦荒渐多，树叶草根无以含水，浮沙细石随雨暴注，日积月累，河道淤塞。"可见因山地垦殖，造成严重的水土流失，使河道淤塞，从而影

①（清）曾道唯.光绪寿州志[M].影印版.南京:江苏古籍出版社,1998.

②（明）栗永禄.嘉靖寿州志[M].影印版.上海:古籍书店,1982.

③（清）陆鼎敦,王寅清.同治霍邱县志[M].影印版.南京:江苏古籍出版社,1998.

④（清）席芑.乾隆寿州志[M].影印版.台北:成文出版社有限公司,1983.

⑤ 寿县地方志编纂委员会.寿县志[M].合肥:黄山书社,1996:111.

⑥ 同上.

⑦（清）夏尚忠.芍陂纪事[M].石印本.1975.

⑧ 同上.

响到塘堰的蓄水，"日渐芜废，民或侵占，狃目前之利"①。

此外，政区的调整对水利纠纷也产生了一定程度上的影响。如明初安丰县的撤销造成无官员专门管理芍陂塘水利，使得明清至民国时期安丰塘的水利生态不断恶化。明清时期芍陂塘主要补充水源的山源河地跨寿州、六安州两个政区，当出现水源分配的严重矛盾时，无法及时协调，从而影响到芍陂塘的水源补给，其水利生态恶化，引起社会纷争。

二、自然原因

旱涝是引起皖西地方水利纠纷的主要原因。在干旱的年份里，陂塘及河流有限的水资源随农田灌溉需水量的加大，自然而然就引起需水各方的争执，如果不能得到有效的协调，极易造成纷争，甚至酿成命案。严重的暴雨天气，可能造成塘堰决堤，冲毁塘下农田而引起纷争；也有因塘堰之水淹没塘堰周边农田，盗决塘堰之堤坝而引起纷争。因此，皖西地区水旱灾害的频发，严重地激化了地方的水利矛盾而引起社会冲突。因抗旱，河流上下游民众纷纷筑坝拦水，争抢水资源；因防涝，地方豪强不惜盗决塘堰堤埂，冲毁塘下农田，也失去灌溉之利。

第五节　皖西地方水利纠纷的应对

面对水利纠纷，皖西地方官府、地方士绅、民间组织及乡族社会各阶层出于不同的利益诉求，采取不同的应对策略。本节仅就水利纠纷的解决机制和有效防范进行讨论。

一、水利纠纷的解决机制

中国传统社会水利纠纷的解决机制包括民间解决和官方解决两种机制，民间解决机制主要包括"调解机制、宗教机制、神判机制、械斗机制、流域共同体机制等"，官方解决机制主要指"民事审判机制，以及附属刑案的民事处理"。② 就皖西地方文献中提及的水利纠纷案例，多是通过诉讼途径，由地方官

---

① （清）吕林钟,孙浤泽.光绪续修舒城县志[M].影印版.南京:江苏古籍出版社,1998.

② 田东奎.中国近代水权纠纷解决机制研究[M].北京:中国政法大学出版社,2006:50.

府经民事审理而解决的。因为水利资源是属于国家（王朝）所有，对其处分属于国家（王朝）公权力的范畴，百姓大众仅拥有合法的使用权——水权。如果发生水利资源使用的纠纷，除了依靠民间机制解决外，也可通过官方机制，即民事诉讼解决。但是在中国传统社会里，官方表达与实践之间存在着明显的差距，既矛盾又统一。① 明清时期的国家（王朝）法律之中很少有明确适用于水利纠纷的条例。如《大清律例》仅有"盗决河防"四条例文和"失时不修堤防"五条例文。② 故地方官府对水利纠纷案审理的依据主要是基于水利资源先占的使水证据、长期利用水利资源形成的惯例、地方社会情理等原则，达到情理法的平衡。明代寿州知州对占垦芍陂塘、清代霍邱知县对占垦水门塘等水利纠纷的处理就是基于此原则，芍陂及水门塘周边民众是长期利用二陂塘的水利资源灌溉农田而形成的地方惯例，且是大多数人的公利，而占垦陂塘仅是部分人的私利膨胀行为。明代南直隶巡按御史、清代安徽巡抚胡可家对芍陂塘主要水源山源河上游六安州民拦河筑坝截水纠纷的审理处置就依据水利资源先占的使水证据和结合地方社会情理的原则，现场实地查勘，饬令拆毁。嘉庆十三年（1808）的六安南乡《韩陈堰使水碑记》则载：韩陈堰"自乾隆四年，派夫出费重修。凡有水分之家印册存案，并赤契注明韩陈堰使水字样。其堰上流不得打坝，无水分者，不准使水，历年无异。突今四月，有朱谋贤、许明乐、蒋启盛并无水分，恃强打坝，经堰头秦隆山、周维其具禀差押毁坝，谋贤等屡抗不遵，复经乡地原差具禀移送军主讯究，谋贤自知情亏，愿具永不打坝，切结恳免究惩。"该纠纷的处理依据则是利用水利资源形成的惯例即水权习惯，其水权习惯表现形式是使水印册、赤契，因派夫出费参与韩陈堰的重修，而获得了使水权。所以署理六安知州沈南春"为此示该保乡地并业户人等知悉，自示之后，务各照依契据注有韩陈堰使水字样，方准在堰使水。其堰上流亦不准并无水分之户打坝阻截，致滋讼端。倘敢不遵，许堰头乡地并业户人等，指名赴州具禀，以凭严究，各宜恪遵，毋违特示"③。

① 黄宗治. 清代的法律、社会与文化:民法的表达与实践[M]. 上海:书店出版社,2001:8-9.
② 马建石,杨育棠. 大清律例通考校注[M]. 北京:中国政法大学出版社,1992:1135-1138.
③ （清）李蔚,王峻,吴康霖. 同治六安州志[M]. 影印版. 南京:江苏古籍出版社,1998.

二、水利纠纷的有效防范

地方社会应对社会纷争无外乎以"亡羊后补牢"和"防患于未然"的策略加以解决。很明显水利纠纷的平息是"亡羊后补牢"的策略，而对水利纠纷的有效防范则是"防患于未然"的策略。

（一）积极修治水利

皖西地区以灌溉农业为主，水利是农业的命脉，因此皖西地方社会各阶层都重视对水利的积极修治，使其发挥水利效应，从而减少水利纠纷的发生。东汉建初八年（83），庐江太守王景主持对芍陂的修治，使境内丰给。东汉建安五年（200），扬州刺史刘馥实行广屯田政策，修治芍陂、七门等诸堰，以溉稻田。三国魏正始二年（241），邓艾重修芍陂，使其蓄水能力和灌溉面积大增。西晋太康年间，刘颂采用"使大小戮力，计功受分"之法修治芍陂。南朝宋元嘉七年（430），豫州刺史刘义欣对芍陂进行了彻底修治，出现了"灌田万余顷，无复旱灾"的局面。隋开皇年间，寿州长史赵轨修治芍陂，增开三十六门，灌田五千余顷。唐宣宗时，义昌军节度使浑偘修治芍陂。北宋明道年间，安丰县知县张旨"浚渒河三十里，疏泄支流，注芍陂，为斗门，溉田数万顷，外筑堤以备水患"①，使芍陂灌溉面积呈现出前所未有的景象。明清民国时期安丰塘的水利修治明显增多，据清夏尚忠《芍陂纪事》和清《光绪寿州志·水利志》及《安丰塘志》统计，明代安丰塘水利较大规模的修治9次，清代修治16次，民国修治3次，都是由地方官府组织实施和环塘士民积极参与的。②舒城县七门堰历汉唐宋至明，或废或兴。明宣德年间，知县刘显修复七门堰，并"于龙王庙西作坝障水，以灌诸堰"③。明弘治癸亥年（1503），庐州太守马汝砺同舒城知县张惟善和义官濮钝之谋划，"征工发徒，疏土桥渠，以导其水之流。开侯家坝，以顺其水之势"，"不一月间，源泉混混，盈科而进，其余若堰、荡、陂、塘，咸以次而治"④。明万历乙亥年（1575），舒城知县姚时邻、主簿赵应卿"由七门岭以至十丈等陂，则为修理。由杨柳、鹿角以至黄泥等荡，则为疏通""他若行水过沟，如新荡类，难枚举者，又皆悉为躬阅而挑筑。但见高者

①　（元）脱脱,欧阳玄 . 宋史[M]. 北京:中华书局,2006.

②　关传友 . 明清民国时期安丰塘水利秩序与社会互动[M]. 古今农业,2014(1):92–103.

③　（清）吕林钟,孙泷泽 . 光绪续修舒城县志[M]. 影印版 . 南京:江苏古籍出版社,1998.

④　（清）熊载升,杜茂才,孔继序 . 嘉庆舒城县志[M]. 影印版 . 南京:江苏古籍出版社,1998.

平，浅者深，浸者复，泛滥者消除，淤填者浚沦，水由地中行"。[①]清康熙二十六年（1687），舒城县令朱振针对七门、乌羊等堰故道久塞，"相度形势，重开沟洫，俾山水盈科而进溉数千顷，而舒之东南乡遂为腴田"[②]。雍正八年（1730）二月，舒城知县陈守仁重开赗牍堰，不数月乃成，"水自回龙桥经任道人桥入城濠，分灌诸荡，势若建瓴，遂使百余年该地之田，计弓百二十四顷六亩九分，为亩万二千四百零，客岁尽获有秋"[③]。咸丰六年（1856），舒城县民于"韩家河口阻县河筑坝引水灌田，因协作共益，称之'合心荡'。荡口以下筑有虾子眼、重阳等八个小荡，引水灌田约万亩"[④]。

（二）建立有效管理制度

俗话说："三分建，七分管。"对水利工程而言，也同样适用。在水利工程修治之后，建立和完善管理制度最为紧要。水利工程的有效使用则影响到水利灌溉效应的持续发挥。

1. 建立管理组织

皖西地区历史上最大的水利工程——寿县芍陂塘在西汉即设有专门的陂官，东汉设有"都水官"，宋代设有陂长，明清时期大致有寿州州同、董事、塘长、门长（门头）、门夫等人员直接参与芍陂塘的塘务管理，如清代碑记称芍陂"有圳、有碣、有堰、有圩，时其启闭盈缩。有义民、有塘长、有门头、有闸夫，而一视司牧者为治不治"[⑤]。明清皖西地区其他大中型塘堰也都设有塘长、堰长、董事管理水利工程。清光绪间，寿州东乡蔡城塘的塘长是由寿州知州陆显勋谕令张玉和、洪斐然二人。[⑥]舒城县的七门堰诸塘"皆有斗门以备蓄泄，设塘长司启闭"[⑦]。清代霍邱县直接参与水门塘塘务管理的人员有乡董、保长、塘长等。六安州南乡韩陈堰则设堰头管理。这些人员多数为有功名的地方士绅，或者是家道殷实，人品端正，颇负乡望，深受民众所尊重者。他们一般经所在塘堰的士民推举，有时还报经官府备案。

① （清）熊载升,杜茂才,孔继序. 嘉庆舒城县志[M]. 影印版. 南京:江苏古籍出版社,1998.

② （清）吕林钟,孙泫泽. 光绪续修舒城县志[M]. 影印版. 南京:江苏古籍出版社,1998.

③ 同①.

④ 李少白. 舒城县水利志[M]. 舒城:舒城县水利电力局,1982:12.

⑤ （清）郑基. 本州邑侯郑公重修芍陂闸坝记[Z]. 碑存寿县安丰塘孙公祠碑廊.

⑥ （清）曾道唯. 光绪寿州志[M]. 影印版. 南京:江苏古籍出版社,1998.

⑦ 同②.

2. 确立维修制度

水利工程的维修主要是防止其堤坝倾圮、崩塌，而失去灌溉之利。芍陂塘工程的维修制度早在三国邓艾屯田济军之时就已经建立。明清时期的岁修一般要通过地方官吏与塘董、塘长进行筹划之后，组织塘下受益农户出夫出力。清夏尚忠《芍陂纪事·请止开垦公呈》称："后恐水势冲圮，有妨水利，设塘长、门头，每门夫一百一十七名，修理门闸，册籍班班可考。"[①] 从中可知清康熙以前芍陂塘就存在各水门出夫维修塘堤、门闸的规定，并建有册籍以备核查。清光绪三年（1877）制订的《新议条约》就专门列有岁修条款，如"岁勤修：每年农暇时，各管董事须看验宜修补处，起夫修补，即塘堤一律整齐，亦不妨格外筑令坚厚，不得推诿""核夫数：查问某章某门下若干夫，遇有公作，照旧调派，违者由各董事禀究""护塘堤：塘水满时，该管董事分段派令各户或用草荐，或用草索沿堤用桩拦系，免致冲坏，违者议罚"[②]，可见对芍陂塘的岁修和塘堤的维护都有专门的规条。岁修劳力则是从受益农户中征调而来，按照受益田亩多少折算出工劳力（称为"夫"）的多少，如果应征者不能出工，允许买工替代。岁修经费，按照施工的工程量大小，采取受益农户按亩分摊；或地方官府拨款，以及官绅"义捐"等方法筹集。据《县正堂陈示碑》所载霍邱县水门塘维修制度是："旧制议章，□□水皆赖塘。前使各户出夫，东至毛家井，东南至红石桥，西边南至南门王墙为止，共计水门塘、罗家庙、吉水湾之三保出夫，培垫埂坝。□□□闸□购买砖石，主佃摊派钱壹百叁拾捌串柒百零陆文，均门销在卷。"[③] 从霍邱陈知县所示的碑文可看出，水门塘的岁修由享受水门塘水灌溉之利的水门塘、罗家庙、吉水湾三保出夫承担，并负责放水闸门的维修费用。六安州、舒城县、霍山县的水利工程修治也是"按田派夫费"进行。舒城县知县周岩于光绪二年（1876）给吉家堰堰长的示谕有云："照得水利为农力务，沟塘宕堰为蓄水灌溉禾苗而设之，示谕在案。滋值奉融之祭，所以年应修水利工程，诚恐业佃人等，日久玩生，延误要工。除出示谕催饬差巡查督修外，合在谕饬，谕到立即遵照，迅将里内沟塘堰、支河汊港，各循旧章，按田派夫费，挑挖深通，所有堤坝、水闸、陡门、涵道，亦即修筑完日，以期蓄

---

① （清）夏尚忠. 芍陂纪事[M]. 石印本. 1975.

② 同上.

③ （清）县正堂陈示碑[Z]. 存霍邱县水门塘公园大门入口处东侧.

溉，保卫田畴。"[①] 此例说明明清时期皖西地方中小型水利工程的修治是由民间力量自行完成，地方官员行使督导之责。

3. 完善用水制度

皖西地方水利灌溉用水使水制度一般是在地方官府主导下制定的，具有较强的约束力。《后汉书·王景传》载王景修治芍陂时，"曾刻石铭誓，令民知常禁"，就包含有均分、合理用水的制度，表明在汉代就已建立了芍陂塘用水制度。宋代 "窦堤三十六门，均水与入，各有后先"[②]，是说三十六门放水有先后顺序。明清时期芍陂用水制度较为完善，据清夏尚忠《芍陂纪事》记载，康熙三十七年（1698），寿州州佐颜伯珣就同陂塘士民制订了 "先远后近，日车夜放" 的用水规约。每到用水之时，"由沿塘各斗门的门头开启斗门，夜间放水，次晨水可到沟稍，然后按先远后近的规定车水灌田。水车应距渠道丈余安放，不准伸至渠中，以保证渠水向下畅流。放水灌溉时，由塘长派员沿渠巡查，以防跑水和查禁违例者。日落停车，夜间放水，循环往复，渠水不竭。所有农田全部灌后，由门头锁闭斗门，钥匙交公"[③]，一定程度上实现了 "强弱无间，远近齐沾"。这实际上是对芍陂塘以前用水制度的重申与延续。清光绪《新议条约》中对用水就有 "慎启闭" "均沾溉" "分公私" "善调停" "议罚款" 等规定。[④] 这种新议条约明确体现了 "均沾溉" 的用水原则，针对放水期间容易出现的问题，"规定斗门启闭之前 '约同照知'，渠长田多的斗门先启迟闭；渠短田少的斗门后启先闭"。若遇干旱或塘水少时，采用 "救近舍远" 的办法，使有限水量获得最大水利效益，"对违反条约，或知情不报、私相庇护者，一律秉公议罚"。[⑤] 民国二十年（1931）6月，安丰塘塘民大会审查通过了《寿县芍陂塘水利规约》的用水制度，并呈请县政府备案，但其内容与《新议条约》近似。清雍正十二年（1734）任六安知州的卢见曾对南乡戚家畈下官塘的用水规定曰："下官塘来水自上官塘，大沟一道相通，使水二十八户，三涵、二沟。满塘之水，高埠先车四日；半塘之水，止车三日。先放高沟，次放低沟，俱照旧

① 李少白. 舒城县水利志[M]. 舒城:舒城县水利电力局,1982:209.

② (宋)宋祁. 景文集[M]. 影印版. 上海:古籍出版社,1987.

③ 安徽省水利志编纂委员会. 安丰塘志[M]. 合肥:黄山书社,1995:64.

④ (清)夏尚忠. 芍陂纪事[M]. 石印本. 1975.

⑤ 同上.

例，不得争论。如有私车私放，众姓禀公严究。"[1]清光绪八年（1882），监生陈广庸等具禀呈示水门塘公议章程及使水界址，叩请霍邱知县晓谕立碑等情，县堂陈知县为此批示："吉水湾、罗家庙二保乡董塘长及使水农佃人等，一体遵照。凡界外向集水分之户，不准强使塘水；其界内在水分之户，如需用水，亦需禀明塘董等，眼同共放，不得私挖偷开。界内界外有分，将分总以除埂坝闸时曾共同出夫出资，凡所□各恪守向章，不许少有紊乱塘规。倘敢故违滋扰，准该乡董塘长等指名具姓，报县公禀，以凭提讯究治。各禀巡成达，切切时示。"[2]明宣德年间出任舒城知县刘显首定七门堰引水例："上五荡（苏家荡、洪家荡、蛇头荡、银珠荡、黄鼠荡）用忙水，每年农历四月初一至七月底接堰水灌田。下十荡（三门荡、戴家荡、洋萍荡、黄泥荡、新荡、鹿角荡、柳叶荡、马饮荡、蚂蟥荡、焦公荡）用闲水，每年八月初一至次年三月底，引堰水灌塘、陂、沟、蓄水灌田。"此制度一直沿用至民国政府结束，上下各守本分，"使强者不得过取，弱者不致失望"[3]。光绪二年（1876），舒城知县周岩对吉家堰用水秩序谕饬道："倘有刁顽水户人等，从中阻挠，违抗夫费，并在沟路违例筑坝、截塞水利，或任意安设车埠，强放争殴等弊，许即随时指名禀究。"[4]上述这些用水使水制度对防范水利纠纷发挥了积极作用。

（三）严厉打击不法行为

"陂之兴废，固由官长主之。"[5]这在一定程度上体现了官员对地方的治理能力。许多地方官员在涉及水利灌溉的利益问题上，均采取积极的态度应对，对占塘垦种和拦河截水等不法行为给予严厉打击。

皖西历代占塘垦田行为严重破坏了水利工程及设施，使陂塘失去灌溉之利，对水利资源造成严重浪费。唐宣宗时，义昌军节度使浑侃出任寿州之时，溉田数百顷的芍陂之水，力势者幸其肥美，"决去其流以耕。公堤防约束，水复盛溢，沃野之利，岁岁增多"[6]。北宋仁宗时，李若谷出知寿州，"豪右多分占芍陂，陂皆美田。夏雨溢，坏田，辄盗决，若谷擿冒占田者逐之。每决，辄调

---

① （清）金宏勋.乾隆六安州志[M].影印版.台北:成文出版社有限公司,1985.

② （清）县正堂陈示碑[Z].存霍邱县水门塘公园大门入口处东侧.

③ 李少白.舒城县水利志[M].舒城:舒城县水利电力局,1982:61.

④ 同上:209.

⑤ （清）夏尚忠.芍陂纪事[M].石印本.1975.

⑥ （清）董诰.全唐文[M].北京:中华书局,1982.

濒陂诸豪，使塞堤，盗决乃止"①，有效抑制了芍陂塘的占塘垦田行为。

明代中期以后，地方官员打击占塘垦种已成为常态。明成化癸卯年（1483），监察御史魏璋巡按江南驻寿州，"缚侵陂者，正其罪，撤其庐，尽复故址"②，但占垦芍陂依然如故。至嘉靖二十六年（1547），芍陂塘上游自贤姑墩以北至双门铺，坟墓庐舍星罗其中，近三十里塘身被围垦成田，寿州知州栗永禄采用"挖沟为界"加以限制。隆庆二年（1568），知州甘来学仿效前任，又挖新沟以为限垦之界，并规定占垦者每年亩交租一分，使占垦合法化。前者不惩，后者效尤。十余年后，新沟以北又被三十余户侵占围垦。到明万历十年（1582），知州黄克缵"发愤于越界之人欲尽，得而甘心旧矣"，于是"逐新沟以北迤东而田者常从善、常田等二十余家，得七十五顷；迤西而田者赵如等十余家，得二十余顷复为水区"，并立石"界以新沟为准，东起常子方家，后贯塘腹，西至娄仁家后"③，从根本上遏制了占塘垦田的行为，所以清夏尚忠称曰："至今二百余年奸豪不得逞，农民享其利。"④清道光十八年（1838），《江南凤阳府知府舒梦龄奉督宪陶抚宪色藩宪程臬宪文道宪胡批饬示禁开垦芍陂碑记》文称塘董"江善长、许廷华等未究开田，嗣饶署州详请召佃，纳租充公"，经各江南总督以下各级官府批饬，"勒石永禁"。⑤乾隆十八年（1753），霍邱县知县张海针对十六年（1751）有环塘民众郭铨等130余家在水门塘占种的不法行为，"考稽古典，查阅志乘"，委派署开顺巡司张纲"赴塘清界"，"查得从前详定塘身，周围绵亘一十九里四分"，"奉檄往勘，先于周围塘田交界处，各立界堆，南齐学田，北至官庄，东西各高埂下俱高立封堆。率令弓手，眼同士民、约保、塘长，沿边丈量得塘身，棉亘实有十九里八分。随于界堆之外，每里高筑一堆，堆以内为塘，堆以外为田。旧塘内未收二麦，勒令占户尽行拔毁，士民尽皆悦服，取具各约保、塘长，永远不许争占"，并立碑永禁，"自今如有附近豪强仍前越界占种者，是玩梗不率之徒也；罚无赦"。⑥清雍正年间署理六安知州陈庆门，见六安州"旧有水塘，议者欲垦塘为田，将绝灌溉之利。庆门力

① （元）脱脱，欧阳玄．宋史[M]．北京:中华书局,2006.

② （明）金铣．按院魏公重修芍陂塘记[Z]．碑存寿县孙公祠碑廊．

③ （明）黄克缵．邑侯黄公重修芍陂界石记[Z]．碑存寿县孙公祠碑廊．

④ （清）夏尚忠．芍陂纪事[M]．石印本．1975.

⑤ （清）续瑞．禁开垦芍陂碑记[Z]．碑存寿县孙公祠碑廊．

⑥ （清）张海，薛观光．乾隆霍邱县志[M]．影印版．台北:成文出版社有限公司,1985.

言于上官，事乃寝"①。

为了确保芍陂塘的补充水源，地方官府对在山源河上拦河截水的六安州人行为也给予严厉制止。明《嘉靖寿州志》载："明正统以来，六有奸民辄截上流利己，陂流遂淤。"弘治二年（1489），"巡按都御史李昂，檄指挥胡瑞、六安指挥陈钊会勘，参考古典，指点旧迹，众皆输服。凡朱灰塘坝五道开其三，李子湾坝四道开其二，案存各司"②。由于官员处理公正，双方服输。清乾嘉年间，六安州人在芍陂塘上游拦河阻坝，断绝芍陂水源，寿州芍陂士民历经二十多年呈官赴诉，经道、抚衙门官员多次会勘查明拆除。

对于盗决破坏水资源者，地方官府毫不犹豫给予严厉惩处。清康熙三十七年（1698），寿州州佐颜伯珣兴工修治芍陂后，于三十八年"奉檄监采丹锡入贡京师"，"近塘之奸民暗穴之，防大决，波涛澎湃之声闻数十里，民田素不被水者多波及焉。塘之顽愚复开堤放坝，竭泽而渔，道路相望，夜以继日，不一月而塘涸矣"。康熙三十九年（1700）春，颜伯珣公讫事自京师还，"复命驾往，缚奸顽者罪之"。③

地方官府还注重保护陂塘的水利设施及资源。前述芍陂的《新议条约》还有"禁牧放""禁取鱼"的规定。清光绪十五年（1889），寿州州同宗能徵把"禁侵垦官地""禁私启斗门""禁窃伐芦柳""禁私宰耕牛""禁纵放猪羊""禁罾网捕鱼"的"六禁"勒石立碑，竖立于芍陂塘堤侧，以为常制。民国二十三年（1934）三月，舒城县长翟树五发布布告称："条据第四区吉家堰堤工委员会朱世道四呈，以吉家堰座落第四区龙河乡，沟长约七八里，沟口起点之处系在南区山塘河口，田中需水之时，由堰长鸣锣起夫，照田派出，在该河心打坝，衬水流入沟中。而该堰坝常竹筏树干者，扒开不闭，甚害农田，请出示禁止等情。据此，查打坝衬水，各该处钧有各该处情，嗣后从该河道上游放竹排树木者，经过该处统随开随闭，不得任意而不闭。赍该堰倘敢违，经查明或被告发，立即法办。但该堰负责人员亦不得故意生端，致滋纷扰。仰各遵照毋违，切切此布。"④ 这即是为确保堰坝安全，禁止河道上游放竹排树木，以免对坝堤

① 赵尔巽. 清史稿[M]. 北京:中华书局,1976.

② （明)栗永禄. 嘉靖寿州志[M]. 影印版. 上海:古籍书店,1982.

③ （清)曾道唯. 光绪寿州志[M]. 影印版. 南京:江苏古籍出版社,1998.

④ 李少白. 舒城县水利志[M]. 舒城:舒城县水利电力局,1982:209-210.

造成危害。民国四年（1915）十一月，霍山县陆知事给示项家桥保士民勒石立碑，禁止牛畜践踏、顽民砍伐竹树等破坏鳌山、永安等堤坝安全。①

综上所论，皖西地方历史上的水利纠纷早在汉代就已经出现，在明代以前是间而有之，明代以后是时常发生。其主要有用水使水、筑坝截水、占垦塘堰、蓄水排水四种水利纠纷类型，使得陂塘失去灌溉之利，造成讼案迭起、地方械斗等严重后果，破坏了地方社会的秩序。持续旱、涝灾害发生等自然因素和人地关系日益紧张矛盾、政区变化等人为因素，是引发水利纠纷的主要原因。皖西地方社会里的官、绅、民及民间组织通过积极修治水利、建立有效管理制度、坚决打击不法行为等举措加以应对，使其达到"亡羊后补牢"和"防患于未然"的目的。总结皖西地方社会历代应对水利纠纷的经验教训，有以下两点值得当经社会借鉴。

1. 自治组织是保证

在中国传统社会后期，乡村水利工程建设和管理一般呈现民间化的特征，著名社会史家傅衣凌先生指出："在中国传统社会，很大一部分水利工程的建设和管理是在乡族社会中进行的，不需要国家权力的干预。"②水利工程兴筑后的管理很重要，所以需要有一个组织来完成。这个管理组织就是水利自治组织。以塘长或堰长为代表的水利自治组织在皖西地方水利纠纷中居于极为重要的位置，使水制度的制订、用水的次序、工程的修浚、费用的分摊、内部纠纷的调解、规则的监督、田户利益的维护等，都需要水利自治组织给予解决。皖西地方历史上许多水利纠纷，都是依靠水利自治组织充分动员民众力量，依托民众管理水利事务，才得以顺利解决。

2. 乡规民约是根本

俗话说："无规矩不成方圆。"所谓乡规民约，"是指在某一特定乡村地域范围内，由一定组织、人群共同商议制订的某一共同地域组织或人群在一定时间内共同遵守的自我管理、自我服务、自我约束的共同规则"③。受传统中国社会长期提倡"息讼"思想的影响，人们习惯用乡规民约来作为解决纠纷的依据。

---

① 余恒昌. 霍山县水利志[M]. 霍山:霍山县水利电力局,1991:184.

② 傅衣凌. 中国传统社会:多元的结构[A]//傅衣凌. 休休室治史文稿补编[C]. 北京:中华书局,2008:210.

③ 卞利. 明清徽州社会研究[M]. 合肥:安徽大学出版社,2004:262.

所以解决水利纠纷的最有效办法，就是遵循乡规民约。以上所述事例说明皖西地方存在的许多有关水利修治及管理方面的乡规民约，往往是处理水利纠纷的重要依据。无论是地方官府的审理，还是水利自治组织的调解，都是依照乡规民约所规定的水利规条执行，体现出乡规民约的内在合理性。在当代中国乡村社会的村民自治实践中，传统社会里的许多乡规民约内容受到国家的鼓励和提倡。皖西地区传统乡村社会中的乡规民约，如利益均沾、因地制宜、遵从古典等，在解决现代社会的水利纠纷时仍具有一定的合理性，值得今人借鉴。

第五章　水利规约——皖西水利的
管理制度与规则

水利规约就是社会群体在获得水利的过程中形成的、并为民众普遍遵守的用水使水、修治和维护水利设施的若干规则制度。皖西地区是中国水利史上兴建水利工程最早的地区之一，历史上留存着地方社会大量有关水利工程修治和管理的规约，本章对皖西地区水利规约进行讨论。

第一节　皖西地区水利规约的概述

皖西地区早在汉代就有水利规约的出现。《汉书》载西汉时南阳太守、寿春人召信臣兴修南阳水利时，"为民作均水约束，刻石立于田畔，以防分争"①。召信臣之兴修南阳水利工程的水利技术和管理制度传自寿春芍陂是毫无疑问的，说明西汉时安丰塘就存在有"均水约束"的规范用水制度。《后汉书·王景传》记载东汉王景任庐江太守时，重修芍陂，"遂刻石铭誓，令民知常禁"②，就包含有合理均水、使水的规定，表明当时已有水利规约的萌芽出现。北宋时，芍陂塘已是"窦堤三十六门，均水与入，各有后先"③，明确芍陂的灌溉用水依照水路的远近而确定水门开放的先后顺序，已是当时社会的约定俗成。

明清时期，皖西地区出现了水利工程修治与管理的规约。明宣德年间，舒城知县刘显首定七门堰引水则例，规定"上五荡（苏家荡、洪家荡、蛇头荡、银珠荡、黄鼠荡）用忙水，每年农历四月初一至七月底接堰水灌田。下十荡（三门荡、戴家荡、洋萍荡、黄泥荡、新荡、鹿角荡、柳叶荡、马饮荡、蚂蟥荡、焦公荡）用闲水，每年八月初一至次年三月底，引堰水灌塘、陂、沟，蓄水灌田"，此制度一直沿用到新中国建立之初才结束。在此规约下，上下荡各守

---

① （汉）班固. 汉书[M]. 北京:中华书局,2007.

② （晋）范晔. 后汉书[M]. 北京:中华书局,2007.

③ （宋）宋祁. 景文集[M]. 影印版. 上海:古籍出版社,1987.

本分，"使强者不得过取，弱者不致失望"。[①]清雍正十二年（1734），六安知州卢见曾应地方所请对六安州南乡戚家畈下官塘的合理用水作出规定。[②]清康熙三十七年（1698），寿州州佐颜伯循在主持修治芍陂塘后，支持塘民制订了"先远后近，日车夜放"的灌溉用水规约。"灌溉季节，由沿塘各水门的门头开启水门，夜间放水，次晨水可到沟稍，然后按先远后近的规定车水灌田。水车应距渠道丈余安放，不准伸至渠中，以保证渠水向下畅流。放水灌溉时，由塘长派员沿渠巡查，以防跑水和查禁违例者。日落停车，夜间放水，循环往复，渠水不竭。所有农田全部灌完后，由门头锁闭斗门，钥匙交公"[③]，实现了灌溉用水"强弱无间，远近齐沾"。清光绪三年（1877），寿州地方制订的《新议条约》有"重祠祀""和绅董""禁牧放""慎启闭""均沾溉""禁废弃""禁取鱼""勤岁修""核夫数""护塘堤""善调停""议罚款""分公私""专责成"等条款。[④]民国二十年（1931）六月，安丰塘周边塘民召开了塘民大会，会议审查通过了《寿县芍陂塘水利规约》，并报请官府备案，印刷成册，发至环塘民户周知。清光绪八年（1882），霍邱县监生陈广庸等向霍邱县堂具呈水门塘公议章程，得到了县堂陈知县的批示并勒石于水门塘畔。[⑤]清光绪三年（1877），霍邱"邑人江南壔倡议筑坝，开沟引长江河水，以溉畈田，民众皆踊跃输将，乐成其事。坝口首濬总沟一次，濬汊沟三，继续濬大小子沟七十余，分设东、中、西三闸，中名守正闸，东名紫云闸，西名瑶池闸。随时蓄洩，合保均沾其利益。初属土筑，遇山洪暴发，易致崩塌。光绪十八年，江南壔与江遐龄、杨学墒易土为石，以期一劳永逸。工竣时名曰'均安坝'，周围五十余里，用水者不下百余户。暵干无虞，成效昭著。光绪二十四年，巡抚王之春批准札饬叶家集通判就近兼管此坝水利，并议定善后章程，官督民办，以垂永久"[⑥]。清光绪二年（1876）三月二十八日，舒城县知县周岩示谕吉家堰堰长兴修水利规约。清光绪二十六年（1900）十一月，合肥西乡曹关塘民众制订了关塘使水规约，报经合肥知县批准并发布告示。民国二十三年（1934）三月，舒城县政府县长翟澍五

①　李少白. 舒城县水利志[M]. 舒城:舒城县水利电力局,1982:61.

②　(清)金宏勋. 乾隆六安州志[M]. 影印本. 台北:成文出版社有限公司,1985.

③　安徽省水利志编纂委员会. 安丰塘志[M]. 合肥:黄山书社,1995:64.

④　(清)夏尚忠. 芍陂纪事[M]. 石印本. 1975.

⑤　(清)县正堂陈示碑[Z]. 存霍邱县水门塘公园大门入口处右侧.

⑥　钟嘉应. 民国霍邱县志[M]. 民国十七年稿本.

再次发布布告，禁止筏、牌损毁堰坝等。[①]

　　皖西地区河流众多，历史上时常因洪水泛滥而造成严重危害。故皖西人还注重整修浚治河道，筑坝建堤，以防止水灾的发生。为确保这些水利堤防工程的安全，也都制订有效的规约以约束时人的行为。民国四年（1915）十二月，霍山县项家桥保董事项在钟、项文蔚等人，为保护该保民众自清嘉道年间沿东淠河岸修筑的鳌山坝、永安坝河堤安全，为"鸿恩赏示勒石事""永垂保护，禁止牛畜践踏，顽民砍伐竹树"等情，呈请霍山县陆知事批准，并立碑勒石示禁。其碑文称："日远年湮，业户烟民，时有物换星移之慨。该坝均系沙底，又非土石，年远日久，水沂浪浸，日渐崩塌，同人等再耐努力，义务勉励从事，大坝前功尽弃。而该坝内人民物产，一遇山洪暴涨，均同莫能保，上负国课，下添生灵。同人等不揣冒昧，枯陈条堤（题），公叩作主，恩赏勒石，以垂永远等诣前来，除批堤坝为田水利攸关，自应切实讲究，该董等公同集议，志在思患预防，以裨公益，洵堪嘉许，所议各条亦尚妥协。应准出示勒石保护，以垂久远，抄粘附文，合函给示勒石，俾垂永久，而便遵行，特示。"[②]还公同订立了七条禁规。到民国二十三年（1934）十月，霍山县县长郭董襄重新颁布禁令，并"勒石以垂久远"[③]。民国四年（1915），霍邱县"邑人以西北滨淮地洼，聚处其中者数千户，屡被淮患，集议兴复堤防。工程艰钜，拟请颁省款协助。知事何继贤，继任者易翔，亟知水利之重，赞成之。嗣由黄道尹家杰莅县会勘，上自三河尖起，下至溜子口止，绵亘一百六十余里，绘具图说。堤岸顶宽一丈，底宽四丈，高一丈，险要绝口皆层加椿木，继增内堤，并改皂沟村保堤线工程，综计需土方不下百余万。经始于民国四年十一月，次年五月将竣，旋遭大水损毁。至六年五月始，一律得臻完固。先后支用省颁工赈款七万有奇。是役也，易翔为总办，邑人蒋开径为会办，襄办者陈国磐、裴景升、邹宗鲁、曾昭孔、钟嘉彦、马祖述，上下分局段长刘勋芳、薛廷桢，皆不避劳怨，董率劝导。滩地按亩出夫无论矣，即岗地在远保者，亦皆不分畛域，出夫以促成此举。迄今变斥卤为膏腴，其利之溥孰甚焉"[④]。为了确保堤防工程的兴筑及

① 舒城县地方志编纂委员会.舒城县志[M].合肥:黄山书社,1995:658.

② 余恒昌.霍山县水利志[M].霍山:霍山县水电局,1991:183-184.

③ 同上:185.

④ 钟嘉应.民国霍邱县志[M].民国十七年稿本.

安全，分别制订有《堤工办法九条》《善后章程二十条》等规约。

第二节 皖西地区水利规约的类型

通过对皖西地区历史上水利规约的考察，可知其主要有告示类的禁止性规约、章程类的责任性规约、合理利用水资源的制度性规约等类型。具体论述如下。

一、禁止性规约

禁止性规约是指地方官府及民间社会制订的约束社会群体行为并明确禁止事项的水利规约。皖西地区水利规约的有关各规条，基本上包括禁止性事项、惩戒性规定和奖赏性措施三个方面。

皖西境内"田多奠陆，厥土涂泥，溉浸尤急"①，历史上皖西民众为此兴修了许多陂塘、堰坝等水利灌溉设施。地方官府应士民所请严厉禁止破坏水利设施的行为。《州邑侯黄公重修芍陂界石记》碑，是明万历十年（1582）寿州知州黄克瓒面对地方豪强占垦陂塘水利屡禁不止，"发愤于越界之人欲尽得而甘心旧矣，又以若辈皆居处衣食其中，视为世业，于是逐新沟以北。迤东而田者，常从善、常田等二十余家得七十五顷；迤西而田者，赵如等十余家得二十余顷。复为水区，沟南旧有小埂岁久湮没，乃益增而高之，以障内田，使小水不得入，且令越界者无所逞"，因此，"书此于石树之界，上界以新沟为准，东起常子方家后贯塘腹，西至娄仁家后"②，严厉打击了豪强们破坏芍陂塘水利的不法行为，确保其蓄水灌溉的效应。霍邱县水门塘又名大业陂，相传是春秋楚令尹孙叔敖所建，但"嗣因历年久远，塘身日渐淤塞，蓄水无多，遇旱即涸。附件豪强，遂群相侵占，夏则栽秧，冬则种麦，几欲尽先贤之遗泽"。乾隆十八年（1753），知县张海勘定四至界址，制订规约并勒石，使"士民尽皆悦服，取具各约保塘长，永远不许争占，甘结详覆，并请立碑永禁"，"自今如有附近豪强仍前越界占种者，是玩梗不率之徒也，罚无赦。至沿塘界堆保无日久，渐就坍颓，是必于每年农隙之时，责成塘长都率附塘居民于塘心淤处开浚，即以塘土

---

① （清）李懋仁. 雍正六安州志[M]. 影印版. 北京:线装书局,2001.

② （明）黄克瓒. 州邑侯黄公重修芍陂界石记[Z]. 碑存寿县安丰塘孙公祠碑廊.

高培界堆，使之屹然在望，不可磨灭，庶几塘日深，界日固"①，有效地确保了水门塘的水利设施安全。《示禁开垦芍陂碑记》是清道光十八年（1838），芍陂塘所在地方官员奉江南总督陶澍及安徽巡抚等官员的批饬所撰，认为其"关系合州水利，未便开垦"，责成"该州州同每岁按季亲巡一次，如有擅自占种者，立即牒州严拿究办，除集提江善长、许廷华等到案讯详外，合即出示勒石永禁。为此示仰附塘绅耆居民人等知悉，所有从前已经陞科田地仍听耕种外，其余淤淀处所现已开种，及未经开种荒地，一概不许栽插。如敢故违，不拘何项人等，许赴州禀究；保地恂隐，一并治罪，决不姑贷，各宜凛遵，切切特示"②。

清光绪十五年（1889），寿州州同宗能徵为保护安丰塘堤坝安全而立"六禁"碑，有"禁侵占官地""禁私放斗门""禁纵放猪羊"③等示禁规条。民国二十三年（1934）三月，舒城县政府发布布告称："条据第四区吉家堰堤工委员会朱世道四呈，以吉家堰座落第四区龙河乡，沟长约七八里，沟口起点之处系在南区山塘河口，田中需水之时，由堰长鸣锣起夫，照田派出，在该河心打坝，衬水流入沟中。而该堰坝常放竹筏树干者，扒开不闭，甚害农田，请出示禁止等情。据此，查打坝衬水，各该处钧有各该处情，嗣后从该河道上游放竹排树木者，经过该处统随开随闭，不得任意而不闭。贻该堰倘敢违，经查明或被告发，立即法办。但该堰负责人民员亦不得故意生端，致滋纷扰。仰各遵照毋违，切切此布。"④禁止在舒城县河道上放竹排树木者开吉家堰坝而不闭，以确保吉家堰引水坝的安全。民国二十年（1931）六月，《寿县芍陂塘水利规约》关于安丰塘工程管理的制度规约，有"塘内不许捕鱼、牧牛、挑挖鱼池、牛尿池、私筑塘坞""塘中罾泊阻碍通源，斗门张鳢害公肥私，应随时查禁""牛群及其他牲畜践踏塘堤，应责成各该牧户随时培补""拦河截坝，堵截水源，立即铲除""斗门涵窨及车沟向有定额，有私开车沟、私添涵门者，应掘去或填平""侵占公地，盗使堤土，应责令退还或培补""培垫塘堤，堵塞破口，须兴大工者，由环塘按伏公派；斗门毁坏或冲决，由该门使水花户修理""斗门尺寸

① （清）张海,薛观光. 乾隆霍邱县志[M]. 影印版. 台北:成文出版社有限公司,1985.

② （清）续瑞. 示禁开垦芍陂碑记[Z]. 碑存寿县安丰塘孙公祠碑廊.

③ （清）宗能徵. 分州宗示[Z]. 碑存寿县安丰塘孙公祠碑廊.

④ 舒城县地方志编纂委员会. 舒城县志[M]. 合肥:黄山书社,1995:658.

均有限制，按伏规定大小，不得放大"①等内容，也是属于禁止性规约。

二、责任性规约

责任性规约是皖西地方社会所制订以明确规范社会群体责任义务与利益的水利规约。清光绪二年（1876）三月二十八日，舒城县知县周岩给示"吉家堰堰长潘庆永知悉，照得水利为农力务，沟、塘、垱、堰为蓄水灌溉禾苗而设之工程，诚恐业佃人等日久玩生，延误要工，除出示谕催、饬差巡查督修外，合再谕饬，谕到立即遵照。迅将里内沟、塘、堰、支河、汊港各循旧章，按田派夫费，挑挖深通所有堤坝、水闸、陡门、涵道，亦即修筑完日，以期蓄溉，保卫田畴。倘有刁顽水户人等，从中阻挠，违抗夫费，并在沟路违例筑坝，截塞水利，或任意安设车埠，强放争殴等弊，许即随时指名禀究。尔等亦不得藉竭苛派，致干并究。仍而将出工等费，开工告竣缘由，造具清册，加具切结，绕限禀呈县覆核，以凭汇报。事关农田重务，慎勿因循延误，凛之切速毋违。特谕"②。此告示无疑明确了吉家堰使水民众的权利与责任义务。光绪初年，任凤颍六泗道的任兰生针对寿州芍陂水利的安全，制订了《新议条约》以维护芍陂的水利秩序，涉及其职责义务有"重祠祀""和绅董""勤岁修""专责成"四条。如"和绅董"规定："凡使水之户，无非各绅董亲邻，各有依傍。该董等务须和同一气，不得私相庇护，致坏塘规"；"勤岁修"规定："每年农暇时，各该管董事须看验宜修补处，起夫修补。即塘堤一律整齐，亦不妨格外筑令坚厚，不得推诿"；"专责成"规定："由老庙集至戈家店，派监生江汇川、戴春荣、王永昌、廪生史崇礼经管；戈家店至五里湾，派文生陈克佐、监生陈克家经管；由五里湾至沙涧铺，派州同邹茂春、廪生周绍典、候选从九邹庆飏经管；由沙涧铺至瓦庙店，派监生邹士雄、童生王国生经管；由瓦庙店至双门铺，派监生李兆瑞、文生李同芳经管；由双门铺至众兴集，派监生黄福基、李鸿渐、王庆昌经管。该门下有梗公者，该管董事约同各董，公同议罚"。③该《新议条约》也都明确了获得芍陂水利的周边士民的责任义务。清光绪二十四年（1898），霍邱县叶家集通判与戚家畈士民制订的《均安坝善后规约十条》，其中涉及均安坝

---

① 安徽省水利志编纂委员会.安丰塘志[M].合肥:黄山书社,1995:60.
② 舒城县地方志编纂委员会.舒城县志[M].合肥:黄山书社,1995:651.
③ （清）夏尚忠.芍陂纪事[M].石印本.1975.

使水责任义务的有"坝宜修整，以期经久，勿坏也"条规定："自光绪十九年，石坝告成，一劳可以永逸。但创始固难，但保守亦非易事。设年久毁坏，再行修培之时，应按用水田亩多寡，业户捐资，佃户派工，一归平允。该户不得推诿阻扰，以致废弛。至平日掩堰堵水，须用草料，按田派草，亦不得延抗不给。违者，公同呈惩"；"沟宜清理以期通畅也"条规定："每岁清明日前，秋收以后，沟有淤塞，亟须随时清理。闸长邀本坝之沟头，沟头邀本沟之人役，按亩派工，先从总沟清理，次即清三汊沟，不得推诿玩视。其崩塌淤塞之土，堆平两旁各户田埂，不得推拦。至子沟七十余道，应各按地段，自田自佃者，本户清之。田与人佃者，佃户清之。亦不得观望懈怠，违者，呈惩"；"遵据以杜狡赖也"条规定："本沟总口沟底，旧系朱咸明、解怀贵、汪荣发三姓地段，光绪二十年经叶家集汛邵千总，情商三姓出卖以成善举。众业户并呈明县署，丈量价买，立有契据。自河口按段到业户沟头为止，宽一丈三尺，永作公沟。其两旁沟埂草木仍归地主砍伐，他人自不许干涉。即三姓附沟田亩，亦得一律用水，至本沟董事以及众业户，清沟用水之时，虽地主亦须从公便，不得藉口阻扰。违者，公同呈惩"；"定界以防侵毁也"条规定："本沟各业户田地，开挖三汊沟及大小子沟，各为身家起见，出于本愿，私产皆为公沟，已成定制。无论历时远近，不得改毁填塞，以致水路不能畅达。再者无知之徒，或以沟连其田，或因由其田塘经过者，用水上下稍不如意，拦沟作埂，復谬称沟系伊田伊塘，令水扞格不通。准许该沟用水之家，先行将埂挖开，后再邀同地保呈惩"。[1] 由上可见均安坝水利工程规约的责任义务之详细全面。光绪二十六年（1900）十一月，合肥西乡关塘使水士民所订立的规约对使水人有"挑塘筑埂为使水之家课命之源，倘年久埂崩或塘淤泥，务要公同商议挑修""如若挑塘，照旧按香多寡起夫。倘有老少不堪充夫者，公议无夫出制钱八十文，及修理塘（涵）等项议派使费，均要和衷共济，违抗者禀究"[2] 二条责任规条进行约束。民国六年（1917），霍邱县制订的《堤工办法九条》对修筑境内淮堤堤工责任规定有："任家沟口、新河上下口，均系宣泄湖水故道。惟任家沟口内低而外高，有时湖水不能外泄，一遇淮水骤涨，反向内灌。今议决将任家沟口仍行堵塞，以免淮水内灌，开放新河上下口，以洩湖水"；"此次修复淮堤分为四段，由临

① 钟嘉应. 民国霍邱县志[M]. 民国十七年稿本.

② 高韵柏. 肥西县水利志[M]. 合肥:安徽人民出版社,1993:137.

水集起至陈寸村止为第一段，又由陈寸村起至茶湖村止为第二段，又由茶湖村起至五庙湾止为第三段，又由五庙湾起至新店铺止为第四段，以便分段照料"；"每段应由沿淮各保董公举一人，充当段长，担任本段内派夫、督工照料各事宜，每月酌给火食公费，以专责成"；"各段内议定出夫，同力合作，其合作保分如左：一由临水集起至陈寸村保止，其决口冲刷处，归临水集、张家塘、尚义村、三河尖、三塔村五保出夫，同力合作。二由陈寸村起至官舟口止，其决口冲刷处，归陈寸村、皂沟村、六庄村、朱寸湾、茶湖村、薛家觜、新河洲七保出夫，同力合作。三由官舟口起至五庙湾止，所有汪家集、龙池店决口，归官舟口、龙池店、汪家集三保出夫，同力合作，其冲刷仍各归各保自决。又下河口、任家沟两保决口暨冲刷甚钜者，归下河口、任家沟、临淮冈三保出夫，同力合作。四由五庙湾起至新店铺止，其平漫处归五庙湾、田家冈、代冲涧、新店铺、尚善村、吉水湾、桑林铺、溜子口八保出夫，同力合作。前项各段民夫作工使土之处，应由各段段长会同各保董於插工时，勘酌土势指挥，就近取土，以免争执"；"民夫应领土方钱，仍照原定章程，按三期分领。由各保保董经手，填写三联总领字，并置署名画押，以备报查"；"全堤凡应行修复决口、平漫暨冲刷甚钜，由公家拨款者，均定于六年一月一日开工，三月底一律告竣。其冲刷甚微，由各保自行担任者，亦限定同日竣工，不准藉故推诿。稍有迟延，均责成各保保董担负完全责任"。[①] 足见其办法对参加修复淮堤堤工的责任义务规定极为明确完备，确保了修复工程的有效展开。

三、制度性规约

为合理利用水资源，防止因争水而出现用水纠纷，约束社会各群体用水、使水的行为，地方社会一般都制订了较为合理的使水用水制度性规约。清雍正十二年（1734），六安州戚家畈下官塘的灌溉用水规则曰："下官塘来水自上官塘，大沟一道相通，使水二十八户，三涵、二沟。满塘之水，高埠先车四日；半塘之水，止车三日。先放高沟，次放低沟，俱照旧例，不得争论。如有私车私放，众姓禀公严究。"[②]《韩陈堰使水碑记》则是清嘉庆十三年（1808）间，署理六安知

---

① 钟嘉应.民国霍邱县志[M].民国十七年稿本.

② （清）金宏勋.乾隆六安州志[M].影印版.台北:成文出版社有限公司,1985.

州沈南春根据韩陈堰用水纠纷的结果而作出严格的规定。[①]清光绪二十二年（1896），霍邱县陈知县应水门塘使水士民的所请而批示道："吉水湾、罗家庙二保乡董塘长及使水农佃人等，一体遵照。凡界外向集水分之户，不准强使塘水；其界内在水分之户，如需用水，亦需禀明塘董等，眼同共放，不得私挖偷开。界内界外有分，将分总以除埂坝闸时曾共同出夫出资，凡所□各恪守向章，不许少有紊乱塘规。倘敢故违滋扰，准该乡董塘长等指名具姓，报县公禀，以凭提讯究治。各禀巡成达，切切时示。"[②]此即是对水门塘士民原先所制订灌溉用水规约的重申。光绪三年（1877），寿州的《新议条约》对确保芍陂灌溉用水有"慎启闭""均沾溉""分公私""禁废弃""善调停"五条制度性规约，[③]体现了芍陂塘"均沾溉"的用水原则；针对芍陂塘在灌溉放水期间可能出现的问题，"规定斗门启闭之前'约同照知'，渠长田多的斗门先启迟闭；渠短田少的斗门后启先闭。若有干旱或塘水少时，采用就近舍远的办法，使有限水量获得最大水利效益。对违反条约，或知情不报、私相庇护者，一律秉公议罚"[④]。

第三节　皖西水利规约条规的分析

皖西地区历史上制订的水利规约，一般经过所在地的士绅进行议集，形成较为详尽的书面文字材料，并告所在地民众周知，而后报请地方官府批准，予以印钤告示。或者是地方官府根据地方水利纠纷处理的结果，直接发布告示禁令。就其传播的载体而言，有纸质、木质和石质形式。纸质规约一般记载于地方志书、宗族的族谱或专门的书簿；木质规约一般悬挂于宗祠墙壁或其他较为显眼的地方；石质规约（通常称之为"示禁碑"）是镌刻勒石竖立于田间街头或嵌入庙宇、祠堂的墙壁，一般保存期限较长。

一、确保用水权益不被侵夺

在中国传统社会，水利资源一般是归国家（王朝）所有，对其进行处分是

① （清）李蔚,王峻,吴康霖.同治六安州志[M].影印版.南京:江苏古籍出版社,1998.

② （清）县正堂陈示[Z].碑立于霍邱县水门塘公园大门处右侧.

③ （清）夏尚忠.芍陂纪事[M].石印本.1975.

④ 安徽省水利志编纂委员会.安丰塘志[M].合肥:黄山书社,1995:64.

国家（王朝）公权力的范畴。百姓大众仅拥有合法的水资源使用权即水权。皖西地方社会用水权益的取得主要是"基于水利资源的先占、长期利用水利资源形成的惯例、地方社会情理等原因"①。如六安州南乡韩陈堰是"自乾隆四年，派夫出费重修。凡有水分之家印册存案，并赤契注明韩陈堰使水字样。其堰上流不得打坝，无水分者，不准使水，历年无异"②，可见该堰塘使水权的取得是利用水利资源形成的惯例即水权习惯，其"水权习惯表现形式是使水印册、赤契，因派夫出费参与韩陈堰的重修，而获得了使水权"③。到嘉庆十三年（1808），情况发生改变，"突今四月，有朱谋贤、许明乐、蒋启盛并无水分，恃强打坝，经堰头秦隆山、周维其具禀差押毁坝，谋贤等屡抗不遵，复经乡地原差具禀移送军主讯究，谋贤自知情亏，愿具永不打坝，切结恳免究惩"。所以当时署理六安知州沈南春"为此示该保乡地并业户人等知悉，自示之后，务各照依契据注有韩陈堰使水字样，方准在堰使水。其堰上流亦不准并无水分之户打坝阻截，致滋讼端。倘敢不遵，许堰头乡地并业户人等，指名赴州具禀，以凭严究，各宜恪遵，毋违特示"④，确保了业户们的用水权益。霍邱县南乡叶家集官民制订的《均安坝善后章程》的"约法以劝义举也"规条就是对用水权益的明确规定："本沟创办之时，乐从捐输者，皆有名目、姓氏、田亩，注册在卷，同自用水无禁。即年湮代远，田归异姓管业，水路仍照旧章，毋得异议。再有刘永清愿捐沟口水沟一道，计地三分九厘，实为咽喉之所，水利由此而开。嗣后沟凡可通润刘永清之田，务使通润，勿阻好义急公之户，庶知所勤焉。违者，须指名呈惩。"⑤可见只有参与堰坝兴筑及捐助者，才能够获得均安坝的水利灌溉权益。在进行田产买卖交易时，契约中也要明确写明灌溉取水情况。如舒城县"俗田产买卖，契约内必注明登用某堰之水，始有用水权，其使用之范围一依该田旧有之用水权为标准"⑥。清光绪二十六年（1900）合肥西乡与六安、舒城交界处的关塘（今肥西县丰乐镇曹关塘村）使水规约对买卖田产的用水权规定："使水之家历照香帐为据，倘有附近之徒出卖田地，谬指该塘有份，

①　关传友. 皖西地区历史上的水利纠纷与社会应对[J]. 皖西学院学报,2015(6):38-46.

②　(清)李蔚,王峻,吴康霖. 同治六安州志[M]. 影印版. 南京:江苏古籍出版社,1998.

③　同①.

④　同②.

⑤　钟嘉应. 民国霍邱县志[M]. 民国十七年稿本.

⑥　胡旭晟,夏新华,李交发. 民事习惯调查报告录[M]. 北京:中国政法大学出版社,1998:187.

希图高价，买主认以为真，将契投税，及事后知已被蒙，虽不敢车放，然契已奉印，一经年久，执事皆非旧人，何能辩出真伪？须防于先，无患于后。凡遇买卖顶当，必须凭同塘长、小甲人等，随即登帐为凭，若有瞒众不知，即以私造论。"[①]规定除契约注明外，还需使水塘长知道并登帐。

二、规定严格的用水许可

皖西地区水利规约以当地情况为基础，并考虑曾经出现的各种水利纠纷、水利利益，明确有权利获得水资源的得利用户，给出保障用水的严格规定。清乾隆四十七年（1782）三月，发生舒城县民罗四等因扒坝放水被阻伤毙刘得仓一案，经舒城县衙审理后规定："白露沟与猪漕沟分为上下两荡，下荡之田赖上荡河水灌溉，如遇旱年上荡筑坝堵水，则下荡无水引放，必起争端。饬勒石永禁，该处河水务使上下流通，以资灌溉，毋许筑坝堵截，有碍水利，以杜争执。"[②]光绪年间，霍邱县《均安坝善后章程》对用水业户制订有严格的使水规约。如"按地利以定用水之规也"规条："由总沟分三汊沟，分各子沟，引水灌田之日，务使水达沟末，而后依次用水。田低可以放之，田高不能放水者，听其驾车运水。概不准恃强凌弱，擅在上游截水，以致下游之用水之家，竟成向隅之叹。违者，呈惩"；"按天时以定车水之规也"规条："遇其亢旱日久，河水不能进沟，须于总沟口驾车引水。由闸长督各旗长，按旗派水，以免劳逸之弊，不得避廻懈弛。至各用水之户，亦须俟水达沟末，自上及下，依次车水。灌口不得争水乱车，滋生事端。违者，呈惩"；"严闸之启闭以利用也"规条："每逢车水放水之时，以水至总沟与东、中、西三汊沟交界处为准。东沟地势稍高，先让东沟进水，随将中、西二闸口紧闭；次中沟进水，将东、西二闸口紧闭；末西沟进水，将东、中二闸口紧闭。首次水未遍者，二次、三次，不得任意开闸。分彼应进之水，二次、三次亦然。倘有截水、偷水及擅启闸板者，均以抗公论，本沟首事人公同呈惩"；"视水之缓急以制宜也"规条："插秧救禾，灌塘灌圩，时分先后。倘天时亢旱，河水不敷，由闸长、沟头、地保验水派亩，或十分灌其三四，或灌其五六不等。至平时，插秧救禾，田畴足用之余，皆属闲水，然后仍各户灌塘灌圩。不

---

① 高韵柏.肥西县水利志[M].合肥:安徽人民出版社,1993:137.

② 中国第一历史档案馆藏.题为审理舒城县民罗四因放水纠纷殴伤刘得仓身死一案依律拟绞监候请旨事》[R].乾隆四十七年十二月初八日,刑科题本,档案号:02-01-07-07676-010,缩微号:02-01-07-207-547-2708.

得利己损人，以缓误急。违者，公同呈惩"。① 上述四条规约无疑针对均安坝灌溉水利利用中可能出现的各种情况都作了明确而严格的规定，能够有效确保该坝的水利秩序。明宣德年间，舒城知县刘显修复七门堰，"为荡十有五，又分闲忙，定引水例，董以堰长，民至今遵行之（上五荡引忙水，自四月朔起。下十荡引闲水，自八月朔起）"②。清光绪二十六年，合肥西乡关塘使水规约对使用该塘水实行"按亩派香""按香车放"的用水规则，并有"南边塘下地低，各田坐落塘南，接连长远，由（涵）达沟按香车放，使用或多或寡，照料非易。塘上各田水可滂及者名曰滂田，始可使浮水。凡与滂田毗连者，不得藉此滂田妄生觊觎。其余塘边田地毗连者，多高低有别，塘水滂不及者不许妄争"的详细规定，而"凡使浮水及滂田之家，须凭塘长等兼理，不许私车，违抗者禀究"。③ 此规定主要是防止出现用水纷争，确保了该塘的使水用水秩序。

三、制订严厉的监管措施

皖西地区水利规约对水利工程的管理，都制订了极为严厉的多层监管措施。寿州芍陂塘在明清时期塘务管理人员主要有董事、塘长、门头（门长）、门夫等。芍陂塘的"董事之名由来已久"，其职责是"兼司水利，上劳官府；该管埂堤，下劳塘长；谨守门闸，分劳门头；趋事赴功，众劳夫役；在官差遣，兼劳胥吏；但官与民，势分相隔；联络上下，全恃绅衿"④。董事一般由数名地方士绅充任，主要负责议定芍陂工程的维修，监督并执行各项塘规。光绪三年（1877年）的《新议条约》规定设有16名董事，分段管理六个片区。安丰塘一般"每年春秋两季召开董事会例会，遇有重大事项，先由董事议定，或呈报官府批准，分头监督塘长执行"⑤。塘长设有数人，其职责是专管塘务，分段执行各项塘规。门头（门长）是"各门按亩派夫，十夫之中轮拔一名，名曰门头，注册送官轮流滚作""凡遇工程值年，门头接信，塘长即催人夫，齐至公所，众夫力作"⑥。门头受塘长管辖，主要"负责看管放水口门和闸门的启闭及更换，

① 钟嘉应. 民国霍邱县志[M]. 民国十七年稿本.

② （清）吕林钟，孙澐泽. 光绪续修舒城县志[M]. 影印版. 南京:江苏古籍出版社,1998.

③ 高韵柏. 肥西县水利志[M]. 合肥:安徽人民出版社,1993:136-137.

④ （清）夏尚忠. 芍陂纪事[M]. 石印本. 1975年.

⑤ 安徽省水利志编纂委员会. 安丰塘志[M]. 合肥:黄山书社,1995:58.

⑥ 同④.

协助塘长督办岁修"[1]。门夫则是芍陂塘受益民众按照受益田亩的数量折算为"夫"的,主要是参与岁修和日常维护。霍邱县的均安坝设有闸长、沟头等管理人员,其"择人以任首事也"条规定:"闸长、沟头诸人,务须择公直勤慎者为之。每年管理水路,未免烦劳,各户耕田一石,出稻半升,以为派及薪劳之费。不需额外需,而各业户、佃户不得惜此小费,而碍大局。至闸长司全沟闸板之启闭,沟头验本沟水利之偏否。每当行水时,不得畏强御,不得贪私贿,不得徇情面,不得以私怨废公,不得以懦误公,不得以懈怠弃公,随时巡查,毋得疏忽偏执。违者,呈官革除。"[2]清合肥西乡关塘设立了五名塘长和一名小甲管理,制订的规约中有"该塘长等亦须照章经理,不得高下其手。如有违章,藉端妄争,一经禀控,定即提究不贷"[3]的规定,以防止塘长徇私舞弊而出现争端。民国六年(1917),霍邱县在修治淮河大堤后,制订的《善后章程二十条》规定:"县属淮堤既荷省长拨款修复,所有修复一切善后事宜,自应责由地方担负。淮堤线绵长,不得不分段分保公相保守,以专责成";"沿淮有堤各保,分属于西一、西三、北一,三区之内。自此次修复后,应按三区所属保,分划为三大段,以资统率。其应分段落如左:一由临水集起至六庄村止,属西三区,为第一段;二由朱寸湾起至官舟口止,属西一区,为第二段;三由汪家集起至新店铺止,属北一区,为第三段";"每段设总董一人,每保设堤董一人或二人,副堤董二人";"每段总董一人,即以该区团总兼充;每保堤董即以该保保董兼充,其副董二人由堤董会同总董,另行公举。均由知事加以委任,以专责成";"凡关于沿淮全堤应行一切事宜,皆由该三段总董统筹计画,督促进行";"凡关于各保淮堤应行一切事宜,均由各保堤董督率指挥,完全负责";"沿淮之堤属于某保界内者,即责成某保出夫看守。其出夫人数,应由堤董、副堤董按照保内堤线之长短,或按地亩、或按居户,酌量情形,秉公分派。总以出夫人数足敷分配,看守界内淮堤为限";"薛家嘴、新河洲、临淮冈三保界内,虽无淮堤,而确系受堤益保分,因距堤稍远,除寻常看守不负责任外,遇有水势吃紧,或岁修时,均得出夫协助前项。协助地点应由本段总董择紧要处所派之";"各保内堤长若干里,应由堤董、副堤董酌量分为数小段,并于段内

---

① 安徽省水利志编纂委员会. 安丰塘志[M]. 合肥:黄山书社,1995:58.

② 钟嘉应. 民国霍邱县志[M]. 民国十七年稿本.

③ 高韵柏. 肥西县水利志[M]. 合肥:安徽人民出版社,1993:137.

派一牌长，以便分段照料，督夫看守。所有牌长、民夫姓名，应先行造册，送县备案"。[①]可见其监管措施之详细完备。

四、明确严格的奖罚措施

水利规约中的处罚性措施是为了保证所订立的规条能够得到很好的执行而制订的，一旦有人违犯了这些规定，即会遭受轻重不同的惩罚；举报者和保护水利工程设施有功人员则可以得到规定的奖励，这也是水利规约的主要内容。皖西地方社会为了进一步保障所立规约内容的落实，制订了强制性的惩罚和奖励措施。清道光十八年（1838），凤阳府知府舒孟龄给寿州安丰塘立禁止垦种占塘告示碑云："如有擅自占种者，立即牒州严拿究办""保地徇隐，一并治罪，决不姑贷"[②]，表明了对违反禁示规约者的严厉处罚。光绪三年（1877），寿州芍陂《新议条约》对违反水利规约者，都有"议罚""禀究"之词，还有"议罚款"专条处罚。其曰："凡应行议罚各款，如有不遵，共同禀官差提究治，仍从重议罚。其有绅衿作梗者，禀官照平民倍罚。罚出之款，交孙公祠公同存放，以备塘务之用，每年春秋二祭时，各董会集核算，以免侵渔。"[③]光绪二十四年（1898），霍邱县叶家集通判与戚家畈士民共同订立的《均安坝善后规约十条》中，对违反规约者有"公同呈惩""指名呈惩""呈官革除"之词。清光绪合肥西乡关塘规约有"倘遇妄争水分，横蛮乡野，难以辩明，若经使用，务要公同照香多寡派费，如有违抗者禀究""倘有偷窃放水者，查明轻则罚出夫费壹百名，以备挑塘，重则禀究"[④]等严厉处罚措施。民国霍邱县修筑淮河大堤的《善后章程二十条》也有明确的奖罚规条。如"各段牌长及轮值民夫，如有急于看护，或遇紧急，而不及时报告堤董，致堤有冲决，应责成该段民夫及牌长赔补"；"不轮值民夫及协助保分保董民夫，遇有应行协助时，不应堤董或总董之招集，应指名呈请罚办。若因不应招集，致堤有冲决，除惩戒外，并分任培补之责"；"各保堤董、副堤董对于各保民夫或协助民夫，均有指挥纠察之责。如遇吃紧之时，并得沿堤亲自督率。或瞻徇敷衍，致堤有冲决，应归堤董、副堤

---

①　钟嘉应.民国霍邱县志[M].民国十七年稿本.

②　(清)续瑞.示禁开垦芍陂碑记[Z].碑存寿县安丰塘孙公祠碑廊.

③　(清)夏尚忠.芍陂纪事[M].石印本.1975.

④　高韵柏.肥西县水利志[M].合肥:安徽人民出版社,1993:137.

董担负责任"。[1] 对违反规约者，分别不同人员、不同情况给予严厉处罚，可见以上各规条规定的惩罚力度之大。民国二十三年（1934）十月十日，霍山县县长郭董襄颁布禁令，并"勒石以垂久远"，保护淠河岸的永安、鳌山、东岳庙三堤坝安全，有"三坝现有竹木不知何人所种，从本年起一律划归公有，私人不许砍伐，以固堤防。倘有私伐大树一株，罚银十元；小树一株，罚银五元。砍伐竹一根，大者罚银二元，小者半元。归水利工程委员会存储，以作培补之用"；"不拘新堤旧堤，禁止牛马踩踏。初次犯者，罚银五元；再犯者，罚银十元；三次则将牲畜充公，由水利工程委员会变价，仍归岁修堤埂之用"；"堤埂被暴雨所打，或经大雨所冲，露有裂痕，附近居民应飞报水利工程委员会征工修补。若果知而不报，致令溃堤，事后查出，每民罚苦力工一百个，或处有期徒刑"；"附近居民，或行路之人，若发觉有人在堤上砍竹，或伐树，或放牛马，速来水利工程委员会报告，准由会酌给五角至二元之赏金"。[2] 以上对违反四条规者分别处以充公、罚款、罚苦力以及有期徒刑，对举报违反规约者，给予一定的奖赏金额。

第四节　皖西水利规约的评价

任何一项社会制度的产生都具有一定的社会背景，水利规约是地方官府和地方社会治理水利的重要体现。皖西地区历史上水利规约的产生也是如此，有着一定的历史原因，其主要原因包括有效应对水事纠纷和及时维护水利工程。这些水利规约是国家法与民间习惯法相互调适和互补的结果。故此，皖西地区水利规约是地方官府与民间社会基于"亡羊后补牢"和"防患于未然"的目的，为确保水利资源的有效合理利用，保障农业生产的持续发展，而制订的较为严格的用水许可和保护水利工程设施的规约以及较为严厉的监管制度，以此约束水利社会各群体的行为，从而使得水利资源得到较为稳妥的合理配置。

所谓"亡羊后补牢"，就是在平息水利纠纷之后，皖西地方社会制订以防止此类纠纷再次出现的水利规约，如前述的寿县安丰塘的明代《州邑侯黄公重修

---

① 钟嘉应.民国霍邱县志[M]..民国十七年稿本.

② 余恒昌.霍山县水利志[M].霍山:霍山县水电局,1991:185.

芍陂界石记》碑、清代《示禁开垦芍陂碑记》，六安州的《戚家畈下官塘记》
《韩陈堰使水碑记》，霍邱县的《清理水门塘界碑记》等。

所谓"防患于未然"，就是皖西地方社会针对可能出现的某些射利之徒破坏
水利设施以获取私利的行为，加以有效防范而制订的水利规约。诚如合肥西乡
关塘规约制订者在向官府呈文称："虽有旧章，总属私议。今当农隙之时，公拟
起费集工兴修，与其后有纷争，孰若先请示谕，以防患未然。为此粘呈使水帐
目及旧章，公叩赏示等情到县""除批示外，合行给示勒石"。[①]寿县芍陂塘的
《新议条约》、霍邱县的《均安坝善后章程》、淮河大堤的《善后章程二十条》等
均包含此类规约。

从本质上而言，皖西地区水利规约是地方社会各群体针对地方社会治理的
实践，因地制宜地制订一些规范约束地方社会各群体有效合理利用水利的行
为，是维护地方水利秩序的一种习惯法，其"乃是这样的一套地方性规范，它
是在乡民长期的生活与劳作过程中逐渐形成；它被用来分配乡民之间的权利、
义务，调整和解决他们之间的利益冲突，并且主要在一套关系网络中被予以实
施"[②]。它是皖西地方社会以规约的方式来对地方水利利用的权利与义务进行分
配和调整，并在水利利用的实践活动中有效实施，从而实现对地方社会的控制
和调节。

水利资源毫无疑问属于社会公共资源，水利规约就是一种确保公共资源合
理配置和利用的有效办法。美国著名的政治学家、公共行政学家埃莉诺·奥斯
特罗姆在研究了大量的公共池塘资源案例之后，提出了治理公共事务的集体行
动制度理论。她指出当所制定的制度符合下列五项原则时，"人们就会作出谨
慎、有利和可信的承诺"，即"规定有权使用公共池塘资源的一组占用者；考虑
公共池塘资源的特殊性质和公共池塘资源占有者所在社群的特殊性质；全部规
则或至少部分规则由当地的占用者设计；规则的执行情况由对当地占用者负责
的人进行监督；采用分级惩罚对违规者进行制裁"。[③]水利规约的制定毫无疑问
就是应对公共事务的集体行动结果。皖西地区历史上存在的水利规约，在解决
现代社会的水利纠纷中仍具有一定的借鉴作用。

① 高韵柏. 肥西县水利志[M]. 合肥:安徽人民出版社,1993:137.

② 梁治平. 清代习惯法:社会与国家[M]. 北京:中国政法大学出版社,1996:1.

③ (美)埃莉诺·奥斯特罗姆. 公共事物的治理之道——集体行动制度的演进[M]. 余迅达,陈旭东,译. 上海:
三联书店,2000:278.

第六章 皖西地区历史上著名水利工程考述

皖西地区历史上兴建了许多著名水利工程，对皖西地区的农业生产发挥了极其重要的作用。至今仍能发挥水利效应的著名工程有安丰塘（芍陂）、七门堰、大业陂、蔡城塘等，本章对此进行考述。

第一节 安丰塘（芍陂）

安丰塘原名芍陂，位于皖西地区寿县城东南30公里处，是我国古代四座大型人工水利灌溉工程之一（另三座分别是都江堰、郑国渠、漳河渠），为春秋时期楚国令尹孙叔敖始建，在2 600余年后的今天，仍发挥着灌溉作用，并形成了以芍陂水利工程为核心的芍陂（安丰塘）及灌区农业系统，包含着区域水系、农业生态、田园景观、水神祭祀、灌溉管理等内涵丰富的灌溉农业文化遗产。

安丰塘现为国家重点文物保护单位。2015年10月12日，在国际灌排委员会于法国蒙彼利埃召开的第66届国际执行理事会全体会议上，芍陂成功入选2015年的世界灌溉工程遗产名单。2015年，寿县芍陂（安丰塘）灌区农业系统也被国家农业部公布为第三批中国重要农业文化遗产。

烟波浩渺的寿县安丰塘(芍陂)(韩贤智摄)

一、芍陂塘的创建

芍陂（安丰塘）以南是岗丘连绵的江淮分水岭，塘以北至淮河南岸是平原。这一区域雨量充沛，但年内分布不均，导致了安丰塘周边地区"夏秋多雨即呈涝灾，少雨季节又现旱灾"的现象。春秋时楚国令尹孙叔敖利用这一带有利的地形和水源条件，选择较为低洼的地方，兴建了芍陂蓄水灌溉工程，最终形成了一个"陂径百里，灌田万顷"的人工水利生态系统。芍陂之名，首见于《汉书·地理志》[①]。它因渒水入陂，水经白芍亭东，故名为芍陂。《水经注·肥水》谓：肥水"又东北径白芍亭东，积而为湖，谓之芍陂"[②]。文献中提及的白芍应是当地一种经济作物莘荠，东汉许慎《说文解字》云："芍，凫茈也。"清段玉裁注云："今人谓莘荠，即凫茈之转语。"郭璞云："苗似龙须，根可食，黑色，是也。"莘荠家种红而野生白，白芍即野莘荠，古代为救荒妙品，江淮地区所在多有，是地方著名的农特产品。陂塘边浅处为凫茈滋生之地。此陂生长凫茈繁多，故以芍为名称芍陂。当代水利史家姚汉源先生认为其得名是"沟"义，《说文解字》训为"激水声也"，芍陂（或"沟陂"）因古有取水灌田之利而名。[③] 隋代安丰县移至芍陂西北堤下，故唐代始称芍陂为安丰塘。《旧唐书·地理志》在"寿州安丰县"下记载："（安丰）县界有芍陂，灌田万顷，号安丰塘。"[④] 可见安丰塘是因所在行政地区而得名的，故在唐代以后，芍陂与安丰塘两名并用，近现代则多称安丰塘，如安丰塘镇。芍陂建成后，农业因灌溉而增产，以寿春为中心的淮南地区成为楚国东扩后的经济中心，寿春也因芍陂灌区的经济发展和交通便利而兴盛，从此"人赖其利，境内丰给"，自战国至汉代一直是全国最繁华的六大商业都会之一，以至楚国考烈王将都城迁至寿春（前241）。唐人樊殉在《绛岩湖记》中称"昔叔敖芍陂能张楚国"[⑤]就是对芍陂创建之初水利作用的较为精准的评价。故晋伏滔在《正淮论》中描述：寿春是"南引荆汝之利，东连三吴之富，北接梁宋平涂不过七百，西援陈许水陆不出千

① （汉）班固.汉书[M].北京:中华书局,2006.

② 陈桥驿.水经注校证[M].北京:中华书局,2007:749.

③ 姚汉源.泄水入芍陂试释——读〈水经注〉札记[A]//中国水利学会水利史研究会.芍陂水利史论文集[C].198:5.

④ （后晋）刘昫,赵莹.旧唐书[M].北京:中华书局,1977.

⑤ （清）董诰.全唐文[M].北京:中华书局,1982.

里，外有江湖之阻，内保淮肥之固。龙泉之陂，良畴万顷"[1]。

关于芍陂工程的创建问题，二十世纪七八十年代，中国史学界进行了深入的研究探讨。以金家年先生为代表的诸多学者充分肯定了芍陂是春秋时期楚国令尹孙叔敖所创建的传统说法，主要有金家年的《芍陂得名及水源变化的初步考察》（《安徽大学学报（社科版）》1978年第4期）和《芍陂工程的历史变迁》（《安徽大学学报（社科版）》1979年第1期），刘和惠的《孙叔敖始创芍陂考》（《社会科学战线》1982年第2期），程涛平的《楚水利工程芍陂考辨》（《中国史研究》1988年第2期），孙剑鸣的《关于芍陂（安丰塘）始建时期的问题》（《芍陂水利史论文集》1988年），郑肇经的《关于芍陂创始问题的探讨》（《中国农史》1982年第2期），许芝祥的《芍陂工程的历史演变及其与社会经济的关系》（《中国农史》1984年第4期）等。而何浩、徐义生、石泉、徐士传等对此提出怀疑，认为楚国控制芍陂所在地区的时间段与孙叔敖任令尹的时间不符，并提出了子思创建芍陂的观点。[2]但因年代久远，文献记载简略而又相互抵牾，加之缺乏考古的实物佐证，仅凭文献记载理清芍陂创建历史是十分困难的。武汉大学李可可等从孙叔敖任楚令尹的时间、楚国东扩的史实、楚庄王时期前后楚国和芍陂所在地区的经济发展状况及其对水利工程的要求以及芍陂水利对当地经济社会发展的推动作用等几个方面，进行了综合分析，论证出芍陂应为楚庄王时期楚令尹孙叔敖主持创建。[3]故本书作者认同传统之说。

二、芍陂的水源

《光绪寿州志》记载寿州芍陂水源有三：淠水、龙穴山水、肥水。淠水是芍陂首受之水源。《汉书·地理志》记庐江郡所属灊县云："天柱山在南，有祠。沘山，沘水所出，北至寿春入芍陂。"[4]沘，后世或书作淠，沘水、淠水，即今淠水。《汉书》所记较为简略，沘水具体流经地区等情，一无所载。由此可知在

① （唐）房玄龄．晋书[M]．北京:中华书局,2006．

② 何浩．楚国的两大水利工程——期思陂与芍陂考略[A]//湖北省社会科学院历史研究所．楚文化新探[M]．武汉:湖北人民出版社,1981;徐义生．关于楚相孙叔敖的期思陂与芍陂[J]．安徽大学学报,1979(4);石泉．关于芍陂（安丰塘）和期思——雩娄灌区（期思陂）始建问题的一些看法[A]//石泉．古代荆楚地理新探·续集[M]．武汉:武汉大学出版社,2004;徐士传．孙叔敖造芍陂是附会之谈[J]．农业考古,1987(2)．

③ 李可可,王友奎．芍陂创建问题再探[J]．中国水利,2011(10):67-70．

④ （汉）班固．汉书[M]．北京:中华书局,2006．

两汉时期，沘（淠）水为芍陂水源。南朝时期，淠水水道已被淤塞。《宋书》载："芍陂良田万余顷，堤堨久坏，秋夏常苦旱。义欣遣咨议参军殷肃循行修理。有旧沟引淠水入陂，不治积久，树木榛塞。肃伐木开榛，水得通注，旱患由是得除。"[1] 可见，淠水是芍陂早期水源毫无疑问。《水经注》称："淠水又西北分为二水，芍陂出焉。"淠水在经过六安故城西后，继续西北行，并于寿县五门亭南分为二支，其中有一支通过子午渠入芍陂。[2] 而且子午渠为人工渠道，其开凿者极有可能就是芍陂始建者孙叔敖。[3] 三国魏齐王曹芳正始二年（241）四月，吴将全琮"略淮南，决芍陂"。胡三省注《资治通鉴》载此事时引《华夷对境图》曰："芍陂周回二百二十四里，与阳泉、大业并孙叔敖所作，开沟引淠水，为子午渠，开六门，灌田万顷。"[4] 淠水入芍陂子午渠的位置，据明寿州知州黄克缵清理芍陂占垦后所立石的碑铭云："芍陂作于楚令尹孙叔敖，历汉唐宋元，至今遗迹犹存，上引六安孙家湾及朱灰塘二水入塘，灌田万顷。"[5] 朱灰塘水是芍陂另一水源——龙穴山水，孙家湾水则为《水经注》所说的淠水在六安故城"西北分为二水"之一支且入陂的淠水。清乾嘉时期的夏尚忠曾对孙家湾水道作过考查，故道自六安北二十里孙家湾始，经木厂铺至谢铺附近，与朱灰革南来之水汇合，直达贤姑墩，流入芍陂。但木厂铺为自南向北延伸的岗地，"铺居高处，东西皆低"[6]。水流穿越此岗地的河道，很显然是一人工渠道，可能是孙叔敖始创芍陂时的一项关键性工程。但木厂铺地势较高，泥沙极易淤淀，因入陂河道长，若得不到有效疏浚，河道就被淤积埋塞。[7] 所以南朝宋刘义欣"引淠水入陂"的"旧沟"，就是这条起于孙家湾、汇于两河口的"所谓首受淠水"之子午渠。

北宋仁宗明道年间（1032—1033），张旨知安丰县，"浚淠河三十里，疏泄支流注芍陂，为斗门，溉田数万顷，外筑堤以备水患"[8]。张旨主要是疏浚入陂的淠水支流，也就是人工水道子午渠，目的就是引水入陂。到仁宗庆历二年

① （梁）沈约. 宋书[M]. 北京：中华书局，1974.
② 金家年. 芍陂得名及水源变化的初步考察[J]. 安徽大学学报（哲学社会科学版），1978（4）：67-71.
③ 陈业新. 历史时期芍陂水源变迁的初步考察[J]. 安徽史学，2013（6）：92-105.
④ （宋）司马光. 资治通鉴[M].（元）胡三省，注. 北京：中华书局，1956.
⑤ （明）黄克缵. 安丰塘积水界石记[Z]. 碑存寿县安丰塘孙公祠碑廊.
⑥ （清）夏尚忠. 芍陂纪事[M]. 石印本. 1975.
⑦ 刘和惠. 芍陂史上几个问题的考察[J]. 安徽史学，1988（1）：19-22.
⑧ （元）脱脱，欧阳玄. 宋史[M]. 北京：中华书局，1977.

（1042），引水河道再次淤塞，寿州知州宋祁向朝廷上《乞开治淠河》疏，请求疏浚淠河水源。据明代王袆《大事记续编》，宋祁的奏疏获朝廷允准，并于庆历四年（1044）"通开陶（淘）子午渠灌陂"①。

疏浚措施仅能缓解一时，但不能解决根本问题。经历了南宋一百多年的战乱时期，芍陂引淠河道势必湮塞。南宋嘉定年间，出任安丰军通判的黄榦在其奏疏中说："（芍陂）四旁往往多被豪民填塞侵耕。其水源来自六安，又为六安县民决豁为沟渠，散漫四出，水利之溥已不若旧。"②元人虞集在给元福州总管刘济所写墓碑中称：至元二十四年（1287），刘济"以二千人与十将之士屯田芍陂，取谷二十余万，筑堤三百二十里，建水门、水闸二十余所，以备蓄泄。凿大渠自南塘抵正阳，凡四十余里，以通传输"③。文中未提及疏浚淠源渠。二例说明其在南宋后期就已经完全湮没废弃。到明代，文献对此已经缺乏明确记载。刘和惠先生认为迟至明代中期，淠水流入芍陂故道已完全湮废。④陈业新先生则认为在明前期的成化年间，该河道就因淤塞而废弃。⑤显然二人所述较为保守。明清虽有人提出重新引淠入陂的问题，但涉及跨政区及工程量浩繁，最后都不了了之。

自南宋以后，芍陂水源仅有龙穴山的山源河。山源河又称蔡河、三元河，发源于六安城区南部望城岗小华山至东部龙穴山一带江淮分水岭地区，属六安州（县）所辖。龙穴山为六安州（县）与合肥县毗连的界山，仅东部属合肥县管辖。据清夏尚忠《芍陂纪事》卷上《芍陂来源图》所载，作为芍陂水源的山源河，除汇集龙穴山水外，还有来自望城冈（岗）、小华山、何家冈（岗）、元（玄）武墩、先生店、彭山、大潜山等诸多山岗的来水，至少有6条小河流。这些小河"由南向北，细流归集于大桥畈，北流经双桥集（古名朱灰革）至两河口汇淠源河，再北流众兴集、双门铺至瓦庙店入安丰塘。山源河全长36公里，积水面积390平方公里"⑥，但其流域面积有限，造成其汇水量较少，使得安丰塘获取补充水源难以保障。文献中所见最早提到芍陂龙穴山水源的，是上引宋

① （明）王袆. 大事记续编[M]. 影印本. 上海：古籍出版社，1987.

② （宋）黄榦. 斋勉集[M]. 影印本. 上海：古籍出版社，1987.

③ （元）虞集. 道园学古录[M]. 北京：商务印书馆，1937.

④ 刘和惠. 芍陂史上几个问题的考察[J]. 安徽史学，1988（1）：19-22.

⑤ 陈业新. 历史时期芍陂水源变迁的初步考察[J]. 安徽史学，2013（6）：92-105.

⑥ 安徽省水利志编纂委员会. 安丰塘志[M]. 合肥：黄山书社，1995：29.

祁奏疏《乞开治淠河》："安丰县有芍陂，自古所传元（原）引龙穴山水及淠河水入陂"，但"近年多被泥沙淤淀，陂池地渐高，蓄水转少，龙穴山一脉水源既小，今来只藉淠河注水入陂"。①明清时期六安州和寿州民众围绕着山源河的用水问题隐藏着很深的矛盾，寿州、六安州民众之间纷争不息。

　　肥水不是芍陂的水源在现代看来不成问题，但历史上文献记载较多，抵牾也较多。金家年先生赞成肥水是芍陂水源说，②刘和惠先生反对肥水是芍陂水源说，③陈业新则将二人之说折中，得出在《水经注》时期的北魏以前是补充水源，北魏之后则不是的结论。④二十世纪八九十年代，寿县在编写《安丰塘志》时进行了实地调查，得出肥水不是芍陂水源的结论。⑤作者认为这是正确的结论，不再赘述。

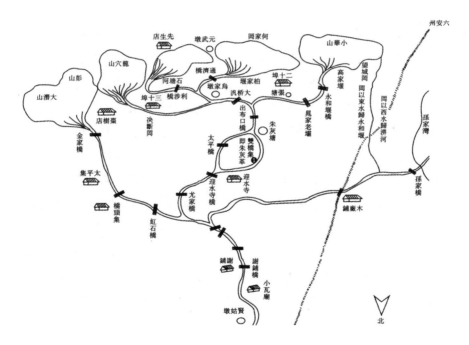

芍陂水源示意图（《芍陂纪事》）

① （宋）宋祁．景文集[M]．影印本．上海：古籍出版社，1987．
② 金家年．芍陂得名及水源变化的初步考察[J]．安徽大学学报（哲学社会科学版），1978（4）：67–71．
③ 刘和惠．芍陂史上几个问题的考察[J]．安徽史学，1988（1）：19–22．
④ 陈业新．历史时期芍陂水源变迁的初步考察[J]．安徽史学，2013（6）：92–105．
⑤ 安徽省水利志编纂委员会．安丰塘志[M]．合肥：黄山书社，1995：30–31．

三、芍陂生态问题

芍陂水利生态问题早在汉代就已出现,《后汉书·王景传》载建初八年(83),王景任迁庐江太守,见郡界有楚相孙叔敖所建芍陂,"乃驱率吏民,修起芜废,教用犁耕,由是垦辟倍多,境内丰给"[①]。可见汉代芍陂就已出现"芜废"的环境问题,经王景率民修治后,才得以实现灌溉之利,"境内丰给"。

魏晋南北朝时期,由于芍陂位于南北政权对立的前沿区域,生态等问题更为严重。宋《太平御览》引《寿春记》曰:"三国时,江淮为战争之地,其间数百里,无复人居。"[②]数百里内无人居住,足以想见安丰塘水生态之状况。直致魏邓艾在淮南屯田,修治芍陂水利,生态问题才得到缓解。西晋初孙吴尚未亡国,上距邓艾两淮屯田不过二三十年,杜预就上疏称:东南之地竟出现了"陂堨岁决,良田变生蒲苇,人居沮泽之际,水陆失宜,放牧绝种,树木立枯"[③]等困弊,其当包括芍陂在内。吴赤乌四年(241)四月,吴将全琮领兵攻淮南,"决芍陂,…… 琮与魏将王凌战于芍陂"[④]。北魏郦道元《水经注》记载:"魏太尉王凌与吴将张休战于芍陂。"[⑤]《晋书·刘颂传》称芍陂因"豪强兼并",造成"孤贫失业"的严重局面。刘宋元嘉中,刘义欣任豫州刺史镇寿阳,义欣陈之曰:"江淮左右,土瘠民疏,顷年以来,荐饥相袭,百城凋弊,于今为甚。…… 芍陂良田万余顷,堤堨久坏,秋夏常苦旱,义欣遣谘议参军殷肃循行修理。有旧沟引淠水入陂,不治积久,树木榛塞。肃伐木开榛,水得通注,旱患由是得除。"[⑥]南齐时,遝伾裴之横"与僮属数百人于芍陂大营田墅,遂致殷积"[⑦],表明官僚贵族们是在分割侵吞芍陂水利,以遂其私欲。据宋乐史《太平寰宇记》记载陈将吴明决芍陂水,筑堰灌寿春城。[⑧]上引说明魏晋南北朝时期芍陂水利生态遭受到严重破坏。

① (南朝)范晔.后汉书[M].北京:中华书局,2006.
② (宋)李昉.太平御览[M].北京:中华书局,1960.
③ 张泽咸.汉晋唐时期农业(上)[M].上海:中国社会科学出版社,2003:261.
④ (晋)陈寿.三国志[M].北京:中华书局,2006.
⑤ 陈桥驿.水经注校证[M].北京:中华书局,2007:749.
⑥ (梁)沈约.宋书[M].北京:中华书局,2006.
⑦ (唐)李延寿.南史[M].北京:中华书局,2006.
⑧ (宋)乐史.太平寰宇记[M].影印本.上海:古籍出版社,1987.

隋唐时期，芍陂的水利生态持续恶化。隋开皇中，寿州总管长史赵轨针对芍陂"芜秽不修"，劝课吏民，开三十六门，"灌田五千余顷，人赖其利"。①唐宪宗元和九年（814），寿州团练副使韦武为守州城，"乃出家奴与民户一丁，俱为水工，决安丰以南陂池，会其流于城傍野中，侵注如泽"②。至唐宣宗大中年间，浑偡出任寿州时，"芍陂之水，溉田数百顷。为力势者幸其肥美，决去其流以耕"③。可见芍陂溉田由万顷减至隋代五千顷，至晚唐时则仅有数百顷。

宋代以后，芍陂水面不断缩小，使得陂塘水利生态急剧恶化，主要表现为占塘为田和塘身淤淀。北宋仁宗天圣年间，李若谷"知寿州，豪右多分占芍陂，陂皆美田。夏雨溢，坏田，辄盗决"④。北宋仁宗庆历二年（1042），曾任寿州知州的宋祁上《乞开治淠河》疏称"近年多被泥沙淤淀，陂池渐高，蓄水转少"⑤，造成芍陂塘水浅涸，以致以产米著称的寿州一带，"米价涌贵"。

元代以后芍陂水利生态问题更加严重，塘身逐渐淤塞。明中期豪强侵塘垦种，据明《嘉靖寿州志》记载，明"正统以来，六有奸民辄截上流利己，陂流遂淤。成化间，巡按御史魏章得其状惩之，委任指挥戈都董治尽逐侵者。未几代去，顽民董玄等复占如故"⑥。清夏尚忠《芍陂纪事》也载："迄至前明，安丰县废，官无专责，民逞豪强。成化间，奸民董元（玄）等始行窃据贤姑墩以北至双门铺，塘之上界变为田矣。"至隆庆间，"彭邦等又据退沟以北至沙涧铺，塘之中界变为田矣"。到万历中叶，"顽民四十余家又据新沟以北为田庐矣，开垦一起，人思兼并，大势分裂，塘脉振动"⑦。其造成的生态恶果诚如知州栗永禄、黄克缵二人所说，"塘中淤积可田，豪家得之，一值水溢，则恶其侵厉，盗决而阴溃之矣。颓流滔陆，居其下者苦之"⑧；"夫开荒广土美名也，授田抚窜大惠也，鲜不轻作而乐从之。岂知田于塘者，其害有三：据积水之区，使水无所纳，害一也；水多则内田没，势必盗决其埂，冲没外田，害二也；水

① （唐）魏徵．隋书[M]．北京:中华书局,2006.
② （唐）沈亚之．沈下贤集[M]．影印本．文渊阁四库全书本．上海:古籍出版社,1987.
③ （清）董诰．全唐文[M]．北京:中华书局,1982.
④ （元）脱脱．宋史[M]．北京:中华书局,2006.
⑤ （宋）宋祁．景文集[M]．影印版．上海:古籍出版社,1987.
⑥ （明）栗永禄．嘉靖寿州志[M]．影印版．上海:古籍书店,1982.
⑦ （清）夏尚忠．芍陂纪事[M]．石印本．1975.
⑧ （明）黄廷用．本州邑侯栗公重修芍陂记[Z]．碑存寿县孙公祠碑廊.

一泄不可复收，而内外之禾俱无所溉，害三也"[①]。由此，芍陂塘之内出现了"种而田者十之七，塘而水者十之三"[②]的严重局面。到了明末，芍陂塘的水面仅有数十里了。

清代地方官员虽注重对芍陂塘进行修治，但功效依然不大，水利生态问题仍然极为严重。清顺治初期，芍陂塘"久坏，口决新仓，河流淤塞"，使得"万民失业"[③]，故有知州李大升修治芍陂。清乾隆年间，芍陂塘东南部因明后期垦占的围田在塘水注满时被淹没，常盗决塘堤，破坏芍陂塘的水利生态，从而引起纷争。清夏尚忠称其害有五："埂决水涌，外田冲没"；"水泄不能复收，塘下之田无所溉"；"决后不复来水，而围中阻截，上流灌彼围田，塘下之田仍无救"；"决后纵来大水可以至塘，而口缺不能即筑，水仍无济"；"决后纵即赶筑，来水也可满塘，而新筑之土，力不敌水，势将复决，塘下之田仍无救"。[④]至清嘉庆七年（1802），芍陂塘的塘堤"崩塌既多，薄削已甚"[⑤]。到了光绪年间，芍陂塘淤塞更为严重，大部分成了塘田。据《光绪寿州志》记载："陂本长百里，周几三百里，今陂周一百二十里，又一百二十里中，其为陂者仅十之三，其余皆淤为田。"[⑥]

民国时期，社会动荡，战争频发，民难安居，芍陂塘维修不及时，塘堤残缺不全，塘身淤积，生态问题更加严重，几乎沦为荒塘。更有民国政府放垦芍陂塘计划，因受到环塘士民的反对而作罢。

中华人民共和国成立后，随着淠史航灌溉水利工程的兴建，芍陂塘的塘堤得到不断加固，水利生态问题才得到根本扭转。但近十多年来，由于养殖业的过度发展，芍陂塘出现新的生态问题，主要表现为废旧塑料等白色污染开始出现，水体也出现富营养化的倾向。虽然问题不太严重，但应引起有关单位的重视，以防患于未然。

① （明）黄克缵. 邑侯黄公重修芍陂界石记[Z]. 碑存寿县孙公祠碑廊.《芍陂纪事》《安丰塘志》录有碑文.

② 同上.

③ （清）夏尚忠. 芍陂纪事[M]. 石印本. 1975.

④ 同上.

⑤ 同上.

⑥ （清）曾道唯. 光绪寿州志[M]. 影印版. 南京:江苏古籍出版社,1998.

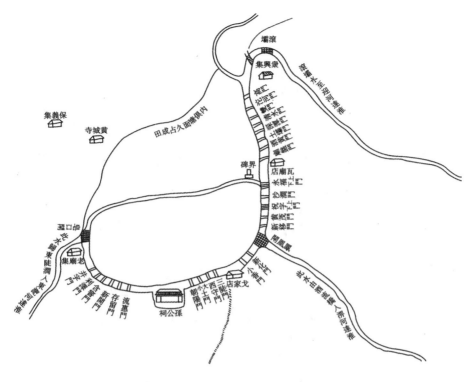

芍陂示意图（《芍陂纪事》）

四、芍陂历代修治

芍陂水利自先秦创建后，历代地方官员积极进行修治，确保其灌溉能力得到有效发挥。下面根据文献所记载有关芍陂修治资料，整理列表如下。

历史上芍陂修治概况一览

时间	兴修者	修建内容	史料来源
汉建初八年	庐江刺史王景	孙叔敖所起芍陂稻田，景乃驱率吏民，修起芜废	《后汉书·王景传》
汉建安五年	扬州刺史刘馥	广屯田，兴治芍陂及茹陂、七门、吴塘诸竭，以溉稻田，官民有蓄	《三国志·刘馥传》
魏正始二年	营田使邓艾	修浚芍陂，于芍北堤凿大香水门，开渠引水直达城濠，以资灌溉	《三国志·魏书》《芍陂纪事》
西晋太康年间	淮南相刘颂	采用"使大小戮力，计功受分"的办法修治芍陂	《晋书·刘颂传》
东晋义熙元年	冠军将军毛修之	修复芍陂，灌田数千顷	《宋书·毛修之传》

（续表）

时间	兴修者	修建内容	史料来源
宋元嘉七年	豫州刺史刘义欣	芍陂堤竭久坏，秋夏常苦旱，义欣遣谘议参军殷肃循行修理。引淠水入陂，旱患由是得除	《宋书·刘义欣传》
南齐建元中	豫州刺史垣崇祖	修治芍陂田	《南齐书·垣崇祖传》
武帝普通四年	梁豫州刺史裴邃	是冬，始修芍陂	《梁书·裴邃传》
隋开皇中	寿州总管长史赵轨	针对芍陂堰"芜秽不修"，劝课吏民，开三十六门，灌田五千余顷，人赖其利	《隋书·赵轨传》
宋明道年间	安丰县令张旨	浚淠（淠）河三十里，疏泄支流，注芍陂，为斗门，溉田数万顷，外筑堤以备水患	《宋史·张旨传》
宋神宗时	提点淮西刑狱杨汲	重修古芍陂，引汉泉灌田万顷	《宋史·杨汲传》
宋庆历四年	寿州知州宋祁	通开陶（淘）子午渠灌陂	明王祎《大事记续编》卷二十，"注"
宋真宗咸平年间	大理寺丞知安丰县崔立	大水坏期斯塘，立躬督缮治，逾月而成	《宋史·循吏传·崔立》
南宋绍兴末年	庐州太守赵善俊	复芍陂、七门堰，农政用修	《宋史·赵善俊传》
元至元二十四年	千户刘济	以二千人与七将之士屯田芍陂，取谷二十余万，筑堤三百二十里，建水门、水闸二十余所，以备蓄泄。凿大渠自南塘抵正阳	元虞集《道园学古录》卷十三，福州总管刘侯墓碑
永乐十二年	户部尚书邝埜	从蒙城、霍山征调二万民工修安丰塘水门16座	《芍陂纪事》《明史·河渠志》
成化二年	不详	兴修安丰塘	《明史·河渠志》
成化十九年	监察御史魏璋	拔官银一千余两，派陈镒、戈都督工，疏源通流，维修闸门，补筑堤岸	《芍陂纪事》
弘治二年	州佐董豫甫	修芍陂	《芍陂纪事》
正德十三年	州同知袁经	疏导芍陂水利	《芍陂纪事》
嘉靖间	知州王鎣	大兴芍陂水利	《芍陂纪事》
嘉靖二十七年	知州栗永禄	建安丰塘减水闸4座、官宇1所、疏水门36座	《芍陂纪事》
万历四年	知州郑琯	招募饥民，以工代赈，疏浚引河水道，培修河堤	《芍陂纪事》
万历四十三年后	知州阎同宾	委州佐朱东彦、滁州守孙文林督工，疏淤滞、增埂堤、维修更新门闸	《芍陂纪事》《光绪寿州志》
顺治十二年	知州李大升	征集千余人，疏河道，补堤岸，修门闸，筑新仓、枣子两座口门，修减水闸4座	《芍陂纪事》《光绪寿州志》
康熙三十七至四十年	州同颜伯珣	将原36座口门改建为28座，修筑塘堤；整治沟洫，开复皂口、文运、凤凰、龙王庙4座减水闸，筑枣子口门，整修孙公祠，植柳护堤（2次修治）	《芍陂纪事》《光绪寿州志》

（续表）

时间	兴修者	修建内容	史料来源
雍正四年	州同王恂	督夫役，修芍陂	《芍陂纪事》
雍正九年	知州饶荷禧	塘南建滚水石坝，修凤凰、皂口闸	《芍陂纪事》《光绪寿州志》
乾隆二年	知州段文元	请帑银三千两有奇，再修众兴滚坝、凤凰皂口两闸	《芍陂纪事》《光绪寿州志》
乾隆八年	知州金宏勋	重修堤埂	《芍陂纪事》
乾隆十四年	知州陈韶	请帑银一万三千两有奇，挑濬塘身，修筑塘埂，疏理河道	《芍陂纪事》《光绪寿州志》
乾隆三十七年	知州郑基	士民按亩捐款，修皂口、凤凰两闸，众兴滚水坝	《芍陂纪事》《光绪寿州志》
乾隆四十五年	州同周成章	集夫挑河身，增筑塘堤，修理门闸	《芍陂纪事》
嘉庆七年	州同沈毓麟	集议修塘，分段施工，凡六十日工毕	《芍陂纪事》
道光八年	知州朱士达	捐廉银一千两，会州同长椿捐廉银一百五十两，重修众兴坝、皂口闸，疏通中心沟一道，长五十余里，挖塘身增补堤埂，用银一万一千七百六十四两	《光绪寿州志》
同治五年	知州施照	按亩征工重修众兴滚水坝	《光绪寿州志》
光绪三年至八年	凤颍道布政使任兰生	拨款，修濬塘堤、桥闸、沟坝、水门，刊《芍陂纪事》及订新议条约（2次修治）	《光绪寿州志》
光绪十五年	巡抚陈彝	拨银四千余两，濬治芍陂，添设永安门	《光绪寿州志》
民国二十二年	寿县政府	安丰塘局部整修	《安丰塘志》
民国二十五年	安丰塘工程事务所	疏浚淠源河	《安丰塘志》
民国二十六年	安丰塘堤工事务所	培修塘河河堤	《安丰塘志》

从上表史料中可看出历代芍陂修治的大致情况：两汉时期2次，魏晋南北朝时期6次，隋朝1次，两宋5次，元代1次，明代9次，清代16次，民国修治3次。这些都是由朝廷和地方官府组织实施的结果。

芍陂工程的早期规模能够从北魏郦道元《水经注》中的"陂有五门，吐纳川流"记载得到确知，其由引水渠、塘堤和口门组成，形成了引、蓄、灌、排较为完整的工程体系。许芝祥对五门的具体位置作了考证："南为来水口门，西北为香门，东北为井门，肥水通过芍陂渎与'芍陂更相通注'。还有两门在北堤上：其一为'羊头溪水首受陂'的口门，此门之水'西北历羊头溪，谓之羊头涧水'，至寿春城西会熨湖，最后入肥水；另一门之水为芍陂渎经孙叔敖祠下北流经寿春城，在城北入肥水，中分一支经黎浆亭南入肥水。"① 这种工程体系作者认为是王景修治芍陂工程时完善的。到隋开皇年间，寿州总管长史赵轨针对芍陂"堰芜秽不修"，于是劝课吏民，"更开三十六门，灌田五千余顷，人赖其利"。② 这是修治者赵轨根据芍陂灌区发展的实际情况，结合当地的微地形，进行不断完善的措施。三十六门多分布在西—北—东北的堤段上，水门增加七倍有余，主干沟渠分布更密，灌溉用水更加方便快捷。唐宋时期芍陂灌溉体系更加完备，北宋庆历初年间任寿州知州的宋祁称"窦堤为三十六门，…… 自芍而下崎庸，钟潦骊而沤之，不能以名达者又数十处"③，形成了水由芍陂达渠、渠而连塘、塘而入田的灌溉体系。清代康熙年间，寿州州同颜伯珣大修芍陂时改建成二十八门，至清末未有较大变动。

有关芍陂泄洪排水的闸坝，史料不详。早期芍陂"五门"中的"香门"和"井字门"兼有泄洪功能。④ 明代成化十九年（1483）前就兴建有皂口、文运、凤凰、龙王庙4座减水闸。到雍正九年（1731）此4闸均已湮废，不见其名。乾隆初年，于芍陂南重兴集创建滚水坝一座，使得芍陂的汛期排水防洪系统完备。⑤

芍陂经二千多年时兴时废的发展历程，到民国时期，社会动乱，战火连年，安丰塘失修，水源枯竭。民国二十一年（1932）至二十四年（1935），塘水三次干涸，环塘水田不得不改种旱粮。到民国三十七年（1948），灌溉面积只有七八万亩。⑥

新中国成立后，寿县人民政府发动群众多次对安丰塘进行整修加固。1951年组织民工2 500人，在六安进水口及木厂河段上打坝清淤引淠河水源，做土方10万立方米。1952年冬至1953年春，整修塘堤使堤顶高程增到28.5米，顶宽2～3米，最大蓄水量3 600万立方米，灌溉面积扩大到15万亩。1954年大水后的冬季，组织上堤民工2万多人，培修皂口闸经瓦庙店至众兴集滚水坝长38公里的塘堤，并筑高堤顶。1955年，组织民工3万多人，将皂口闸至瓦庙店的堤

① 许芝祥.芍陂工程的历史演变及其与社会经济的关系[J].中国农史,1984(4):43-63.

② （唐）魏征.隋书[M].北京:中华书局,2006.

③ （宋）宋祁.景文集[M].影印版.上海:古籍出版社,1987.

④ 安徽省水利志编纂委员会.安丰塘志[M].合肥:黄山书社,1995:45.

⑤ 同上:51.

⑥ 安徽省六安地区地方志编纂委员会.六安地区志[M].合肥:黄山书社,1997:170.

顶进行加宽；同时，调整斗门，扩建支斗渠360条，新建较大渠道157条，灌溉面积增加到36万亩。1955年复堤培堤，将斗门调整为开字门、利泽门、含窑门、互利门、刘惠门、团结门、合作门、新华门、新新门、黄鳝门、上祝子门、下祝子门、沙涧门、枣树门、酒房门、程家门、永福门、庙门、土黄门、生产门、洼水门、双门、土板门、高门等24门。[1]

1958年，沟通江淮的淠史杭工程开始兴建，安丰塘被规划列入淠河灌区的中型反调节水库，将原老塘河裁弯取直，全面拓宽挖深河床，加高培厚堤身，从淠东干渠引水，总库容9 100万立方米，兴利库容8 400万立方米，灌溉面积63万亩，为1949年的8倍。安丰塘主体工程由大坝（塘堤）、老庙泄水闸、戈店、双门节制闸和17座直灌放水口、27座斗门组成。大坝周长25公里，坝顶高程30.7～31米，最大坝高6.5米，坝顶宽6～8米。1962年至1965年，在重要险段做块石护坡15公里。1976年，寿县再次组织26个公社民工和县直机关职工、街道居民共11万人，经过两冬一春，到1977年底自力更生全部完成塘周大坝块石护坡和防浪墙工程。安丰塘扩建、加固、维修累计投资3 577万元，其中群众性投资2 160万元，完成土方2 920万立方米，石方、混凝土13.52万立方米。同时，设置水产养殖场，利用塘区水面养鱼。[2]到二十世纪九十年代，经清淤修治后，安丰塘蓄水量近1亿立方米，灌溉农田面积达67万亩。寿县安丰塘周边地区真正实现了"安丰塘下能安丰"的美好愿望。

五、管理制度

芍陂水利之所以能够存在二千多年而仍能发挥灌溉兴利的作用，关键就在于其建立了较为完备系统的管理制度。历史上无论是官府还是社会民众历来都重视其管理。明代以前是由地方官兼管，明清以来则是在地方官的支配下，实行民间自治管理。在总结历代管理经验的基础上，安丰塘的管理制度得到不断完善，对维护安丰塘的水利生态和水利秩序发挥了重要作用。其主要包括管理组织的建立、维修制度和合理用水制度的制订。

（一）管理组织

安丰塘的塘务管理从西汉时代开始就设有专门的陂官，东汉设有"都水

---

[1]　安徽省六安地区地方志编纂委员会.六安地区志[M].合肥:黄山书社,1997:170.

[2]　同上.

官",宋代则设有陂长,明清时期直接参与安丰塘的塘务管理大致有董事、塘长、门头(门长)、门夫等人员。

1. 董事

据《芍陂纪事》记载,安丰塘的"董事之名由来已久",始于何时,史不具载,其职责是"兼司水利,上劳官府;该管埂堤,下劳塘长;谨守门闸,分劳门头;趋事赴功,众劳夫役;在官差遣,兼劳胥吏;但官与民,势分相隔;联络上下,全恃绅矜"。①董事一般设有数名,最多达16名,由地方士绅充任,负责议定工程维修,监督执行各项塘规。安丰塘一般每年春秋两季召开董事会例会,遇有重大事项,先由董事议定,或呈报官府批准,分头监督塘长执行。

2. 塘长

明代安丰塘就设有塘长数名,其职责是专管塘务,在塘董的领导下分段执行各项塘规,遵时遵约来"护水""守闸"。明万历年间有塘长张梅等数名,清乾隆年间有李绍佺等五人担任塘长。到后期就出现了塘长"卖放人夫""包折门头"②的徇私舞弊行为。

3. 门头(门长)

清夏尚忠《芍陂纪事》中称:"各门按亩派夫,十夫之中轮拨一名,名曰门头,注册送官轮流滚作""凡遇工程值年,门头接信,塘长即催人夫,齐至公所,众夫力作"。③门头受塘长管辖,其主要职责是看管放水口门和闸门的启闭及更换,协助塘长督办岁修。

4. 门夫

门夫是按照受益田亩数量折算为"夫"的。安丰塘的塘规:上田六十亩,出夫一名;中田八十亩,下田百亩,各出夫一名,注册存官。门夫数额不等,最多91名,最少8名。

民国十四年(1925)5月18日,安丰塘受益农户举行首次塘民大会,选举产生了安丰塘水利公所,由执行委员12名、监察委员3名、书记及会计1名,共16人组成,并报县政府备案委聘。水利公所把全塘分为南、北、中三段,每

---

① (清)夏尚忠.芍陂纪事[M].石印本.1975.

② 同上.

③ 同上.

段设临时性办事处，由各段执行委员和监察委员督促塘长、门头就近管理。[①]
这里的执行委员和监察委员实际上与明清时期的董事相当，只不过人数已经大
大增加。

塘务管理者的推举，一般情况下都注重家道、人品和能力。董事一般都由
士绅担任。塘长、门头则选择家道殷实、人品端正、干练耐劳、素孚乡望者担
任，但不一定由士绅担任。董事、塘长皆非职官，但享受官府在税役方面给予
的优待。

（二）维修制度

安丰塘工程的维修制度早在三国邓艾屯田济军时就已建立。明清时期安丰
塘工程的岁修由地方官吏与塘董、塘长筹划，组织受益农户实施。清夏尚忠
《芍陂纪事·请止开垦公呈》称："后恐水势冲圮，有妨水利，设塘长、门头，
每门夫一百一十七名，修理门闸，册籍班班可考。"[②]这是清康熙中期安丰塘士
绅反对垦塘的诉呈，从中可知此前安丰塘就存在各水门出夫维修塘堤、门闸的
规定，并建有册籍以备核查。清光绪三年（1877）制订的《新议条约》就专门
列有条款，如：

"岁勤修：每年农暇时，各管董事须看验宜修补处，起夫修补，即塘堤一律
整齐，亦不妨格外筑令坚厚，不得推诿"；

"核夫数：查问某章某门下若干夫，遇有公作，照旧调派，违者由各董事
禀究"；

"护塘堤：塘水满时，该管董事分段派令各户或用草荐，或用草索沿堤用
桩拦系，免致冲坏，违者议罚"。[③]可见对安丰塘的岁修和塘堤的维护都有专
门规定。

岁修劳力则是从环塘受益农户中征调而来，按照受益田亩多少折算出工劳
力（称为"夫"）的多少，如果应征者不能出工，允许买工替代。岁修经费，
按照施工的工程量大小，采取受益农户按亩分摊，或地方官府拨款，以及官绅
"义捐"等方法筹集。

① 安徽省水利志编纂委员会.安丰塘志[M].合肥:黄山书社,1995:58.
② （清）夏尚忠.芍陂纪事[M].石印本.1975.
③ 同上.

(三) 用水制度

安丰塘在汉代就已建立了用水制度。《后汉书·王景传》载,王景修治芍陂时"曾刻石铭誓,令民知常禁",就包含有均分、合理用水的制度。宋代是"窦堤三十六门,均水与入,各有后先"[①],是说三十六门放水有先后顺序。明清时期出现安丰塘用水制度的规约,清夏尚忠《芍陂纪事》记载康熙三十七年(1698),在当时寿州州佐颜伯珣的支持下制订了"先远后近,日车夜放"的用水规约。每到用水之时,由沿塘各水门的门头开启水门,夜间放水,次晨水可到沟稍,然后按先远后近的规定车水灌田。水车应距渠道丈余安放,不准伸至渠中,以保证渠水向下畅流。放水灌溉时,由塘长派员沿渠巡查,以防跑水和查禁违例者。日落停车,夜间放水,循环往复,渠水不竭。所有农田全部灌完后,由门头锁闭斗门,钥匙交公。[②]一定程度上实现了"强弱无间,远近齐沾"。这实际上是对安丰塘此前用水制度的重申与延续。清光绪三年订立的《新议条约》,其中对用水就有"慎启闭""均沾溉""分公私""善调停""议罚款"等规定,[③]明确体现了"均沾溉"的用水原则。针对放水期间容易出现的问题,规定斗门启闭之前"约同照知",渠长田多的斗门先启迟闭;渠短田少的斗门后启先闭。若遇干旱或塘水少时,采用就近舍远的办法,使有限水量获得最大水利效益。对违反条约,或知情不报、私相庇护者,一律秉公议罚。民国二十年(1931)6月,安丰塘塘民大会审查通过了《寿县芍陂塘水利规约》,并呈请寿县政府备案。

第二节　七门堰

七门堰,又称三刘堰,是位于安徽舒城县境内杭埠河(古称龙舒水、巴洋河)中段七门山脚的引水灌溉工程,为汉高祖刘邦伯兄之子、羹颉侯刘信所创建,距今已有2 200余年,是皖西地区至今仍发挥着农田灌溉作用的古代著名水利工程之一。本节仅对七门堰兴建历史及作用进行考述。

① (宋)宋祁.景文集[M].影印版.上海:古籍出版社,1987.
② 安徽省水利志编纂委员会.安丰塘志[M].合肥:黄山书社,1995:64.
③ (清)夏尚忠.芍陂纪事[M].石印本.1975.

一、七门堰的历史概述

舒城县位于大别山东麓、巢湖之滨的江淮地区，地形地貌复杂，有山地、丘陵、岗地、平原，西南山区峰峦秀丽，中部丘陵起伏，东北为冲积平原。有舒城人母亲河之称的杭埠河发源于西南大别山区的孤井原、主簿原，贯穿全境，汇入巢湖，有着山区易发山洪、岗丘地区易旱、平畈易涝的特点。因此，旱涝灾害是制约舒城县农业生产的主要因素。刘信根据舒城县地貌山川水文特点，因地制宜，因势利导，选择邑境西南三十五里之处七门岭东的杭埠河阻河筑堰，创建七门堰。故地方志书称："舒为江流要道，庐郡塞邑也。西去层峰萃起，巘峦秀拔，绮缡乡错，联岚四匝，若为境保障，而水利源头出是西山峻岭之下，势若建瓴，奔腾崩溃，汪洋浩荡，而民告病。羹颉侯分封是邑，直走西南，见山滨大溪下，有石洞如门者七，乃分为三堰，别为九陂，潴为十塘，而圳、而沟、而冲也，灌田二千余顷，而民赖以不病。"[①] 灌溉用水形成一个自上而下由河入堰，由堰入陂，由陂入塘，由塘入沟入田的陂、塘、圳、沟相结合的"长藤结瓜"式自然灌溉系统。

关于七门堰的创建者羹颉侯刘信，最早出现于北宋著名文人、史学家刘攽《七门庙记》碑文。仁宗嘉祐二年（1057），出任庐州府通判的刘攽"以事至舒城"（舒城时属庐州辖境），应舒城县地方官员所请，为舒城县所建七门庙而作碑记。当时七门庙在七门堰旁，刘攽经过详细考察后认定七门三堰的创建者是"羹颉侯信焉"，并说："初，汉以龙舒之地封信为列侯，信乃为民浚畎浍，以广溉浸，信为始基。"[②] 稍后任职合肥的彭汝砺《七门堰并序》称："予为合肥职官，始按事傅校作视龙舒。出邑之西北门，观所谓乌阳（羊）牆牍七门三堰，问耆老求疏治之始，漠然无能知者，盖其所从来远焉。晚得刘攽贡父所为庙碑，乃知始于羹颉侯刘仲（信），而刘馥实继之。"[③] 南宋著名地理学家、婺州金华人王象之所著的《舆地纪胜》一书中载道："牆牍堰，在舒城县，即汉羹颉侯所筑，有羹颉侯庙。刘攽为之记甚详。谓之汉舒王庙。"[④] 但在该书"七门

---

① （明）陈魁士. 万历舒城县志[M]. 万历八年刻本.

② （宋）吕祖谦. 宋文鉴[M]. 北京:中华书局,1992:1163–1164.

③ 全宋诗(第16册)[M]. 北京:北京大学出版社,1993:10449.

④ （宋）王象之. 舆地纪胜[M]. 影印版. 北京:中华书局,1992:1832.

堰"条下又记是三国魏刘馥屯田兴治。[①] 当代学者主要有卢茂村的《话说"七门堰"》(《农业考古》1987年第2期),金家年的《七门堰水利史探略》(《六安师专学报》1989年第2期),李晖的《万古恩同万古流——论"七门三堰"及"三堰余泽"》(《合肥学院学报(社会科学版)》2007年第6期),对刘信封羹颉侯及创建七门堰的史实进行了考证,这里不再赘述。舒城县境内尚留存有有关羹颉侯的历史遗迹。主要有羹颉城,清初顾祖禹《读史方舆纪要》记载说:"县西北三十里。相传汉高帝封兄子信为羹颉侯,食邑于舒。此城为信所筑。"[②] 还有羹颉侯墓,南宋王象之《舆地纪胜》称:"汉羹颉侯墓,在舒城东北三十五里,俗呼为舒王冢。"[③] 今俗呼为"舒王墩"(其地今调整到肥西县境内)。

七门堰由七门、乌羊、艚牍三堰组成。七门堰坐落七门岭东,灌田八万余亩。乌羊堰坐落新河口东,灌田万余亩。艚牍堰坐落县城西关外,灌田约二万亩。因堰初有艚牍,以时启闭,故名艚牍堰。

自刘信之后,七门堰历代均有修治。如东汉末年扬州刺史(治所在寿春)刘馥"广屯田,兴治芍陂及茹陂、七门、吴塘诸堨,以溉稻田,官民有蓄"[④]。魏晋至北宋时期,史未确载,但不能排除其得到了修治,否则其不可能保持近千年而不淤废。北宋诗人彭汝砺《七门堰》诗有"我来舒城道三堰,行看利人东南遍。渔樵处处乐太平,稻粱岁岁收馀羡。江淮旱涝相缀联,舒城独自为丰年"[⑤] 的诗句,称道七门三堰能有效发挥确保稻作丰收的灌溉效益。南宋绍兴末年再次出任庐州太守的宋宗室赵善俊"复芍陂、七门堰,农政用修"[⑥]。元末曾任舒城统兵元帅的舒城人许荣"按地形,修七门、艚牍、乌羊诸堰,以供灌溉之利,教民筑陂塘,垦荒芜,植桑麻。故虽兵旱相仍,而免流离转徙之患也"[⑦]。明洪武年间任舒城县学教谕的芒文缜《三堰余泽》诗:"泉流滚滚岂无源,三堰由来出七门。灌溉千畴资厚利,涵濡百世沐深恩。潜藏神物沦波冥,

① (宋)王象之. 舆地纪胜[M]. 影印版. 北京:中华书局,1992:1831.

② (清)顾祖禹. 读史方舆纪要[M]. 北京:中华书局,2005.

③ 同①.

④ (晋)陈寿. 三国志[M]. 北京:中华书局,2006.

⑤ 全宋诗(第16册)[M]. 北京:北京大学出版社,1993:10449.

⑥ (元)脱脱,欧阳玄. 宋史[M]. 北京:中华书局,1977.

⑦ (明)陈魁士. 万历舒城县志[M]. 万历八年刻本.

湿润嘉禾绿颖蕃。每向城东颙望处，故侯庙祀至今存。"① 自当是对许荣修治后的七门堰发挥灌溉之利的高度赞许。

明清时期修治七门三堰多有记载。明宣德年间，任舒城县令刘显"细增疏导"，重修七门三堰，为荡十五，民"赖以不病"。② 舒城人世代因感刘信、刘馥、刘显兴修七门堰之功，"蒙受其利，不忘其恩"，分别在七门堰口及县城隍庙旁建祠立碑，名"三刘祠"。七门堰又名"三刘堰"即源于此。明弘治癸亥年（1503），庐州知府马汝砺、知县张维善令义官濮钝之率民整修龙王、三门等荡，邑人、时任南京吏部尚书秦民悦为之记。万历乙亥年（1575），知县姚时邻和治农主簿赵应卿"由七门岭以至十丈等陂，则为修理。由杨柳、鹿角以至黄泥等垱，则为疏通"③。清康熙二十七年（1688）冬，舒城知县朱振"开坝濬沟"，重修七门堰，"俾山水盈科而进，溉数千顷，十荡九陂，咸食其德"；针对乌羊堰故道久湮，重开包家堰，使舒城东南乡"遂为腴田"。④ 康熙六十一年（1722），时任舒城知县蒋鹤鸣，因江淮秋旱，"以灾告者一十八州县"，劝民乐输，以工代赈，募饥民、疏浚整治七门三堰。⑤ 雍正八年（1730）二月，舒城县令陈守仁针对艚牍堰淤塞湮废之况，重开艚牍堰，使一万二千四百亩农田获得灌溉之利。⑥ 嘉庆初年，邑人高珍开引水渠，"北通七门堰，以资下十荡忙水之利"⑦。由此，七门堰得到了多次的修治，使其充分发挥灌溉之利，起到了抗旱保收的作用，地方志载舒城县"蓄水之利，昔称三堰，今以七门为最"⑧。故舒城人尽享七门三堰之恩泽，将"三堰余泽"视为明清时期舒城县的"八景"之一。清邑人高华在《三堰余泽赋》中云："山庄日丽，葭屋云兰，田分上下，亩尽东南。谛郭公之宛转，闻燕子之呢喃。一犁碧浪，叱乌犍处处，畦分卦布；千顷青畴，飞白鸟村村，水护烟舍。仁看秧马行来，行行队队，却听田歌唱去，两两三三。盖由源泉不竭，涵濡有余；惠泽灌千区恍接巢湖之水，恩波流万世若随仙令之车。白苹卧鹿之郊，咸肩耒耜；红蓼印龟之岸，齐力耘锄。

① （清）熊载升,杜茂才,孔继序.嘉庆舒城县志[M].影印版.南京:江苏古籍出版社,1998.

② （明）陈魁士.万历舒城县志卷八,"艺文志",明盛汝谦"舒城县重修水利记"[M].万历八年刻本.

③ 同②.

④ 同①.

⑤ 同上.

⑥ 同上.

⑦ （清）吕林钟,孙浤泽.光绪续修舒城县志[M].影印版.南京:江苏古籍出版社,1998.

⑧ 同上.

惟导源夫一脉,实利赖乎三渠。"[1]正是舒城人尽享其灌溉之利的写照。

七门堰(选自《舒城县水利志》)

民国时期七门堰也"有整修的记载,但因受连年战乱影响,工程荒于修治"。至二十世纪四十年代末,七门堰渠首严重淤塞,灌区渠道几为荒废,水利效益锐减,"上五荡灌田仅万余亩,下十荡引冬闲水灌田也不到四万亩"[2]。

中华人民共和国建立后,舒城县人民政府十分重视水利事业的发展。多次对七门堰灌溉工程进行修治。1951年,皖北行署水利指挥部派员查勘规划。同年11月份动工,对七门堰进行了全面大修和扩建,至1953年底竣工。在二十六个月内,共开新干、支渠36公里,建涵闸、斗门、水坝等一百五十六处,计完成土石方230 806方(其中石方18 628方),实际用款35.6万余元,灌溉面积达97 410亩。[3]1954年至1958年,继续增建和改建涵洞、斗门,新开和疏浚干、

① (清)熊载升,杜茂才,孔继序.嘉庆舒城县志[M].影印版.南京:江苏古籍出版社,1998.

② 李少白.舒城县水利志[M].舒城:舒城县水利电力局,1992:58.

③ 汤光升.汉代著名水利工程——七门堰[A]//政协舒城县文史委.舒城文史资料(第一辑)[C].1986,6:18.

支、斗渠200多条，整修蓄水塘坝1 316口，开挖了12公里长的西干渠。到1958年底，七门堰灌区灌溉面积扩大到12.46万亩。1958年至1966年，七门堰灌区内部进行挖潜改造，社队做了大量自办配套工程。1961年冬，拓宽了西干渠的渠道，新开全长10公里的柏林支渠，完成土方10万立方米；1962年12月，兴建秦家桥双孔地下涵，建柏林分水闸，分别向柏林、秦家桥、响井愉、五里、华城等五处分水，次年2月竣工。至1963年，七门堰灌区实现灌田19.04万亩。1965年6月，增建新街进水闸，连接七门堰中干渠，同时兴建了连接东支渠的新街渡槽。1967年，七门堰被纳入杭埠河灌区配套工程。是年元月，杭北干渠从团结闸直入七门堰灌渠，七门堰实现了从杭北干渠引水。七门堰团结闸以下的原各级渠道，均被杭北干渠所利用，成为闻名中外的淠史杭工程的一个组成部分。[①]

二、七门堰管理制度

七门堰日常水利事务是由官方支配下的堰长行使管理职责，最迟在明宣德年间就已经确立堰长管理制。自后，凡是属公共资源的水利设施都有官方委派一至数名管理人员进行日常管理，堰设堰长、塘设塘长、垱设垱长，都是由民间推举的有威望、处事公正之人担任。其报酬是通过受益农户缴纳水费收益支给。其职责是使水季节按时按量放水灌溉，冬春季节组织受益农户出夫岁修。但若董长非人，不图公益，则极易引起纷争。

有史料可证舒城县建立维护七门堰水利秩序的管理制度是在明宣德年间，由当时知县刘显制订，其"分闲忙定引水例，董以堰长，民至今遵行之（上五荡引忙水，自四月朔起。下十荡引闲水，自八月朔起）"[②]，即"上五荡（苏家荡、洪家荡、蛇头荡、银珠荡、黄鼠荡）用忙水，每年农历四月初一至七月底接堰水灌田；下十荡（三门荡、戴家荡、洋萍荡、黄泥荡、新荡、鹿角荡、柳叶荡、马饮荡、蚂蟥荡、焦公荡）用闲水，每年八月初一至次年三月底，引堰水灌塘、陂、沟，蓄水灌田"[③]。明弘治癸亥年，庐州知府马汝砺、知县张维善、义官濮钝之率民重修七门堰水利后，于"三门荡立为水则，画以尺寸，使

① 李少白. 舒城县水利志[M]. 舒城:舒城县水利电力局,1992:59-60.

② （清）吕林钟,孙浤泽. 光绪续修舒城县志[M]. 影印版. 南京:江苏古籍出版社,1998.

③ 同①.

强者不得过取，弱者不至失望"①。此用水制度直至民国时期仍得到执行，并成为舒城地方社会约定俗成的习惯。据民国初期安徽省高等审判厅审理舒城县水利纠纷案件时的调查称："（舒城县）有忙水（栽插期间）、间水（非栽插期间）之别。用忙水者不能用间水，用间水者不能用忙水。又有混水（即水涨时）、清水（即水枯时）之分，居上游者，混水之际得筑成垱坝截用三日，清水之际得截用七日，期满即应开垱放水下流。倘下流有需水急迫情形，亦只能向上游请商，不能擅挖他人垱埂。亦使水杜争之特例也。"②

为了确保七门堰水利管理能够得到合理有效运行，还实行了水费征收制度，即按照正伏水、挂伏水标准征收水费："全使用堰水的田称为正伏水，每担田（5市亩）收稻谷一斗。塘水为主、堰水为辅的农田称为挂伏水，每担田收稻谷5升。上五荡每车水埠征收糙米5斗（50公斤）。各荡（垱）征收的水费只作荡（垱）长补贴，如有整修事例，另行摊派，每年清淤整治用工近2万个，皆由农民自行负担。"③1954年，七门堰水费分为三等：自流放水田和一盘车车水田为一等，每亩征收稻谷28市斤；两盘至三盘车水田为二等，每亩征收稻谷23市斤；四盘至六盘车水田为三等，每亩征收稻谷15市斤。1956年改定为五等，以人民币为计算单位。自流和一盘车为一等，每亩征收1.8元；两盘至四盘车水田为二等，每亩征收1.45元；五盘至六盘车水田为三等，每亩征收0.95元；一级抽水机提灌田为四等，每亩征收0.72元；两级抽水机提灌田为五等，每亩征收0.5元。全灌区一律分等造册，由县统一布置征收，统一使用，主要用于管理人员工资和工程维修配套。1967年，杭埠河灌区建成后，水费征收执行灌区统一标准。④

第三节　水门塘

水门塘古称大业陂，位于霍邱县城北五公里，相传为春秋楚国令尹孙叔敖

---

① （明）陈魁士. 万历舒城县志[M]. 万历八年刻本.

② 胡旭晟,夏新华,李交发. 民事习惯调查报告录[M]. 北京:中国政法大学出版社,1998:187.

③ 李少白. 舒城县水利志[M]. 舒城:舒城县水利电力局,1992:61.

④ 同上:62.

所创修，距今 2 600 余年，是至今仍发挥灌溉作用的皖西地区古代著名水利工程之一。

一、水门塘的历史概况

水门塘在历史文献中最早出现在魏晋南北朝时的《华夷对镜图》中，其说："芍陂 …… 与阳泉、大业并孙叔敖所作。"此为元胡三省注《资治通鉴》时所引。唐代著名史学家李吉甫《元和郡县图志》也有相近的记载，其称："寿州安丰县有芍陂，灌田万顷，与阳泉陂、大业陂并为孙叔敖所作。"李书关于淮南道记载缺失，这是南宋金石家章樵《古文苑》录东汉延熹三年（160）固始县修葺孙叔敖祠之《楚相孙叔敖碑》所作注时而引的文字。① 明末清初历史地理学家顾祖禹《读史方舆纪要》载："大业陂县东北十五里，周二十余里，人呼为水门塘。相传古名镇淮洲，陷而为陂。"② 清乾隆《江南通志》载："大业陂在霍邱县东北十五里，隋大业年间修。"③ 清《同治霍邱县志》亦载："水门塘，县东北十里，周围二十里，即春秋时楚令尹孙叔敖所作大业陂也。附塘各保田畴，咸利赖之。"④ 水门塘创建何时，历史上何人所创，史无确载，不得而知。但其存在达两千年确是历史事实。

水门塘始建时面积有多大，历代修治情况，史无确载。明《万历霍邱县志》记载其"周围二十里"⑤，大约水面有1.2万亩左右。后因失修淤积和豪强侵占，到清乾隆十八年（1753），霍邱县知县张海实勘，塘周19.08里，面积8 500亩。当即垒土堆为界，土墩以内为塘，土墩以外为田，以限侵占，今陈家埠北面的两大土墩是其遗迹。诚如清霍邱县人李鳌《筑复水门塘》诗云："叔敖大业有谁过，建兴水利事不磨。豪强忍负前贤志，掘尽公塘种私禾。三千亩上断流水，二十里中绝远沱。前有孙父施膏雨，后有张公沛恩波。收得稻粱充畚重，筑起长堤羡逶迤。高渊猛跨西湖上，一色晓天没两河。古蓼城头望云影，华严寺里听渔歌。居民兢取陂中利，灌尽良田长芰荷。从今不许人兼并，

① （宋）章樵. 古文苑[M]. 影印本. 上海：古籍出版社,1987:714.
② （清）顾祖禹. 读史方舆纪要[M]. 北京：中华书局,2005:1032.
③ （清）黄之隽. 江南通志[M]. 影印版. 上海：古籍出版社,1987:767.
④ （清）陆鼎敦,王寅清. 同治霍邱县志[M]. 影印版. 南京：江苏古籍出版社,1998.
⑤ （明）杨其善. 万历霍邱县志[M]. 北京：国家图书馆出版社,2013.

令尹功如孙叔多。"[1] 但侵占难限，到民国末期，水门塘面积只有 4 500 亩，塘内淤浅，沦为荒塘。

　　新中国成立后，霍邱县人民政府于 1950 年拨款重修水门塘，恢复塘面 5 000 亩。1958 年开挖史河灌区，沣东退水渠穿过水门塘，隔堤将塘的面积缩小五分之三。后因沣东干渠渠尾水源不足，水门塘以下灌区经常受旱。1967 年拆除塘内隔堤，增建进出水闸和四周放水涵，加高塘埂，库容扩大到 1 040 万立方米，成为史河灌区沣东干渠的中型反调节水库。水库坝长 7 895 米，坝顶高程 32 米，最大坝高 6.39 米，顶宽 4.5 米。1975 年续建时，筑防浪台 52 座，水库南端建 2 孔单孔宽为 2 米的进水闸，进水流量每秒 10 立方米；北端建 2 孔单孔宽为 1.6 米的退水涵，最大泄量每秒 20 立方米。同时，在水库四周建灌溉放水涵 7 座，向黄岗、陈家埠、青铜（龙）门、大莫店等支渠送水。水库设计灌溉面积 9.08 万亩，但由于进水闸上游引水渠两岸渠堤高程不足，不能按规划引水蓄水，实灌面积年均仅 2.5 万亩。[2] 二十世纪八十年代以来经水利部门多次除险加固，现有效灌溉面积达 3.9 万亩。

　　近年来，随着县域经济的发展和人民物质文化生活水平的提高，水门塘水库管理所立足于农田灌溉，兼顾水产养殖，着力发展旅游经济，初步建成了具有一定规模的集灌溉、旅游、养殖为一体的综合性水利风景区。水门塘水利风景区分为五大景点，中为"业陂画阁"，东为"四园翠影"，西为"烟波含黛"，南为"蓼邑红楼"，北为"白鹭绿洲"。三层的业陂画阁占地 100 多平方米，高 30 米，八柱擎立，八窗临风。杨屏岛环岛生长着千株大观杨，株棵相连、枝叶相交，形成一道巨型的环状绿屏。自然鸟岛花红卉绿树木葱翠，野生飞禽种类繁多，数量达 10 多万只。80 米的连心桥悬于两岛之间，人行其上，绿波照影，左右摇曳，别有一番惊险刺激。走进动物园，可观赏猕猴玩耍嬉戏，梅花鹿娴静恬适，黑熊憨态可掬，绿白孔雀展翅开屏，充分体会人与自然的和谐。目前，水利风景区以其丰厚的文化底蕴和秀丽的自然风光备受关注，成为皖西大地上一颗璀璨的明珠。

---

①　（清）张海，薛观光. 乾隆霍邱县志[M]. 影印版. 台北:成文出版社有限公司,1985.

②　六安地区地方志编纂委员会. 六安地区志[M]. 合肥:黄山书社,1997:173.

二、水门塘的占垦问题及原因

自清代康熙年间开始，水门塘就出现了侵塘垦田的现象。清乾隆时任霍邱知县的张海撰《清理水门塘碑记》称："邑北有水门塘，为春秋时楚令尹孙叔敖所建，在古名大业陂，所以备潴蓄而资灌溉也，附塘各保田畴咸利赖之。嗣因历年久远，塘身日渐淤塞，蓄水无多，遇旱即涸。附近豪强遂群相侵占，夏则栽秧，冬则种麦，几欲尽先贤之遗泽，而阡陌之曾不计。水利之关于农事者大也，仰水利于此塘者，曰水门塘，曰吉水湾，曰罗家庙，曰花家冈，曰三道冲，凡五保焉""乾隆十六年夏雨泽，偶愆有保民郭铨等在塘占种。据张书盘等禀县，经前县丁公勘明占户一百三十家，计种二百八十余石"。①可见在康、雍、乾三朝之时，水门塘侵塘为田现象之普遍。环塘士民虽屡经诉官，经官府严厉打击禁止垦种，但仍然无济于事。"创复节次，谆切示禁，而冥玩不灵者，罔鉴前车，旋萌故智"。至清光绪时，仰赖水门塘灌溉之利者由环塘五保之民减到环塘三保之民。到民国末期，水门塘已大部分被豪强侵占，剩余部分沦为荒塘。

清代水门塘被占垦的原因主要有以下方面。

一是塘堤与农田没有明显的界限。水门塘的塘堤与农田没有明显的分界，塘身淤塞较浅，蓄水较少，遇旱即干，极易成为环塘民众种植之所。诚知县张海所说："彼时未定界址，塘边小民陆续占耕塘心，现种二麦，塘身几于湮没""盖田塘之界未明，则虽禁令之繁，不敌其争利之念。是必勘明立界，始可永杜觊觎"。②所以塘田界限不清是造成水门塘被侵占的主要原因。

二是与清王朝的垦荒政策有关。顺治六年（1649），清廷就颁布了详细的垦荒法令，规定："察本地方无主荒田，州县官给以印信执照，开垦耕种，永准为业。俟耕至六年之后，有司官亲察成熟亩数，抚按勘实，奏请奉旨，方议征收钱粮。其六年以前，不许开征，不许分毫金派差徭。如纵容衙官、衙役、乡约、甲长借端科害，州县印官无所辞罪。务使逃民复业，田地垦辟渐多。各州县以招民劝耕之多寡为优劣，道府以责成催督之勤惰为殿最，载入考成。"③清朝政府的政策进一步提高了江淮地区民众垦荒的积极性。顺治十四年（1657），

①　（清）张海,薛观光.乾隆霍邱县志[M].影印版.台北:成文出版社有限公司,1985.

②　同上.

③　清世祖实录[M].北京:中华书局,1986.

庐、凤等府开垦荒田3 000多余顷。[1] 由此可知，整个淮河流域都处于一个被开垦的历史场景下，这种到处垦殖的局面使水门塘也难以幸免。

三是与人地关系紧张有关。人地关系日益紧张是导致水门塘占垦问题的直接动力。《同治霍邱县志》记载，明朝初年全县有2 436户、17 511人；到清道光四年（1824）时，霍邱本地人口户数是201 110，人丁总数是699 237。[2] 所以《同治霍邱县志》称曰："我朝太和翔洽，民气繁昌，自定额之后百余年之久，而数溢于前，已二十七倍有奇。一邑如是，天下亦如是。"[3] 可见人口日益膨胀，人均耕地面积也随之减少，于是越来越多的人加入到垦荒的队伍之中。自顺治十一年（1654）冬，霍邱县民垦殖荒田，到乾隆二十年（1755），共开垦熟田地43 578亩。当时，全县实有熟田地109 857亩。[4] 可见，人地关系紧张是导致占垦水门塘的重要原因。

四是水门塘年久失修。由于地方官府不重视对水门塘的修治，所以《同治霍邱县志》称："历年久远，塘身日渐淤塞，附近豪强群相侵占为田。"引发社会纠纷不断，故出现康熙、雍正、乾隆年间频诉于官府，甚至上告至院司的诉讼纠纷。

五是水门塘无补充水源。水门塘主要依靠自然降水的地面径流作为补充水源，丰水年份里塘水可蓄，干旱缺水年份里，极易干涸而出现垦种现象。

此外，地方官府的消极态度也大大加剧了占垦行为。中国传统社会向有"民不举，官不究"之习，所以每有士民告诉，地方官员都应当给予处理回应。"各保士民以公塘被侵之故，于康熙、雍正年间频诉于县，既而上控院司，俱饬禁止占种，碑文详案，历历可稽。无如在官之文案虽炳存，而顽民觊觎之心未息也"[5]，可见地方官府抱有消极应付的态度，未能采取积极有效和根本防范措施，以致出现"禁者自禁，占者仍占"的局面。这样的局面直至乾隆十八年（1753）才得到根本扭转。

乾隆十六年（1751）有环塘民众郭铨等130余家在塘占种。知县丁恕"每石追稻六石充公，禀明各宪。嗣署县杨公暨余莅任，先后追稻一千五百六十余

---

① 王鑫义．淮河流域经济开发史[M]．合肥：黄山书社，2001:682.

② （清）陆鼎敉，王寅清．同治霍邱县志[M]．影印版．南京：江苏古籍出版社，1998.

③ 同上.

④ 同上.

⑤ （清）张海，薛观光．乾隆霍邱县志[M]．影印版．台北：成文出版社有限公司，1985.

石，变价九百八十两有奇，为修理塘埂及修道宪衙门之用。将为首占种之郭铨等四人议拟惩"[1]。二年后，新任知县张海针对塘田界限不明之情况，为杜绝塘民的觊觎贪婪之心，考稽古典，查阅志乘，"考此塘水制，从前有周围四十里之说。第康熙九年，前任姬公修辑志乘，于水门塘下注云：周围二十里，自应以志为准。雍正八年张公详案，亦谓邑乘非讹。其四至界址则有勘丈批详，足据以今日而言塘界，是雍正年间详案即左券也。时有署开顺巡司张君纲，卓有才识，凡委理公事，悉能周详妥协。因检雍正年间卷宗，檄委赴塘清界，嗣据称查得从前详定塘身，周围绵亘一十九里四分。……职奉檄往勘，先于周围塘田交界处，各立界堆，南齐学田，北至官庄，东西各高埂下俱高立封堆。率令弓手，眼同土民、约保、塘长，沿边丈量得塘身，棉亘实有十九里八分。随于界堆之外，每里高筑一堆，堆以内为塘，堆以外为田。旧塘内未收二麦，勒令占户尽行拔毁，士民尽皆悦服，取具各约保、塘长，永远不许争占"[2]，并立碑永禁，"自今如有附近豪强仍前越界占种者，是玩梗不率之徒也；罚无赦"[3]。由于张知县及其属下处事公正，使士民诚服，有效地打击了侵塘占垦的行为，足见地方官府对维护水利设施及水利秩序的干预态度。正如知县张海所说："夫兴利除弊长民者之责也，苟有利之当兴，弊之当除，即不必沿袭前人陈迹，皆可自我创始。况前人已有开其先者，数千年资其利赖，而乃任豪强窃踞不能踵行而保护之，使前人之遗泽几几湮没于今日，长民之谓何是塘也？"[4] 这正是有责任心之地方官员造福桑梓心境的写照。

水门塘俯瞰图（陶明摄）

① （清）张海,薛观光. 乾隆霍邱县志[M]. 影印版. 台北:成文出版社有限公司,1985.
② 同上.
③ 同上.
④ 同上.

三、水门塘的管理制度

清代水门塘在地方官府的支持下，建立了塘务管理制度，确保水门塘水利秩序。其主要包括塘务管理者、修治制度和用水制度等。

（一）塘务管理者

水门塘属于官管民办的官塘，理应由地方官府直接管理，但因其管理力量有限，一般是在地方官府的支持下，实行民间自治管理。清代直接参与水门塘的塘务管理人员大致有乡董、保长、塘长等，这些人员均为有功名的地方士绅，在当地颇负乡望，深受普通民众所尊重。他们经环塘士民推举，并报经官府批准备案。乡董、塘长等皆非职官，但享受官府在税役方面给予的优待。乡董、保长主要负责议定工程维修，监督执行各项塘规。塘长则是专管塘务，负责水门塘的岁修、使水用水等日常管理，遵时遵约来"护水""守闸"。

（二）修治制度

水门塘的修治古无专门制度，清乾隆十八年（1753）知县张海在打击豪强侵塘垦田行为之后，建立了岁修制度，其在《清理水门塘碑记》中称曰："至沿塘界堆，保无日久渐就坍颓，是必于每年农隙之时，责成塘长督率附塘居民，于塘心淤处开浚，即以塘土高培界堆，使之屹然在望，不可磨灭，庶几塘日深，界日固，而先贤之遗泽所以备潴蓄，资灌溉者将永久而不坏也。"[①]此后，岁修制度得到不断完善。光绪年间的霍邱《县正堂陈示》碑文云："旧制议章，□□水皆赖塘。前使各户出夫，东至毛家井，东南至红石桥，西边南至南门王墙为止，共计水门塘、罗家庙、吉水湾之三保出夫，培垫埂坝。□□□闸□购买砖石，主佃摊派钱壹百叁拾捌串柒百零陆文，均门销在卷。"[②]从碑文中可看出，水门塘的岁修由享受水门塘水灌溉之利的水门塘、罗家庙、吉水湾三保出夫承担，并负责放水闸门的维修费用。

（三）用水制度

在地方官府的支持下，水门塘管理者制订了灌溉用水使水规则，确保水门塘的用水秩序。清光绪二十二年（1896）霍邱《县正堂陈示》碑文曰：

① （清）张海,薛观光.乾隆霍邱县志[M].影印版.台北:成文出版社有限公司,1985.

② 县正堂陈示碑[Z].存霍邱县水门塘公园大门入口处右侧.

界外有以界水准支用塘水。更可异者，有塘埠北边名黄鳝笼，多大姓田地，佃持主势，任意挖埂。故向章程随□□□□□□放塘内、塘下，章程承蒙前宪议处在案，今当蓄水之期，恐有玩法之徒，一味蛮横，滋酿祸端，不揣寄哄。凭县宪建碑晓谕，凭照县章，俾使水之际，先行鸣同塘长，转向塘董等公议允洽，始准开放。该塘长日夜巡查，不得推诿。倘允私挖塘埂□□□等，公愆宪示晓谕建碑等情到县堂，经前县批饬，查照光绪八年监生陈广庸等禀请出示旧案，□□□□□□□□以行，共同核议简明章程数条，禀候复核，给示立碑，以垂久远。可以兹据水门塘董乡长陈际明，即陈广庸禀水门塘立前禀公议章程，使水界址，似无不可。今准禀请宪示晓谕立碑等情前来，据此，除批示在合，任给示晓谕为：凭此水门塘、吉水湾、罗家庙三保乡董、塘长及使水农佃人等，一体遵照，凡界外向集水分之户，不准强使塘水；其界内在水分之户，如需用水亦须禀明塘董等，眼同共放，不得私挖偷开。界内、界外有分，将分总以除埂坝闸时，曾共同出夫、出资。凡所□各户恪守向章，不许少有紊乱塘规，倘敢故违滋扰，准该乡董、塘长人等，指名具姓，报县公禀，以凭提讯究治。各禀巡成达，切切时示。①

此碑可称得上是霍邱县历史上极为难得的一部水资源管理和利用的"水法"。从碑文中可知，在咸丰朝之前就存在有用水的规则，因咸同兵燹之后，外来人口增多，造成旧章紊乱，不遵至凭。所以有环塘士绅向县堂陈知县申禀，重申用水规章，规定：水门塘、吉水湾、罗家庙三保农佃人有使水用水的资格；需要用水之时，先告知塘长，经塘董商议后，才允许放水；塘长要日夜巡查，不得推诿；界内水分之户用水须禀明塘长，眼同共放，不得私自偷开；界外向集水分之户，不准强使塘水；用水者必须出资、出夫修治水门塘之埂坝和闸；对违反塘规，私自用水者，禀官究治。这些规章制度有效地维护了水门塘的用水秩序，提高了水门塘的用水使水效率。

---

① 县正堂陈示碑[Z]. 存霍邱县水门塘公园大门入口处右侧.

第四节　蔡城塘

蔡城塘原属寿州（寿县）所辖，1965年划属新成立的长丰县，现属淮南市大通区，是古代江淮地区著名水利工程之一。因其历史上长期属寿州管辖，故本章将其列入加以述论。

一、蔡城塘的历史概况

蔡城塘位于寿州东七十里的孔家店坊（今孔店乡）。蔡城塘始建何时、创建者是何人，因史料缺乏无法确知。但地方传说是春秋楚国令尹孙叔敖所创建。其概况在文献中记载较少。明嘉靖年间所编《嘉靖寿州志》有明确载录，曰："（蔡城塘在）蔡城乡，去城八十里。埂长一千八百丈，横阔五百丈，深一丈。门十三座，使水民一百六十三户，放水沟十三道。"[①] 蔡城塘历史上亦是寿州水利之大者，规模仅次于安丰塘。地方志载曰："蔡城塘亦寿州水利之大者，旧志载南北直长一千八百丈，东西中阔五百丈，形如核桃中宽，南北两头狭。围约二十六里，东南北三面有埂，徒门十三座，迤西一面靠冈地，高堪为界。塘身东低而西渐高，有来水一道，北引黄间、舜耕诸山以及平坡漫洼之水五派，从姚皋、马厂而南汇于沟，委宛十三里，由孔家店东过桥入塘。沟旁有减水石闸、滚水石坝各一座，遇水异涨则减泄，至北炉桥入河归淮。"[②] 详述了蔡城塘的规模、形制及其水源情况。

因缺乏文献记载，蔡城塘历史上修治情况无从查考。清《乾隆寿州志》中对蔡城塘修治情况有所提及，文中记载道："寿州水利自安丰塘、蔡城塘外，计塘四十余处，载之旧志甚详。大抵皆起于明之前，至明而其制亦备也。然水之潴为塘者，必水之来者。远聚者众疏其道，而筑堤以蓄之，而启闭有时，乃以为灌溉之利也。……故屡奉例兴修，止及安丰塘、蔡城塘，其余皆不在估修之例矣。"[③] 可见蔡城塘是官府修治的主要水利工程之一。地方志记载清代修治有

---

① （明）栗永禄. 嘉靖寿州志[M]. 影印版. 上海:古籍书店,1982.
② （清）席芑. 乾隆寿州志[M]. 影印版. 台北:成文出版社有限公司,1985.
③ 同上.

三次。清乾隆四年（1739），寿州知州范从徹"详请帑银三千六百两有奇，修理大闸一座、减水闸一座、河口闸一座、陡门三座，挑进水沙河十余里"[①]，历经二十余年，石坝、闸门复被水冲坏。至乾隆三十一年（1766），知州席芑"亲诣塘所，督令环塘使水人户协力重修"[②]。嘉道以后，无人经理，以致斗门冲损，塘埂坍塌。光绪七年（1881），凤颍六泗道台任兰生拨款重修，寿州知州陆显勋谕令张玉和、洪斐然为塘长，月余竣工，用制钱六百八十一千四十三文。[③]经修治后，蔡城塘灌溉农田面积达二百余顷。[④]

到民国时期，蔡城塘再次年久失修，"塘埂严重塌陷，渗漏相当厉害，以至不能盛水。少许干旱，便造成旱灾；而每当山洪暴发，积水难排，便又成涝灾。只要集资稍加整修，立即收益，就是群龙无首，难以兴工"。居乡的原淮上革命军司令王龙庭招集水姓大户计议，选出代表成立蔡城塘整修管理董事会，以各姓代表为董事。王是倡议人，"带头捐大洋三百块，其余按亩筹集，土方劳力按照受益田亩出工。加高塘埂，开拓引水渠道，建设四十八个排灌斗门"。仅仅花费二个冬春，完成整修工程，对发展当时农业生产起到了良好作用。[⑤]从此之后，无人再修，因主要水源中断，塘水枯落，蓄水灌溉失去保证，灌区沦为半荒废状态。

1952年人民政府开始整修蔡城塘。经过1954年、1956年、1968年的几次维修和1974年改建，蔡城塘在防洪、蓄水、灌溉和养鱼、育珠方面均发挥显著作用。改建后的蔡城塘南北长6公里，东西宽0.5至1公里，面积3.1平方公里。塘呈长方形，塘埂可行汽车，埂旁全部绿化。建筑物有斗门16座，节制闸、进水闸、溢洪道、排水堰各1座，引水渠1条，流域面积86.3平方公里，总库容492万立方米。共灌溉孔店、马厂两个乡20个村计74 300亩农田。该塘水源，平时除平坡冲洼径流入塘之水外，主要引舜耕山南麓沙河之水。遇降雨量不足时，则从孔店一级电灌站提高塘湖水补充。[⑥]

①　（清）曾道唯.光绪寿州志[M].影印版.南京:江苏古籍出版社,1998.

②　同上.

③　同上.

④　同上.

⑤　孔照篇.王龙廷家世及其归里后[A]//政协长丰县文史委.长丰文史资料(第一辑)[C].长丰:政协长丰县文史资料研究会,1986:39.

⑥　长丰县地方志编纂委员会.长丰县志[M].北京:中国文史出版社,1991:153.

蔡城塘现属于淮南市大通区，经数次修治后，其集水面积达122.8平方公里，水库面积3.5平方公里，总库容500万立方米，由南、北、中三个塘连接而成，是一个以防洪、灌溉为主，兼有旅游、水产养殖等综合利用的人工生态湿地。现今塘中生长着丰富多样的淡水鱼类和菱、芡、芦苇、蒲草等水生植物，还有白鹭、鸳鸯、野鸭等几十种水鸟在这里栖息与繁衍。夏季，塘内的荷花、水鸟与临近的高铁线相映成趣，构成了蔡城塘独特的美丽景观，已成为江淮地区最亮丽的风景之一。

二、蔡城塘的纠纷与管理

清代与民国期间发生了数次有关蔡城塘的水利纠纷，对地方社会造成较大影响。主要有三次，列述如下。

一是寿州民众与怀远县民众间的用水纠纷。据《怀远县志》记载："舜耕山南北水皆东流归蔡城塘。塘南北袤二十余里，共斗门十二，其南十一皆属寿州，惟北一斗门属怀远。由此斗门向北横开一坝，坝北一塘曰女环塘，其东堤办（半）与蔡城相连约长数里皆怀远境也。女环塘虽有斗门五座，从属具下皆贫民，势难复修。惟王家楼五百余户，近蔡城塘北斗门，得其水利焉。乾隆初年，寿民有冒本塘乡保者，禀之州云：蔡城塘专属寿州，怀民不得越境取水。数年互不能决。后怀民执府志以据，诉之府，乃得其平。"[1] 寿州民众与怀远县民众因取蔡城塘水而引发长达数年的纠纷，最后怀远以《凤阳府志》所记资料赢得了官司。

二是蓄水与排水引发纠纷。寿州"孔家桥南有小坝一座，分水以灌沟旁之田，岁久不修，来水沟淤塞，闸坝废坏，塘埂、陡门坍塌，塘内不能聚水。塘中迤西一带居民皆垦为田，升科纳粮，由来已久"。至乾隆十四五年，"山水大涨，塘水盈溢，塘西田浸没，遂有盗决塘埂之事，以致争讼"[2]。寿州知州席芑亲临现场勘查，得出较为合理的结论。其说："今查塘西之田已久，未便尽复旧制，应命有田之家同力筑埂于塘田相连之处，以防塘水盈溢。埂内仍开涵洞三道，泄田水入塘，使异涨之年，涵洞必被水湮，不能宣泄塘西田内之水，势必淹没。勘度形势，当于塘之南埂内筑夹埂一道，开徒门一座，塘西新埂之南向

① （清）孙让修，李光洛．嘉庆怀远县志[M]．影印版．南京：江苏古籍出版社，1998．

② （清）席芑．乾隆寿州志[M]．影印版．台北：成文出版社有限公司，1985．

东筑小坝，遇塘水未满，塘西水涨，欲泄，则开三涵洞，并开小坝，泄水归塘；若塘水已满，或遇霪潦，塘西尚须减水，则将夹埂、丰乐门、减泄水入沟归河，实为两全之计。"[①]

三是截坝阻水引发纠纷。民国期间，寿县东乡有朱姓人等在蔡城塘来水河道上筑朱家坝拦水，致使塘水不足，影响蓄水。塘长王筱杵带领团练武装数十人强行扒毁朱家坝，引起水利纠纷，官司一直打到南京国民政府。结果王败诉，被责令重新打起朱家坝，并赔偿有关损失。[②] 最后造成蔡城塘无人维护管理，濒临湮废状态。

蔡城塘属于官管民办的公塘，有关蔡城塘使水用水的管理情况，未见到相关史料，不好断下结论。但据现有史料可知，最迟至清代，蔡城塘就设立有上、下塘长及斗门司理人员，管理蔡城塘日常事务，且塘长需要得到官方的委任。

① （清）席芑. 乾隆寿州志[M]. 影印版. 台北:成文出版社有限公司,1985.

② 合肥市水利志编纂委员会. 合肥市水利志[M]. 合肥:黄山书社,1999:98.

第七章　皖西淮河中游湖泊群的水利生态史

湖泊是自然生态的重要组成部分，可靠地承载着生态变化和人类活动的相关信息。因此，开展对历史时期区域湖泊生态变迁的研究是考察历史时期生态变化的重要途径。湖泊史也是中国水利史研究的重要内容之一。本章主要对皖西地区淮河中游湖泊群的水利生态史进行考察。

第一节　淮河中游湖泊群的形成

皖西地区淮河中游湖泊群的形成与淮河中游地理环境的变化密切相关。淮河流域中下游地区，"自第三纪以来，在不断沉降过程中，形成了一系列的凹陷盆地，它们都成为近代湖河相物质的主要沉积场所"[①]。这些凹陷盆地成为淮河中游湖泊群的基础。淮河中游南岸属大别山及其延伸的山地丘陵区，支流顺应淮河南北向构造发育，河道短促，河谷狭窄，支流上下游高低悬殊，造成发源于大别山地丘陵区的史河、沣河、汲河、淠河、东淝河等河床比降较大，水流湍急，分别在三河尖至峡山口之间注入淮河。淮河中游北岸为广大的平原区，地势平坦，注入淮河的支流有颍河、西淝河、涡河、沱河、浍河、北淝河等，河身平直，流域狭窄，河床宽浅，水流缓慢。淮河中游南北岸众多的支流汇集，成为淮河水沙物质的主要来源。特别在正阳关至峡山口间的中游河段，淮河沿着淮南弧构造线发育，岗丘紧逼河岸，河道在禹王山和霸王山山体之间，形成峡谷地貌，造成淮河水面宽度仅及正常水面宽度的三分之一至二分之一。淮水在峡山口形成束水作用，使得水流下泄不畅，流速骤降，淮河水位急升，

---

① 钱济丰. 历史时期淮河流域沉积环境的变迁[J]. 安徽师范大学学报(自然科学版),1984(2):58-62.

大量水沙聚集，并向两岸漫溢。[①] 可见，正阳关至峡山口的淮河河段即是洪水集中、泥沙淤积的两个主要地段之一。故地方志称："淮自霍邱以上，其流未盛。至寿州，受两沙河之水（土人以淠水为南沙河，颍水为北沙河），至凤台又挟两肥而浩瀚极矣。数百里之来源，挟南北翼注之，众水而泄之，以八十丈之硖石口，其势不畅。故每遇夏秋霖潦，万水俱汇，则泛溢为害。包冈阜，败田畴，坏房舍，浸城郭，往往而是。"[②] 因此，地理环境是淮河中游南岸的城西湖、城东湖、南湖、寿西湖、瓦埠湖等湖泊形成的基本条件。

黄河南泛夺淮和洪泽湖水位不断抬升是形成淮河中游湖泊群的主要原因。南宋建炎二年（1128），杜充决黄河堤，黄河开始南泛。金章宗明昌五年（1194），黄河决阳武故堤南泛，开始进入全面夺淮时期。至咸丰五年（1855），黄河决铜瓦厢，改道夺大清河北去。七百多年间，大量的黄河泥沙进入淮河，对淮河两岸影响很大。明清王朝为确保运河漕粮运输的通畅，实行"束水攻沙""蓄清刷黄"的治河策略，不断筑高洪泽湖（高家堰）大堤，造成中游河水不能下洩，故在淮北地区形成了"洪水走廊"。徐士传根据大量历史文献资料，推算出洪泽湖大堤顶高程曾从1415年的9.77米，到1826年增达17.20米；子捻堤则从1678年的14.32米，到1826年增达19.00米。徐士传还推算湖底的高程，公元200年左右为2.7米左右，800年为3.0米以上，1855年达海拔10米左右。[③] 洪泽湖底不断淤高和大堤的逐渐加高，抬升了淮河干流的水位，造成淮河中游河段河床的泥沙大量淤积，有学者研究认为自始筑洪泽湖大堤以来，鲁台子——蚌埠河段每公里河长的加积泥沙的总量约达3 400万吨以上。[④] 其结果造成淮河中游的河漫滩淤高，缩小了水流的断面，致使泄洪不畅。明寿州人谢翀《重增土城记》说："惟自嘉靖中叶，黄河改道，洪涛自徐、沛分流于淮、汜，过濠、泗以达海，始逆漾遭缓，河洼、湖心淤且十九，间岁盛夏暴霖屡作，英、六、汝、颍狂澜复下，则硖石势遏，而潢潦漫渟，连山隐树，一望无涯，水之迫近城堞者止余寸尺。风推浪撼，斯民之躯命产业直与鱼虾共之，恻隐者

① 钱济丰. 历史时期淮河流域沉积环境的变迁[J]. 安徽师范大学学报（自然科学版）,1984（2）:58-62.
② （清）李兆洛. 凤台县志[M]. 合肥:黄山书社,2009.
③ 徐士传. 洪泽湖大堤高程变化史考[J]. 淮河志通讯,1984（4）.
④ 杨达源,王云飞. 近2 000年淮河流域地理环境的变化与洪灾——淮河中游的洪灾与洪泽湖的变化[J]. 湖泊科学,1995（1）:1-7.

所骇闻也。"① 清大学士、光绪帝师、寿州人孙家鼐称:"道光年间,黄河屡决口,由颍水趋淮,挟泥沙而下,淮流因之受病。于是寿之下蓄,如怀远、临淮、五河、盱眙等县,为淮流所经行者,悉淤垫失建瓴之势,不能畅流。"② 可见,黄河夺淮带来大量泥沙沉积,淤塞了淮河中游的河口,每遇洪水,淮河向支流倒灌的范围扩大,促使淮河中游湖泊群面积不断发展壮大。

第二节　围垦与还湖——霍邱县城西湖生态变迁

霍邱城西湖位于淮河南岸,是淮河中游地区的自然湖泊,也是国家规划的淮河流域重要行蓄洪区。城西湖历史上曾多次被围垦,特别是20世纪60年代中期,原南京军区部队在此进行了长达二十年的围垦,建立了城西湖军垦农场,在淮河中游地区产生了极大影响。本节主要从生态史的角度,对城西湖的围垦与还湖进行考察。

一、城西湖的形成

城西湖的形成是淮河中游地区水生态变迁的结果。据地质资料佐证第四纪晚更新世,淮河形成以后,河道偏于现河道以南。城西湖系淮河支流沣河,大致由西南向东北径流注入淮河。当时沿淮一带呈沉降状态,河流侧蚀作用强烈,使城西湖所属河道——沣河逐渐加宽。晚更新世晚期,本区新构造运动具有自南而北翘起的特点,淮河河道逐渐北移并起着迂回侧蚀作用,便在沣河的地形低洼处,积水成湖,形成现今"胃状"形态。③ 这个所谓的"湖"就是今城西湖的前身"穷陂"。据北魏郦道元《水经注》记载:"淮水又东北,穷水入焉。水出六安国安风县穷谷。《春秋左传》楚救潦,司马沈尹戍与吴师遇于穷者也。川流泄注于决水之右,北灌安风之左,世谓之安风水,亦曰穷水。音戎,并声相近,字随读转。流结为陂,谓之穷陂。塘堰虽沦,犹用不辍,陂水四

① （清）席芑. 乾隆寿州志[M]. 影印版. 台北:成文出版社有限公司,1985.

② （清）曾道唯. 光绪寿州志[M]. 影印版. 南京:江苏古籍出版社,1998.

③ 霍邱县地方志编纂委员会. 霍邱县志[M]. 北京:中国广播电视出版社,1992:235.

分，农事用康。北流注于淮。京相璠曰：今安风有穷水，北入淮。"①穷水今称
沣河，发源于霍邱县西南乡丘陵岗地，是流经霍邱县境的主要河流，有"霍邱
人的母亲河"之称。但史无确载穷陂建于何时，从当地及周边水利开发利用情
况可推论其最早可能出现在楚国孙叔敖兴建水利时期，最迟则在西汉时期。至
北魏时期穷陂虽被沣河水所沦没，但仍能发挥灌溉作用，同时说明沣河在此地
段已有积水成湖现象的出现。

　　金章宗明昌五年（1194），黄河决阳武故堤南泛夺淮。黄河水携带大量泥
沙沉积于淮河，使河床不断增高，同时也淤高了沣河的入淮河口，致使沣河低
洼处的原穷陂水面不断扩大，形成湖泊，因在县城西侧，故称西湖，也称城西
湖。至明代西湖已见于地方文献。明《嘉靖寿州志》中的"南长山中长山北长
山"条就提及霍邱西湖，云："县西八十里，三山连峡而长，西湖水泛，望之
青翠如带。"②但该志书在记载境内湖泊之时未有西湖的记载，表明当时西湖
水面远较其他湖泊小。明代实行"保运护陵"的治河政策，后期河漕总督潘季
驯采取"束水攻沙""蓄清刷黄"的治河措施，不断修筑洪泽湖高家堰大堤，
致使洪泽湖底不断淤高，淮水宣泄不畅，倒灌入沣，出现了西湖水面扩大的景
象。明万历末年（1619年前后），淮水横涨，于高唐镇之西关洲处决口，涨流
随口冲入，西湖水位上升，水面再次扩大，沿岸十数保尽被淹没，形成水来成
湖、水去成滩的沼泽地。居民荡析离居，不能聚庐而族。关洲原在淮河之中，
据《水经注》记载："淮水又东为安风津，水南有城，故安风都尉治，后立霍
丘戍。淮中有洲，俗号关洲，盖津关所在，故斯洲纳称焉。《魏书·国志》有
曰：司马景王征毋丘俭，使镇东将军、豫州刺史诸葛诞从安风津先至寿春。俭
败，与小弟秀藏水草中。安风津都尉部民张属斩之，传首京都，即斯津
也。"③作者认为沣河原直走关洲处入淮，可能在金代黄河全面夺淮后，黄河
泥沙淤积了关洲，与高唐相连形成陆地，沣河水改走下河口入淮。在关洲决口
一百多年之后，清雍正七年（1729）、乾隆十二年（1747），知县张鹭、钱以铨
分别筑关洲口土堤，拦截淮水。乾隆二十二年（1757），知县刘吉请国帑筑西
自三河尖、东至任家沟淮堤一百六十余里，堵塞入淮诸口，水聚于西湖之内，

① 陈桥驿. 水经注校证[M]. 北京:中华书局,2007:707.

② （明）栗永禄. 嘉靖寿州志[M]. 影印版. 上海:古籍书店,1982.

③ 同①.

再由沣河东北流二十余里，从新河口入淮。到嘉庆二十年（1815），沣河"河道日淤，其由沣而西者自陈家铺至关家嘴，由沣而东者自沣河桥至临淮冈，五十余里咸于地平，湖之水无以达于沣，沣之水无以达于淮，而城西遂汇为巨浸"，形成如今规模的城西湖水面，以致出现了"县西之关家嘴、陈家铺，县东之花家冈、莫家店、临淮冈诸保，周围百里，其地皆膏腴可耕，尽弃在汪洋大泽之中"的惨景。[①]到民国时期，城西湖面积约七千顷，合约四百三十平方公里。[②]

二、城西湖的自然环境

城西湖位于沣河下游尾闾，故又名沣湖。其北滨淮河，东接临淮岗、城西湖、宋店等乡镇和县城，南至邵岗乡、石店等乡镇，西连高塘、范桥、周集等乡镇。1937年测得西湖面积430平方公里。新中国建立后，西湖水位在海拔22米高程时，面积为380平方公里，相应蓄水9.4亿立方米；25米高程时，面积为455平方公里，相应蓄水22亿立方米。[③]湖区所在地属亚热带北缘温暖半湿润季风气候区，气候温暖，雨量适中，光照充足，雨热同季，无霜期较长，四季分明。据该县1958—1987年30年的气象观测资料，月平均气温15.3℃，年均无霜期226天，年均大于0℃积温5 628.7℃，年均大于10℃积温4 957.5℃，年平均降水量989.8毫米，年均降水日数112天，年均蒸发量1 395毫米，年均相对湿度77%，年均日照时数2 148小时，年均太阳辐射能117.9千卡/厘米^2，年均风速3.1米／秒。[④]其地带性土壤是属黄棕壤类型的黏盘黄棕壤（当地称名"马肝土"），1984年，霍邱县土肥站对当时城西湖军垦农场进行专项土壤普查，查清属潮土土类，灰潮土亚类，淤泥土、砂泥土、麻砂土3个土属6个土种。土壤质地以砂壤至黏土，较为肥沃。[⑤]

城西湖水生态系统因其宽阔广袤的水体、适宜的气候条件，而生长着丰富的动物和植物。地方文献中，有关历史上城西湖动植物的记载较少，其详细情况我们无从得知。清《同治霍邱县志》记载城西湖产莼菜，其称："蓴，水葵

① （清）陆鼎敦,王寅清.同治霍邱县志[M].影印版.南京:江苏古籍出版社,1998.
② 佚名.安徽省灌溉区工程概要及其办法[J].经济建设半月刊,民国二十五年(4).
③ 霍邱县地方志编纂委员会.霍邱县志[M].北京:中国广播电视出版社,1992:235.
④ 同上:68-71.
⑤ 同上:236.

也。所谓千里蓴羹。今城西湖亦有之。"① 还称："虾产沣河桥者佳。土人云同腐煮食，则虾自入腐中。其种背有一缕红线可别。"② 古人所作诗歌也可反映出城西湖植被及动物的状况。明邑人胡明善的"霭气郁葱林影暗，绿荫浓翠水云浮"③，邑人时阳的"蓼花浦叙剩残阳""菰蒲飐水分还乱"④，邑人林冲霄的"潮满兼葭秋尚媚，岸拖杨柳晚疑疏"⑤，清任霍邱县学训导丁国佩的"红蓼花明宿霭收"⑥"烟柳迷高垤"⑦"一帆来往荻花风"⑧，张嵩龄的"红蓼洲头便是家"⑨"淮流深憾树千行"⑩，段立本的"但见两堤柳絮，四面芙蕖芦白""采茎茎之荻笋，收寸寸之芹芽"⑪，等等，都是对城西湖边柳树、红蓼、菰、蒲、芦荻、烟树等植物的描述。对城西湖的动物也有诗歌描述，明时阳"鸥鹭惊人西复东"⑫，清霍邱县学训导李世芳的"凫鸥静语忆沧桑"⑬，丁国佩的"双桨动摇鸥阵水"⑭，林溰的"霜落潭空雁影间"⑮，甄琬的"漫向沙汀窥鹭迹"⑯，陈天晓的"鸥鹭共徘徊"⑰，张嵩龄的"双桨拨开鸥影乱，一声歌罢雁绳斜"⑱，刘杞的"塞鹰入空鸣"⑲，段立本的"鸳鸯破梦，鸥鹭同家"⑳，等等，都是对城西湖鸟类动物的真实反映。明曹聪的"鱼鳞浪叠蔚苍苍"㉑，清李世芳的"几度得鱼沽野市"㉒，段立本的"银鳞戏藻""金钩屈虾"㉓，等等，则是对城西湖丰富鱼类资源的称道。

据现代科学调查，城西湖水生生物资源丰富，有水生维管束植物33种；鱼类资源共有45种；饵料生物资源如底栖动物29种；野生动物达22目52科134种，其中两栖类1目4科7种，爬行类2目4科6种，鸟类14目36科110种，兽类5目8科11种。㉔其中有国家一级保护动物东方白鹳、大鸨，国家二级保护动物白琵鹭、小天鹅、苍鹰、白腹鹞、游隼、红隼、灰鹤、白枕鹤、小鸦鹃、鸳鸯等；省一级保护动物有5种、省二级保护动物有23种；有科研价值动物有大白鹭、银鸥等。城西湖饵料生物资源也相当丰富，平均浮游植物含量27.6万个/升水；浮游动物含量：原生动物7个/升水，轮虫22个/升水，枝角类26个/升水，桡足类27个/升水，无节肢动物13个/升水；底栖软体动物14种，底栖寡毛类4种，蛭类3种，水生昆虫8种，底栖生物量是300公斤/公顷。水生植物生物量是1900克/米²（湿重），这些是城西湖鱼类及其他动物食料的保障来

①~㉓　（清）陆鼎敦,王寅清.同治霍邱县志[M].影印版.南京:江苏古籍出版社,1998.

㉔　张德华.安徽城西湖生态环境现状及其治理对策[J].安徽教育学院学报,2004(6).

源。[①] 城西湖在被围垦以前最常见的水生植物是莲、芡、菱、菰、菖蒲、荻、苇、茭白、水草等，湖边沼泽滩地有芦苇、荻、杞柳、河柳等，年产约100万斤；湖区常见野鸭有大青鸭、麻鸭、花脸鸭、"水葫芦"等多种；城西湖鱼类主要有青鱼、草鱼、赤眼鳟、鳊鲅、鳙鱼、鲫鱼、鳊鱼、白鲢、银飘、鲌鱼、黄桑鱼、鲇鱼、斑鳜、黑鱼、七星鳢、银鱼、魛鲚、湖鳗鲡、黄鳗、花鳅、黄沙鳅、泥鳅等，虾类有沼虾、麻虾、鳌虾、沣虾等，年产鱼虾不下500万斤。[②] 此外，还有三角蚌、癞蛤蚌等各种蚌类及田螺等各种螺类。

三、城西湖的生态景观

城西湖以其浩渺潋滟、湖光山色，候鸟集散、啾啾鸣禽，帆影渔歌的秀丽风景，赢得了历代文人们的青睐，其别致的景观，给人以图画般的联想和仙境般的感受。明邑人林冲霄："秋高白帝决龙湫，浩淼无由辨马牛。山自六商通地液，河从淮汝接天流。望穷涯涘千支合，气混沧溟一碧浮。莫道观涛多快赏，几番涝思尚关愁。"[③] 清林滉："云知游客放晴山，几许烟岚出没间。淮水波横因岸曲，沣桥碣断任苔班。风高木末樵归晚，霜落潭空雁影间。欲坐刻舟同泛月，夕阳鸟语莫催还。"[④] 清甄琬："秋满沣桥水接天，平湖潋滟绕云烟。浮沉兔影中流漾，上下蟾光一色妍。漫向沙汀窥鸟迹，无须灯火照渔船。擎杯何事思绵渺，触目天机自跃然。"[⑤] 清周汝楠："频年水涨叹弥漫，密雾遥天一色看。泛艇几教迷野渡，寻山仅得辨层峦。沿堤势恐长淮逼，拍岸波连大别寒。祇为关洲新口决，滔滔西泻绕城难。"[⑥] 清刘杞："野涧霜天净，秋深湖水平。斜帆来往客，落日古今情。渔舍炊烟起，山城雾月生。临流凭极目，塞鹰入空鸣。"[⑦] 清段立本："一片空明八里塘，波光矗立接天光。乘风渔子争施网，只把桅帆贴水张。"[⑧] 都是赞美城西湖湖光美景的诗句。

明代嘉靖年间编纂的《嘉靖寿州志》及明清《同治霍邱县志》所载"霍邱

① 张德华. 安徽城西湖生态环境现状及其治理对策[J]. 安徽教育学院学报,2004(6).

② 霍邱县志地方编纂委员会. 霍邱县志[M]. 北京:中国广播电视出版社,1992:237.

③ (清)陆鼎教,王寅清. 同治霍邱县志[M]. 影印版. 南京:江苏古籍出版社,1998.

④ 同上.

⑤ 同上.

⑥ 同上.

⑦ 同上.

⑧ 同上.

八景"中，就有"蓼浦渔舟""淮水拖蓝""钓台烟树""沣河野渡"四景涉及城西湖，诗人们为此留下了许多感人至深的诗章，展示了城西湖的无穷魅力。

（一）蓼浦渔舟

霍邱古属蓼国，因河边湖畔盛产蓼草而得名。"蓼浦"就是指现在的城西湖。当年湖边渔民以湖为家，泛舟湖上撒网捕鱼，放饮高歌，富有浓厚的渔家情趣。

明时阳："蓼花浦叙剩残阳，来往扁舟荡漾中。短棹爱乘千顷月，破帆间挂一丝风。菰蒲飐水分还乱，鸥鹭惊人西复东。他日烟蓑成泛宅，头衔任换作渔翁。"①

清李世芳："拍天空碧澹无疆，点点渔舟破森茫。风雨忙人忘岁月，凫鸥静语忆沧桑。红堤春色一篙尽，缘墅斜阳半笠将。几度得鱼沽野市，酤歌亦自叶诗肠。"②

清丁国佩："红蓼花明宿霭收，渔家妇子荡轻舟。金波千顷古今月，铁笛一声天地秋。佼了散来沙市静，箸笭归去水村幽。何年得谢风尘事，短艇长杆共溯游。"③

清张嵩龄："扁舟如叶寄生涯，红蓼洲头便是家。双桨拨开鸥影乱，一声歌罢雁绳斜。垂纶秋长三篙水，晒网人归两岸霞。港小不愁风浪长，自吹短笛谱梅花。"④

（二）淮水拖蓝

历史上沣河入淮口有两处，淮河与城西湖无堤坝相隔，河湖相连，浩渺无边，碧水蓝天，相映成趣，呈现出一派水乡特色。

明曹璁："桐柏分流引派长，鱼鳞浪叠蔚苍苍。铺真似练揉难断，滑到如油涴亦香。远岸每连春草色，新晴时映碧天光。迢迢流出涂山硖，千里烟波接渺茫。"⑤

清丁国佩："嵯峨桐柏荫长淮，苍翠晴分匹练开。清合颖川从北入，碧成天堑自西来。千秋不改朝宗色，万里常思利济才。我本激扬存素志，临流时复一登台。"⑥

（三）钓台烟树

钓台又称焦氏台，在城西湖乡汪集西北，相传是张路斯隐居时垂钓之

---

①~⑥　（清）陆鼎敦,王寅清.同治霍邱县志[M].影印版.南京:江苏古籍出版社,1998.

处。台在西湖水中，台上树木众多，常发烟云岚雾，濛濛笼笼，景色奇特，故称烟树。

明胡明善："谁把鱼竿引碧流，空台树绕几经秋。澹含烟雾疑青盖，倒浸苍波卧赤虹。霭气郁葱林影暗，绿荫浓翠水云浮。垂钓人化龙飞去，唯有神光射斗牛。"①

清丁国佩："谁识云丛把钓心，荒台岑寂自登临。古人不起孤村水，秋色空余四壁阴。残月野航斜系影，夕阳归鸟乱投林。偶然一片风声起，犹似当年龙暗吟。"②

清陈天晓："胜地多奇迹，遗基有钓台。暮持双鲤去，朝曳一竿来。不学严陵傲，安师姜尚材。树低烟自密，风急浪常催。隔岸披蓑立，穿丝撒雾开。只今成已事，鸥鹭共徘徊。"③

清张嵩龄："化龙人已去沧桑，剩有渔矶倚夕阳。蓉岭气蒸烟一抹，淮流声撼树千行。游踪俨入严陵境，古意遥同渭水长。如此西山容卧隐，机心无限已全忘。"④

（四）沣河野渡

野渡是指河渡口处仅有小船，无渡夫摆渡。原在城西沣河上曾建有三孔石桥，方便行旅交通，但很早就已坍塌。后来人们在此设小船，旅客自渡。"沣河野渡"就是指城西湖南岸的沣河桥渡口。

明曾翀："沣河衣带远通淮，古有长津利往来。人向白沙洲上立，船从芳草岸边回。酒皆村酿难成醉，树作劳薪已渐催。日暮搴芳何所赠，临流系马一徘徊。"⑤

清丁国佩："山前古渡岸西东，河广犹欣杭苇通。双桨动摇鸥阵水，一帆来往荻花风。问津客语寒烟外，归市人浮落照中。试问乘舆从济涉，何如舟楫惠无穷。"⑥

清张嵩龄："蓼岸东西道路长，沣河中隔两相望。航来一苇秋波碧，拽满孤帆夕照黄。过客每愁风浪恶，野人终日水云乡。我思三月桃花暖，为架垂虹百尺梁。"⑦

清汪移孝："轮蹄络绎夕阳中，唤渡人喧两岸同。瓜艇乱摇双桨水，满帆稳

---

①~⑦ （清)陆鼎敦,王寅清.同治霍邱县志[M].影印版.南京:江苏古籍出版社,1998.

趁一湾风。滩头夜店沽村酒，水面官桥卧断虹。回首蓼城西角望，参差雉堞渐朦胧。"①

以上"四景"是明清诗人对霍邱城西湖景观的提炼总结，给观光者带来了美与秩序的无限感知，同时也蕴含了城西湖人类活动及水环境变迁的信息。

四、城西湖围垦的历史

明万历末年因淮水冲毁关洲口，西北数十保田地没入湖区。至清乾隆二十二年（1757）修筑淮堤后，滨湖居民围湖垦地，但淮河洪水泛滥时再沦为湖泊，洪水退却后则成湖滩，当地居民自发反复垦殖，收效不大。民国四年（1915）至六年（1917），霍邱县修筑了长达一百六十里的淮河大堤及城西湖湖堤后，湖内水位下降，维持在海拔18～20米，沿湖退出的荒地，大都由地主、豪强招佃开垦，据为己有。如北洋军阀张敬尧家族就霸占了较大面积的官荒地。民国八年（1919），地方政府曾设立霍邱官荒局，放垦官荒。民国十八年（1929）改设官荒分局，继续办理。民国二十四年（1935）并归县政府兼办，本县人韦立人任县长并出任垦务专员，负责城西湖垦殖事宜，其呈请省财政厅代向银行借款二万五千元，省"建设厅派遣工程人员前任该县监修任家沟、新河口两处涵闸，以资洩水。继由省政府委派建设厅工程师章光彩，会同导淮委员会派员前往该湖详细查勘，以资决定开发该湖是否确有利益"，经查勘结果可行，"遂经省政府第五二〇次委员常会议决经费八万元，由财政厅向金融机关借垫，疏河筑堤工程由建厅负责进行，清理官荒由民、财两厅委员办理，组织农村由安徽大学及教厅详拟办法、派员筹理等四项"，省各机关分途办理。于是，建设厅立即派委前往该县组织测量队及工务所，边测量边施工，预计当年可增加生产能力二百万元。②第二年（1936），安徽省财政厅贷款拨付给建设厅，负责疏浚从张集经沣河桥至廖家渡、从高塘集经沣河桥至城西湖两条河道，并兴筑圩堤，清排湖内积水，"凡纯粹公地划段招佃，承垦佃租收益六成归县，四成归省"③。省政府拨给安徽大学农学院事业费20万元，领垦湖地10万亩，其中2万亩办自营农场，8万亩就地每乡办一合作农场。次年安徽大学农学院农场收

①　（清）陆鼎敦，王寅清.同治霍邱县志[M].影印版.南京:江苏古籍出版社,1998.

②　佚名.安徽省灌溉区工程概要及其办法[J].安徽建设半月刊,民国二十五年十二月(4):10-15.

③　安徽省政府.安徽概览[M].民国三十三年:105-106.

稻谷260万斤,各乡合作农场收300万斤,农民自种约收600万斤。[1] 韦立人还试办县属合作农场,播种水稻,当年秋稻子刚成熟,淮堤四百丈段溃决,万户闸冲毁,西湖水涨,虽向各乡征集民工抢收,约收稻谷1 100万斤,但损失很大,韦因办理失宜而被撤职。[2] 民国二十六年(1937),复委派清理霍邱官产专员,设立办事处,专司清理。民国二十七年(1938)6月9日,为阻止日军西侵合击武汉,国民党军炸开河南郑州花园口黄河大堤,滔滔黄河水涌进淮河,破堤决坝,豫、皖、苏三省所属41县的54 000平方公里土地一片汪洋。淮河堤防溃决,干支流普遍淤淀抬高,霍邱县境内淮河干流三河尖和四百丈分别淤高0.1米和0.3米,淠、颍、淮三河汇流处的正阳关沫河口淤高达5米,以致淮水断流。[3] 城西湖淮堤数处决口,所围垦的耕地尽沉沦于水,围垦失败。后经多次疏治,淮流畅通,湖水逐渐下洩。至民国三十一年(1942),复设立霍邱东西湖荒地整理局继续办理。荒地整理局成立后,对官荒地进行清理登记,由抗战前的7.1万余亩,核查确认4.04万亩,招佃承耕,放弃佃种2.28万亩,尚处于纠纷待定者0.46万亩,化除者0.38万亩。清理未定案官产3.5万余亩,按甲等地价一百元、乙等六十元、丙等四十元,发给正式管业执照。至民国三十三年(1944)一月,填发执照十八张,计地0.15万余亩,实收地价8.3万余元。[4] 整个民国时期因战乱和淮域洪水频发,城西湖围垦所取得的效果不太显著。

五、军队围垦过程

新中国成立不久的1950年,淮河决堤,洪水横流,沿淮居民损失惨重。中共领袖毛主席发出了"一定要把淮河修好"的伟大号召,中央人民政府政务院作出治理淮河的决定,确立了"蓄泄兼筹"的治理方针,根据国家水利部的规划,城西湖被列为淮河中游洼地的蓄洪区之一。1951年3月至7月,城西湖淮堤王截流至任家沟口段高程被加高到海拔27.5~28.0米,堤身增厚,顶宽8米,并退建上格堤和下格堤,扩建万民闸,修块石护坡11处共2.57公里,还兴建了分水闸、船闸。城西湖内水位高程19米以下常年蓄水区为140平方公里,19.5

---

① 六安地区志编纂委员会. 六安地区志[M]. 合肥:黄山书社,1997:177.

② 霍邱县地方志编纂委员会. 霍邱县志[M]. 北京:中国广播电视出版社,1992:241.

③ 同①:174.

④ 安徽省政府. 安徽概览[M]. 民国三十三年:105–106.

米至20米高程地段可确保午收、秋收。[①] 自1951年到1966年的16年中，除1954年蓄洪外，沿湖周围耕地有12年午秋双收，3年（1956年、1963年、1964年）午季保收。[②]

从事农副业生产一直是中国人民解放军的优良传统，从革命战争年代时期，他们就依靠从事农副业生产活动，解决物资供应不足的困难，如著名的八路军"三五九旅"开发延安南泥湾行动。围垦城西湖受到了人民解放军的极大关注。1962年冬，原济南军区部队在城西湖围垦3.9万亩，但因涝灾而被迫于1965年冬撤出，第一次军垦失败。

在原济南军区撤场之后的1965年底至1966年上半年，原南京军区和安徽省及地方协商围垦城西湖的问题，一致同意军民协力，"根治西湖，统一规划，平战结合，军民两利，勤俭办场"。计划开发范围60万亩，军圩约15万亩，民圩45万亩，使军民共同受益。[③]

1966年4月，原南京军区向中央军委呈递《关于建设霍邱城西湖农场的报告》，得到批复，同意围垦城西湖，并指出"整个工程要依靠地方党委，依靠人民群众，服从根治城西湖的统一规划"[④]。

原南京军区在向中央报告的同时期研究决定，将开发城西湖的任务交给所辖的60军负责，并组建一个步兵团，担负城西湖农场生产建设的先遣任务。同年4月，60军编成步兵第543团，随即开赴霍邱县城西湖地区，选择湖东北的莫店圩试建农场，边勘察、边设计、边施工，在湖沼地里筑堤挡水。不到三个月时间，就建成了一个6000余亩地的农场，当年全部播种了小麦。[⑤]

为了加快开发进程，围垦部队和地方协商组成了围垦指挥部，负责全面施工和基础设施建设，以及协调军、地协同事宜。

9月，原南京军区调179师率三个步兵团开赴城西湖，执行围垦造田的任务，并修建湖内排水渠道和堤坝工程。10月，有一万余名指战员在围垦城西湖的工地，平均每人每天完成近5个土方，将7万余斤泥土由湖底推运到堤坝上。11月初，外大堤和泄洪道已初具规模。军区司令员等亲赴工地视察，抽调

---

① 霍邱县地方志编纂委员会.霍邱县志[M].北京:中国广播电视出版社,1992:239-240.

② 同上.

③ 高玉.回忆城西湖军垦开发的岁月[J].江淮文史,2018(2):81-91.

④ 同上.

⑤ 同上.

了70余台施工机械（推土机、挖壕机、刮运机）参加施工。当年深秋施工部队利用工余时间播种小麦2万余亩，长势良好。[①]

第二年（1967）春节后，利用农闲，霍邱县又抽调了8万余民工参加围垦行动。整个城西湖工地有军工、民工11万余人，机械100余台，汽车数百辆。至4月下旬，城西湖外大堤和泄洪道、排灌渠道已基本完成。6月，湖内公路行车，连接湖内外的长150米、宽4米的工农兵大桥通车，从淮南通往城西湖的高压输变电工程完工，总排灌站正在施工。军民合作共开挖渠道140公里，修筑路基84公里，完成土方430余万方，围湖造田约14万亩。去冬播种的2万多亩小麦，当年夏季收获1 000多万斤。夏季播种大豆13.5万亩，收获1 000多万斤。历经七个多月的围垦行动，昔日苇草丛生的城西湖已初步建成了阡陌纵横、路堤相连、排灌自如、宜于耕种的大型农场，60万亩耕地能保种保收。[②]

1967年，原南京军区撤出179师，重新组建178师进驻城西湖；1968年春，又将178师调出，组建第73师，专门担负农场生产和建设任务，仍隶属60军建制。城西湖农场始设5个分场（后整编成3个分场），坚持了边生产、边建设的方针，抓紧农田的基本建设。到1972年11月，城西湖军垦任务全部完成，共围垦造田17.8万亩，其中军圩12.5万亩，民圩5.3万亩。[③]经过几年的努力奋斗，军垦农场内开挖了各种排灌架道1 257条，累计长达1 529公里，修建了大小桥梁12座，排灌站14座，共装机10 490千瓦，基本上做到了旱涝保收。[④]农场还陆续添置农业机械501台（其中拖拉机67混合台），总动力达3 400马力，以及配套农机具、贮油、修理和保养设备；购置大货车22辆，运油车5辆，拖拉机45辆，组建了4个机耕队，使农业生产基本实现了机械化作业。建筑生产用房18 079平方米，生活用房28 376平方米，机械库房1 950平方米，仓库1 000平方米。一个大型现代化农场展现在皖西大地。[⑤]1971年，农场开始使用飞机作业（直播水稻、喷施农药、施肥等），在军垦圩内建飞机场1处，修有水泥跑道、仓库及供水等设施，总面积约15万平方米。[⑥]

① 高玉. 回忆城西湖军垦开发的岁月[J]. 江淮文史,2018(2):81-91.

② 同上.

③ 霍邱县地方志编纂委员会. 霍邱县志[M]. 北京:中国广播电视出版社,1992:241.

④ 高玉. 回忆城西湖军垦开发的岁月[J]. 江淮文史,2018(2):81-91.

⑤ 同③.

⑥ 同上.

为了确保稳产高产，农场大力实行科学种田。1972年，从沪、皖、苏省农科院、农学院请来熊毅教授等农业专家三十多人指导科学种田，传授科学知识。农场建立起一个近60人的农科试验站，进行科学试验和研究，指导全场生产。各分场也成立了农科小组，深入田间研究和解决生产中的问题。改良土壤、把握农时、优选良种、合理施肥、田间管理都取得了新成绩，农产量逐年提高。到1974年有1万多亩地达到亩产866.4斤，还有几百亩产量超千斤。同时，创造了水稻水直播、旱直播、飞机直播等科学方法，水稻单产达到700～900斤，全场年产量达到6000万斤左右。农场还重视工副、林木业生产。农场建有年修200标准台拖拉机的修配厂，年加工黄豆1500万斤的榨油厂，日产5吨的造纸厂等。全场栽种各种树木51万多株，有效地改善了农场的生态环境。①

当年参加过围垦的部队战士在回忆中描述："展现在人们面前的城西湖农场，远看像朵花，近看像张画。环湖的泄洪道，碧波荡漾，从飞机上往下看，恰似一条玉带环绕。湖边的大堤，说它是多功能一点也不夸张，1比3的坡度，形成一个近似天然公园的场所。大堤本身是防洪防涝的，堤顶的柏油路，为农场收获，为县城与淮北、沿淮、城西各乡形成一条交通纽带。湖内阡陌纵横，沟渠交错，那工整划一的田块，蛛网似的柏油马路，与麦浪、稻秧、鱼塘相互点缀，它不是图画，却胜似图画。"② 因此，可以说城西湖军垦农场是军民用汗水和热血描绘出的一幅壮观而美丽的图画，是全体军垦指战员和全体湖区干群用青春和生命铸就的一幅历史画卷。

六、军队围垦的效益

城西湖围垦二十年（1966—1986）内，国家总投资达4300多万元，其中地方2400多万元，部队1900多万元，取得了较为显著的经济效益。围垦第二年（1967）即收获小麦、豆类2700余万斤。1968年秋季蓄洪，午季仍收小麦3660余万斤。农场在1979年前以33%的耕地种植水稻，67%的耕地种植旱粮。1980年后，全部改种旱粮。历年粮食平均单产：水稻400斤，小麦（含大麦）225斤，豆类93斤，高粱220斤；年均总产量3500万斤，年均总产值（含工副业）

① 高玉. 回忆城西湖军垦开发的岁月[J]. 江淮文史,2018(2):81-91.

② 原南京军区后勤部. 鏖战城西湖[M]. 南京:江苏人民出版社,1996:249.

1 500万元，纯收入400万元左右，1981年最高纯收入达469万元。除1969年和1971年分别亏损140万元和137万元外，其余年份均有盈余。① 到1986年还湖时的二十年中，农场生产粮食9亿余斤，榨油1 600万余斤，造纸2199吨，直接经济收益2 200多万元。正常年景中一年生产的粮食，可供一个万人部队吃十年。② 1967—1981年的十五年中向国家上交公粮4.87亿斤，占总收获量76.45%；卖给地方0.49亿斤，占7.7%；军内上调0.46亿斤，占7.22%；部队本身补助0.28亿斤，占4.40%；其他（饲料、灾区救济等）0.27亿斤，占4.23%。③

围垦农场发挥了很大的社会效益。围垦区范围内11个民圩的耕地提高了保收系数，围垦20年中没有发生蝗灾，每年节省灭蝗经费10万元。交通条件得到了显著改善，围垦时修建了临淮岗船闸，内湖外河船只可以直达，年节省翻坝费28.8万元。因挖深了泄水道，延长航线40公里，湖下修了公路，缩短了霍邱城关通往西部、西北部10多个乡镇路程30至40公里。④

1968年秋，农场接收了全国70多所大学的3 700名大学生来场劳动锻炼，每个营增加一个大学生连。大学生们在农场积极施展自己的聪明才智，为农场建设出力，成为盖营房、科学种田、水利施工的坚强技术力量。若干年之后，许多人成为国家建设的骨干。⑤ 其中有国家部委领导、政府市长、资深外交家和著名科学家。

农场在军民之间开展协作医疗，多年来派出医疗队693人次，为群众治病91 460人次，并为地方培养医务人员262人。部队还向周围41 432户群众支援6 357万个劳动日；提供汽车1940台次运送物资112 226吨；提供机械350台次；机修12 963台件；化肥64 535吨；训练民兵11 085人；培训学生4 435人；培养农技人员128人；飞机灭蝗25架次，123 680亩次；抢险71次，抢救出遇险群众650人次；免、减电费，排涝、排洪费，借贷等项款共达654 890元。⑥

城西湖农场生产不断发展，在为国家创造了物质财富的同时，也培养了部

① 霍邱县地方志编纂委员会.霍邱县志[M].北京:中国广播电视出版社,1992:245.

② 高玉.回忆城西湖军垦开发的岁月[J].江淮文史,2018(2):81-91.

③ 同①.

④ 同①:245-246.

⑤ 同②.

⑥ 同①:246.

队官兵吃苦耐劳的精神，强化了思想作风建设，锻炼了一大批干部，密切了军民关系、官兵关系，是延安南泥湾精神的再现。围垦部队先后走出许多杰出的军政精英，如中国人民解放军前参谋总长陈炳德上将、军改智囊章传家将军等。

七、围垦引发的生态问题

对城西湖的围垦引发了极为严重的生态问题。

（一）抬高了蓄水区水位，极易造成旱涝灾害

发源于霍邱西南和西部丘陵的沣河是城西湖主要汇水，其径流面积达 1 750平方公里，年均产生径流总量约 2.31 亿立方米（枯水年 1 亿立方米，平水年1.75 亿立方米，丰水年 3.5 亿立方米）。城西湖原高程 19.5 米水位的蓄水区面积为 140 平方公里，可蓄水 1.8 亿立方米。围垦后，蓄水区面积在高程 19 米水位时仅有 33 平方公里，蓄水 0.45 亿立方米，造成湖内水位抬高，年平均水位高程21.86 米，丰水年份 22 米至 23 米，最高 24.57 米，年均抬高 1.69 米。造成垦区之外霍邱县南部湖汊洼地及生产圩平均每年有 10.4 万亩耕地被淹，1982 年高达15.2 万亩。[①] 夏季暴雨频发，城西湖因蓄水量大为减小，湖内水位上涨较快，造成垦区圩埂堤破，时常需要抢险筑堤，使得农作物严重减产甚至无获。同时，垦区内产生的内水也需要电力抽排，增加了生产投入，生产效益大为降低。当地群众极为形象地概括说，这是"围了锅底子，淹了锅台子"。而在干旱年景里，垦区内又因缺水失去了抗旱能力，极易形成旱灾。

（二）水产资源大为减少，使得渔民生活困苦

在城西湖围垦前，水面广阔，水温适宜，年平均水深约 1 至 2 米，水草、水藻繁茂，浮游生物众多，适宜各种鱼虾自然繁殖生长，是湖区 4 000 多渔民赖以生活的根本。在围垦后，因建造水闸，使河湖阻隔，影响了鱼类洄游，湖中水草也逐年减少，鱼虾产量由 200 万公斤下降到不足 50 万公斤，城西湖特产沣虾、银鱼濒临灭绝。渔民因此而流离四散，生活极为贫困。[②]

（三）湖内水质恶化，造成生活用水困难

城西湖原是霍邱县城关镇 4 万居民的饮水与生活用水的主要水源，围湖垦田之后的城关镇用水仅靠从沿岗河（泄水道）汲取，其水面较小，自然净化能

---

① 霍邱县地方志编纂委员会. 霍邱县志[M]. 北京:中国广播电视出版社,1992:246.

② 同上:247.

力很弱，水质污染严重，使得居民用水极为困难。1982年，县卫生防疫、保健等部门在沿岗河分段设点取样检验，无论在丰水期或枯水期，河水的可见色度、浑浊度、耗氧量及各种化学物质、细菌总量、大肠杆菌群等，均达不到国家卫生标准，各种有害细菌含量甚至超过国家允许标准的数十倍甚至上千倍。据医疗部门统计，本县的贲门、幽门、食道、直肠等癌症发病率极高，与水质有一定关系。①

（四）影响了淮河流域的蓄洪滞洪

城西湖在国家1950年治理淮河行动中，被水利部规划为淮河流域大型蓄洪区之一，承担着滞蓄淮河中上游洪水的作用。据地方志记载，城西湖围垦前的水位高程在22米时，面积达380平方公里，蓄水量9.4亿立方米；高程达25米时，面积455平方公里，蓄水量22亿立方米。围垦后，水位高程在22米时，面积仅有89平方公里，蓄水量仅4.95亿立方米。②城西湖农场围垦二十年中，仅1968年承担过行洪任务，其结果却是严重影响了淮河流域洪水的下泄。1975年8月，淮河上游的河南驻马店地区因强台风造成历史罕见的特大暴雨，使得板桥、石漫滩两座大型水库发生溃坝，数十亿立方米的洪水倾泻而下，豫皖两省数百万人无家可归，史称"驻马店水库溃坝事件"。安徽境内的蓄洪区都破堤蓄水，沿淮群众遭受巨大损失，仅安徽就淹没了丰收在望的秋庄稼45万多亩。城西湖垦区本应破堤蓄洪，但因属原南京军区所辖，被保留而未蓄洪。③

八、存废论争

霍邱县湖区周边干群在粉碎"四人帮"、实践检验真理标准的大讨论和中共十一届三中全会召开后，针对城西湖围垦造成如此严重的生态和社会问题，首先提出退垦还湖的要求。1979年春，城西湖南岸的马店区邵岗公社革命委员会副主任王星球分别给中共中央、国务院、中央军委、解放军三总部（总参、总政、总后）、解放军报社、原南京军区写信说，霍邱县城西湖军垦农场自建成后，给沿湖社队带来了重重灾难，要求退垦还湖。1980年以来，霍邱县历届县委、县政府，根据沿湖周围的群众、干部的要求，把退垦还湖作为一个重大问

① 霍邱县地方志编纂委员会.霍邱县志[M].北京:中国广播电视出版社,1992:247.

④ 同上:235.

③ 张广友.目睹1975年淮河大水灾[J].炎黄春秋,2003(1):14-21.

题，屡次向上级领导部门反映；各级人大代表和政协委员，也多次将之写成提案、议案，提交会议讨论。1980 年 8 月 30 日到 9 月 10 日，第五届全国人民代表大会第三次会议上，安徽省代表王劲草、王泽农、李敦弟、许有光 4 人联名提出《要求城西湖军垦农场退垦还湖以根治水旱灾害重建生态平衡》的 1249 号提案。[①]

1980 年 10 月 5 日至 24 日，中国著名生态学家、中科院学部委员（院士）、中国植物所研究员侯学煜博士应安徽省有关部门邀请作全省生态平衡和大农业发展的调查。同年 12 月 15 日、16 日的《安徽日报》发表了侯学煜、孙世洲、韩也良、周翰儒、吴诚和 5 人题为《从生态学观点看发展安徽大农业问题我们的几点意见》的调查报告，报告中认为城西湖围垦虽然"增加了粮食生产，但从全面分析利害关系来看，是害多利少"，所以"退田还湖是一项不可忽视的措施"。[②] 自此之后侯院士多次撰文在有关报刊发表，呼吁城西湖退垦还湖，如 1981 年发表《森林和湖泊环境的保护与生态平衡——以安徽省调查为例》[③] 和《退垦还湖保持湖泊生态平衡》[④]，1985 年发表《对解决安徽省霍邱县城西湖围湖造田问题的一点看法——安徽调查报告之二》[⑤]，1986 年发表《从生态经济学观点论开发皖中农业自然资源的某些战略性问题》[⑥] 等，都是从生态学角度论证了城西湖退垦还湖的问题，在国内产生了较大影响。

为回应地方及生态专家的退垦意见，原南京军区于 1981 年 10 月 13 日向解放军原总参谋部、原总政治部、原总后勤部提交了专题报告，分析了围湖造田以后利大于弊的问题，说明了建设军区战役后方基地的重要性，以及城西湖军垦农场在和平时期军队建设中的意义，请求三总部、军委、安徽省继续支持和帮助军区把城西湖农场办好，以进一步做到军民两利，促进军民团结。[⑦] 解放军三总部领导审查了报告，认为："围垦城西湖是根据军民两利、平战结合的精神，于 1966 年初由原南京军区、华东局、安徽省领导同志共同研究决定的，在安徽

① 霍邱县地方志编纂委员会. 霍邱县志[M]. 北京:中国广播电视出版社,1992:247.

② 侯学煜. 生态学与大农业发展[M]. 合肥:安徽科学技术出版社,1984:176.

③ 刊载于水土保持通报. 1981(1):7-12.

④ 刊载于环境之声. 1981(2).

⑤ 刊载于治淮. 1985(2):6-7.

⑥ 刊载于自然资源学报. 1986(1):5-17.

⑦ 原南京军区后勤部. 鏖战城西湖[M]. 南京:江苏人民出版社,1996:269-270.

省统一规划下围垦的。受益面积50万亩，其中军垦面积15万亩，群众受益35万亩，共计划每年产粮1.3亿斤。按照规划，还担负着淮河的蓄洪任务。"①并将此报告上报国务院、中央军委审定。为此，国务院、中央军委联合下发文件给予批复，文件中称："考虑到南京军区部队的实际需要，同意总参、总政、总后的意见，由南京军区继续经营好城西湖农场。至于城西湖农场与地方有争议的问题，由南京军区与安徽省人民政府共同协商解决，并做好工作，进一步增强军政军民团结。"②1982年10月，解放军原总后勤部主要领导、原南京军区领导和安徽省委领导共同到霍邱县进行了现场调查，协商了处理原则，即军垦圩继续保持，军民都要贯彻"保夏夺秋"的方针，秋粮如遇洪汛，军民一视同仁，都应蓄洪。并商定成立一个联合工作小组，商量对若干问题的处理意见。③

至此，霍邱县干部群众要求退垦还湖问题仍没有得到解决，湖区干部群众依旧不断向中央有关部门提出诉求。此后几年中，水利部、安徽省政府、六安地委和霍邱县政府多次请求部队退垦还湖，归还产权给地方，国务院也要求部队退出。

1980年，新华社安徽分社记者宣奉华到霍邱县采访时了解到当地政府和农民的困境，用六年的时间多次深入调查研究，扎实采访，多方求证，她写下了一组三篇采访扎实、数据详实的报道——《围垦霍邱城西湖给20多万农民带来灾难，安徽省有关干部群众强烈要求退垦还湖》，并在新华社1986年4月的《国内动态清样》上刊发。曾任安徽省委第一书记、中共中央政治局委员、书记处书记、国务院副总理的万里同志，对此深有感触，十分重视，当天（4月14日）就对这篇报道作了批示："此地军队应全部撤出，由地方处理。"4月18日，邓小平同志作了明确批示："围垦部队应尽速限期撤出。这些部队如无其他方法安置，都可做复员处理。"④

中央领导批示传达后，军地双方进行了多次商讨。1986年6月21日，共同起草了给中央军委和国务院的《关于贯彻落实中央领导同志对城西湖退垦还湖问题的重要批示的情况报告》。同年9月25日，原南京军区与安徽省人民政府在

---

① 原南京军区后勤部. 鏖战城西湖[M]. 南京:江苏人民出版社,1996:270.

② 同上.

③ 同上:271.

④ 张广友. 目睹1975年淮河大水灾[J]. 炎黄春秋,2003(1):14–21.

霍邱县举行了城西湖军垦农场的交接仪式，军地代表分别在协议书上签字。9月28日，围垦部队按约定将农场及价值1 300万元的不动产移交地方，并陆续从城西湖垦区撤出。12月31日，原南京军区发布命令，撤销军区城西湖农场的番号。至此，城西湖退垦还湖问题得以彻底解决。

九、退垦还湖

在中央领导作出退垦还湖批示后不久，1986年6月，霍邱县根据上级领导的指示精神，成立了霍邱县城西湖综合治理指挥部，协调处理还湖工程治理、生产、资产管理等事宜。在军队撤出后的冬春枯水季节，无水还湖，遂将军垦土地暂借给农民种一季庄稼。11月份，指挥部制订了《近期（1986—1987）城西湖还湖工程治理方案》，自1986年冬始，到1987年3月底，加高加固26.5公里长的民圩格堤，将深水区与浅水区分隔，并做好垦区清障还湖的准备工作。

为了进一步落实好退垦还湖工作，尽快恢复湖区生态环境，1987年7月13日，国务院下达文件，对此项工作进行了部署和要求。7月下旬，安徽省、六安地区、霍邱县都向有关单位及湖区干群进行了传达和讨论，统一了认识。地方水利部门组织工程技术人员勘察选定最适宜修建放水口的位置，动员民工施工。到7月底，军垦区已有6.3万亩（42平方公里）蓄水还湖。

1987年10月，指挥部根据110平方公里的还湖方案，制订出城西湖综合开发利用总体规划，确立了"全面规划，综合开发，宜种则种，宜养则养，规模经营，办成基地，逐步实施，发挥效益"的开发利用方针，成立了霍邱县城西湖水产开发公司和霍邱县城西湖荻苇开发公司。1988年3月，在分隔堤坝上栽植池杉、意杨共300亩；在高程19米以上的浅水区开挖精养鱼塘，栽种芦苇、荻柴、杞柳、柳桩、紫穗槐等1 000亩，种植杂交高粱、水稻，以及红麻等农业经济作物共计3万亩；在深水区蓄水养殖，实行鱼、蚌、蟹结合饲养。当年实现总产值1 000多万元，年终捕捞成鱼25万公斤。[①]

1991年7月，淮河流域遭遇特大洪水，王家坝洪峰流量达8 730米³/秒，最高洪水位29.4米，正阳关最高水位达26.52米。经国家防汛指挥部批准，城西湖于7月11日16时首次开闸放洪，至14日8时闭闸蓄洪，历时64小时，蓄洪量达5.2亿立方米，有效地控制了淮河干流的水位，对淮河流域的防汛作出了重要贡

---

① 霍邱县地方志编纂委员会. 霍邱县志[M]. 北京:中国广播电视出版社,1992:248-249.

献，为淮河中下游的城市及民众的生命、财产安全和京沪铁路安全提供了保障，产生了巨大的经济和社会效应。城西湖退垦还湖后首次蓄洪就发挥了如此巨大作用，也佐证了退垦还湖工作的正确。

十、小结

综上所述，霍邱城西湖历史悠久，据文献记载，魏晋南北朝时期其就已经形成，称名穷陂。明代，明确见于地方文献，其已成为当地文人精心构筑的景观，其中"蓼浦渔舟""淮水拖蓝""钓台烟树""沣河野渡"四景受到文人们的大力追捧和赞颂。城西湖的形成与淮河中游地理环境的变化有关。虽然自第三纪以来，在地貌不断沉降的过程中，形成了凹陷盆地，但仅及沣河（穷水）水道内变化。黄河多次夺淮及其带来的大量泥沙壅塞了淮河河床，特别是清代"保运济漕"，加高洪泽湖大堤，抬高了淮河水位，致使滨淮、滨湖耕地尽没于水，逐渐扩大了城西湖水面积。清至民国时期，霍邱地方官府及社会曾多次修筑淮河及城西湖堤，展开对城西湖的围垦行动，均因淮河洪水频发倒灌而以失败告终。1966—1986年，霍邱县和原南京军区部队联合开展了围垦行动，并建立了城西湖军垦农场，取得了显著的政治和经济成效。但围垦大大缩减了城西湖面积，减少了湖内蓄水量，造成围垦区外耕地频繁被淹没，不能有效滞蓄淮河洪水，鱼虾资源减少等等一系列生态问题，引发地方民众极力反对。最终在中央军政领导干预下退垦还湖，恢复了城西湖原有生态，为减轻淮河中下游地区洪水灾害作出了极为重要的贡献。回顾城西湖围垦的历史实践，除积极的政治效应，总体上评价是弊大于利，得不偿失。正如恩格斯在《自然辩证法》中所指出的，"我们不要过于得意我们对于自然界的胜利。对于我们的每一次胜利，自然界都报复了我们"[1]。

第三节　寿西湖围垦——千年湖泊的消失

在国家著名历史文化名城寿县西门外有一座著名的省属国有农场——寿西湖农场，就是寿西湖围垦而成的。寿西湖因其景色秀美和位于寿县城郊位置，

---

[1]　恩格斯. 自然辩证法[M]. 北京:人民出版社,1955:145.

在历代文人的记述里颇有名气。本节根据实地考察和文献资料对寿西湖的生态变迁历史进行讨论。

一、寿西湖的得名

寿州西湖因位于寿州城西门外而得名，简称寿西湖。明《嘉靖寿州志》载："西湖，州西门外，西水集则淮淝合流数十余里。"[1] 寿州西湖原名蔚升湖，又名熨湖。北魏郦道元《水经注》有"北径熨湖"[2]之句，近代注家熊会贞疏称："《通鉴》梁天监十二年，魏扬州治中裴绚来降，与魏人战，败，绚走，为村民所执，送至尉升湖。此《注》谓之'熨湖'。考《沔水注》，宜城县城中有熨斗陂，盖以形名，此湖当亦然，疑'尉升湖''熨湖'皆'熨斗湖'之脱、误。《寿州志》今有西湖，在州西门外，水集则淮、肥合流数十里，即此湖也。"[3] 从字面意思可理解寿西湖的湖底像熨斗一样平坦，这当是其得名之所在，也说明寿西湖是早在魏晋南北朝时期以前就已经存在的自然湖泊。

史料对寿西湖早期形状的描述甚少。清代地方志所刊州域图显示其形状大致呈圆形，"周六十里"；清嘉庆十七年实地踏勘丈量，"全湖周围实丈共四十一里六十弓"。[4] 但实际上在没有修筑堤坝的传统社会里，西湖的大小肯定随着淮河中游地区不时发生的淮河洪涝和干旱而发生变化，并决定了西湖的形状，"淮水涨则成巨浸"。

二、寿西湖的自然条件和景观

（一）寿西湖的自然条件

寿西湖位于东经116°46′，北纬32°33′，面积162平方公里。北滨淮河、东淝河，西连菱角嘴，南至双桥集，东界寿州城墙。湖区东北部地势较高，最高海拔21米，最低海拔16.9米。湖区所在地属亚热带北缘温暖半湿润季风气候区，区域季风显著，气候变化较大，雨量适中，四季分明，光照充足，无霜期长，年平均日照2 285.6小时；年平均降水量910毫米，年平均蒸发量1 562毫

---

① （明）栗永禄. 嘉靖寿州志[M]. 影印版. 上海:古籍书店,1982.

② 陈桥驿. 水经注校证[M]. 北京:中华书局,2007:751.

③ （清）杨守敬. 水经注疏[M]. 武汉:湖北人民出版社,1997:1958.

④ （清）曾道唯. 光绪寿州志[M]. 影印版. 南京:江苏古籍出版社,1998.

米，年平均气温14.9℃，无霜期219天，年平均相对空气湿度78%，年平均风速3.2米/秒。其地带性土壤是属黄棕壤类型的黏盘黄棕壤（当地俗称"马肝土"），湖地则是由湖区沉积物构成的黑黏土，即冲击型淤土，土质黏重，土层分明，其中淤土占96.58%，两合土占1.5%，砂土占1.97%，土壤较为肥沃。[①]

历史上寿西湖水生态系统因其宽阔广袤的水体、适宜的气候条件，生长着丰富的动物和植物。但由于史料记载的缺失，历史上寿西湖的植被和动物详细情况我们无从得知。寿西湖最常见的水生植物是莲、芡、菱、菰、菖蒲、荻、苇、莼菜、荇菜、萍蓬草、金鱼藻、水草等，湖边则有红柳、杞柳及席草、蓼类等水生植物。与其属同一水系且相距仅数里的瓦埠湖，水生动植物资源较丰富，有野生植物20科45属52种。[②]生物饵料比较丰富，浮游植物有7门50多种，含量191万个/升；浮游动物27种，含量309个/升。湖内有鱼类70多种，湖泊定居型主要有鲤、鲫、鳊、鲂、鲴、湖鲚等，江湖半洄游型主要有鲢、鳙、青、草、鳡鱼等，其他多为河蚬、河蟹、青虾、银鱼、鳙鱼、麦穗鱼、餐条等，此外还有甲鱼、龟、鲌、黄颡鱼等名优品类；还有两栖爬行类动物22种（现仅有15种）；鸟类109种（现仅有96种），野生水禽常见的有大雁、野鸭、天鹅、鸳鸯、白鹭、池鹭、小天鹅等种类，有国家一级保护动物白头鹤和国家二级保护动物虎纹蛙、红隼、小鸦鹃等，有省一级保护动物四声杜鹃、金腰燕等；以及兽类12种（现仅有8种）。[③]

（二）寿西湖的景观

寿西湖数十里潋滟湖光、啾啾鸣禽相映成趣，城墙、八公山色，形成特别的景致，故明代编纂的《嘉靖寿州志》中，将"西湖晚照"列为"寿州八景"之一。清诗人周方升的《西湖晚照》云："湖畔湖明淑气融，流光荡漾水天空。影拖岸柳连波绿，晴醉汀花逐浪红。两两渔舟催晚景，声声牧笛送春风。行歌人向长堤出，远岫参差淡霭中。"[④]每当夕阳西下，登临城楼，放远望去，远山透紫，岸柳披红，涟漪千层，霞光万道，苍苍兼葭，点点鸥鹭。西湖之上，渔歌互

① 安徽省寿西湖农场.寿西湖农场志[R].(油印稿).1991:19-20.

② 陈耀.两岸蓼花倚翠圃　万只凫鸟宿沙洲——浅谈瓦埠湖环境综合治理和利用[J].绿色视野,2012(1):42-43.

③ 孙怀山,李宏松,戚士章.瓦埠湖洼地综合治理及农业结构调整策略研究[J].现代农业科技,2009(11):256-258.

④ （清）李师沆,石成之.光绪凤台县志[M].影印版.南京:江苏古籍出版社,1998.

答；汀洲侧畔，牧笛弄晚。夕阳影乱，樵夫荷担采归；宿鸟西飞，衔去斜晖一缕；暮色渐至，婀娜西湖，辉映出城中万家灯火。面对如此佳境，痴醉游客，竟忘归步。诗人给观光者带来了美与秩序的无限感知。而另一诗人萧景云的《熨湖行（熨湖亦名西湖）》则尽述了西湖景观的形成过程及特色所在。诗云：

> 天到淮南碧如此，蔚蓝光束漭滢里。湖龙喷涎珠泻水，浪激云翻三百里。
> 东南众流交织下，肥涨打破二里坝。黄水淮水壅不行，羊头溪来助叱咤。
> 孤城如盘欲浮倾，连山似舟冲难驾。谁道湖光熨贴平，直看涛势江海跨。
> 溺人断舵风长号，不独五代沉戈矛。暵干波竭孽龙死，数万顷森青青苗。
> 苻坚军扼背水阵，此实战场喧金铙。水劫兵劫积灰黑，孰理桑田成肥饶。
> 外堤中沟深且峻，滋枯退浸逸始劳。下流洪泽淤尽彻，倒灌停滞无分毫。
> 呜呼此意仰天高！
> 夕阳晃晃影斑驳，半衔半吐障菱角（菱角嘴，湖西冈名）。
> 金光璀璨翠旗卓，龙女游归晚舫逴。风鹤不惊随戏濯，沈将不吊看渔捉。
> 险夷浑忘蘧然觉，名附杭颖滋谣诼。[①]

诗人通过描述季节性的洪水发生，展示淮淝暴涨、形成汪洋巨浸的西湖波涛景观，进而联想到历史上在此发生的金戈铁马之战，为许多英雄在此折戟沉沙而兴叹。同时还反映了清代该湖泊集约开发利用的人类活动在洪水面前的无力，体现出自然环境的变迁。晚清州人方希孟也有《西湖》五言诗："西湖两杭颖，车马夺清闲。此地半渔圃，幽人自往还。雨云多在水，烟树不遮山。太息八公去，高风不可攀。"[②]诗人通过对杭州、颖州两西湖与寿州西湖的对比，感叹寿西湖烟树云雨的清幽景色和八公山的伟岸高耸。

三、寿西湖的开发与社会纠纷

（一）寿西湖的开发

长期以来，寿西湖作为自然湖泊，未得到有效开发利用，仅是周边居民自发开垦种植。地方志载："明崇祯十三年，大旱，民偶开种，遂征湖租，国朝蠲

---

① （清）曾道唯. 光绪寿州志[M]. 影印版. 南京:江苏古籍出版社,1998.
② （清）方希孟. 息园诗存卷一[M]. 清代诗文集汇编(第739册)[M]. 影印版. 上海:古籍出版社,2010:724.

除。"① 说明寿西湖在清代才受到地方的重视，居民自发将未被水淹没的湖滩垦殖为湖地，其余则成为周边居民和当地驻军的樵牧之所。到清嘉庆年间，开垦湖滩成田者已有数百家，其中大多数为凤台县势家赵氏宗族者。②

为了确保湖田不被水浸，清嘉庆十五年（1810），凤台知县李兆洛因案视地势，见"湖地不甚下，而滨湖之田高于湖底仅咫尺，水灌湖即滨湖之田尽沉"，认为需建闸"以节之，使涨水不溢，则湖田可保"。凤台县武生赵长清之族有"滨湖薄田数十顷"，加之此处乃出入必经之道，"值冥晦或风雨，亦颇苦之"，愿意承担造闸之任，"劝募或致观望不能集，鸠赵宗族百余家各殚其力，幸工可葳"，得到李知县批准，"为条示程式，戒戢侵蠹，即日命畚锸，历六月而功成。其年，滨湖之麦大稔。会五月，霪雨一昼夜，其附闸之土坝不及启，水窦坝而入，悬溜而下，荡啮底土，遂蛰闸门，湖田复漫"。到冬季湖水退落，赵长清复请重修，"益治基址，厚其垛，宽其门，三月之间，屹然增于其故"。③ 此闸宽九尺六寸、深十一尺、广十一尺、长百一十四尺。道光五年（1825），署理寿州知州王友仁捐廉并倡议，谕请州县士绅孙凤章、顾麟光、柏节、李唐等董其事，挑挖寿西湖入淮新沟一道，计长一千三百五十六弓二尺、宽三丈五尺、深一丈八尺；陶家沟、马家沟、两河口一带沟河二十余里，淤浅之处亦俱疏通；二里坝与新沟口，筑新闸坝以资蓄泄。④

民国鼎革后，地方政府虽有兴复计划，但因工程耗费巨大，加之战乱，仅有部分工程兴工。据《寿县志》载，民国十年（1921）自大涧沟、菱角嘴入凤台县境，开始兴建长约25公里的淮堤，称淮右干堤（淮河南岸），挡御淮水，护田6万亩。⑤ 民国二十年（1931）寿县暴发大水灾后，华洋义赈会拨给寿民赈粮救济。县政府和地方士绅实行"以工代赈"，利用赈粮修筑寿西湖围堤，从中渔利，霸占湖田。第二年四月，围堤筑成，湖田全被官绅据为私有，环湖农民失去开荒种植和渔牧之所。八月份，中共寿县县委城南支部党员朱世祥、孙寿堂发动环湖群众成立了"环湖公垦委员会"，开展围田斗争，⑥ 遭到了国民党县

① （清）曾道唯. 光绪寿州志[M]. 影印版. 南京:江苏古籍出版社,1998.

② （清）李兆洛. 凤台县志[M]. 合肥:黄山书社,2009.

③ 同上.

④ 同①.

⑤ 寿县地方志编纂委员会. 寿县志[M]. 合肥:黄山书社,1996:181.

⑥ 同上.

政府的拘捕镇压。民国三十一年（1942）因县城被日军占领，为防寿西湖水上漾，在冯家圩至涧沟集修筑长11公里的防洪堤，称寿西复堤。[①]民国三十五年（1946），抗战胜利后，国民政府导淮委员会修复从冯家圩经黑泥沟、赵台子至寿县城墙西南角的牛尾岗淮河右堤，命名为寿西淮堤。[②]

可见，自清中期以来，寿县地方社会多次对寿西湖、淮河、东淝河堤防进行修复。但每夏淮水盛涨，倒灌入湖，秋冬水落，带来的泥沙壅积淤塞沟河，闸坝也屡兴屡废，寿西湖大多数时间仍然呈现芦苇丛生的自然沼泽状况，直至中华人民共和国成立之后才得到了根本改变。

（二）寿西湖引发的纠纷

清代寿州县地方社会曾因寿西湖引发多次社会纠纷，对地方社会产生了较大的影响。最著名是清嘉庆年间的兵民争地案和同治年间的二里坝闸启闭案。

1. 兵民争地案

清代负责皖北、皖中地方安全的清军绿营兵驻军寿州，寿西湖滩地为兵民牧樵之地，相传为兵四民六，但界址无法考定。但因"凤台傍涯民田逼近湖边，营马之牧于湖者，往往逸入以践食，以致频年结讼"。自嘉庆十一年（1806），"兵民互争牧地，屡行禀控"。嘉庆十七年（1812），寿春镇总兵多隆武，咨呈总督部堂、巡抚都院，"以寿州城西湖地界不清，兵民争控，求委员堪丈"。三月，两江总督百龄、安徽巡抚钱楷委派凤庐道四色达、凤阳府知府姚鸣庭、江苏候补道广、苏州海防同知僖、江宁协副将祥，会同寿春总兵多隆武、游击沙念圣、守备程锡奇、寿州知州沈南春、凤台县知县李兆洛，"共同踏勘丈量，分定界址，画沟埋石"。经实地查勘丈量，测得寿西湖周围共四十一里六十弓，并将勘丈结果绘成图说及各方议定划界方案呈报两江总督百龄、安徽巡抚钱楷批准，"全湖入官，画分兵四民六，为樵牧之所。确有旧案可凭，自应照案定断，通详立案。并刊碑营县大堂及沿湖堤岸，俾众共知，以翼永远遵守"。因此，"合行照议刊碑，将详定四至里数、弓口，禁约开载明白，以凭遵守者"，军民纷争得以平息。[③]其订立的规约如下：

① 寿县地方志编纂委员会. 寿县志[M]. 合肥:黄山书社,1996:182.

② 六安地区地方志编纂委员会. 六安地区志[M]. 合肥:黄山书社,1997:180.

③ （清）曾道唯. 光绪寿州志[M]. 影印版. 南京:江苏古籍出版社,1998.

一、全湖周围实丈共四十一里六十弓，自城西门外对涵洞起，迤西北至羊鼻梁骨止，计长七里；自羊鼻梁起至汪家大路止，计长五里，皆凤台界。自涵洞口分界起，迤西南至九里沟止，计长十里六十弓；自九里沟起，至汪家大路止，计长十九里，皆寿州界。旧志载西湖周六十里，系约略言之。今遵部颁尺式，足五尺为一弓，三百六十弓为一里。

一、兵四地界共实丈十七里六十弓，自涵洞口界石起，西北至羊鼻梁骨埋有界石；西南至九里沟埋有界石，共长十七里六十弓。从羊鼻梁骨界石对九里沟界石，划直沟一道，沟以东为兵四地，沟以西为民六地。全湖四六分劈，分兵四之地，止应十六里；所余一里六十弓，议于湖之南北岸，让出走路二条，为民人由湖东入湖西樵牧之路，弁兵不得藉此拦阻。

一、自划定地界之后，营马不得越沟蹂践民地；民人不得越沟侵占营地。

一、兵四地内营兵，不得将牧地指租与民人开种。

一、兵民湖地与钱粮地毗连处，俱创沟筑堤，以为分别。界内之地未垦者，永禁再垦；已垦者，查明造册，入官输租，为书院、严济堂经费。

一、西门外现已造桥，营兵放马直由西门下湖，不得复出北门。

一、湖低洼，倘经大水，沟埂坍卸，恐仍旧淤平，以致混淆。日后凡遇水淹之后，该州县重照原界，委员督夫重挖，毋致淤填。①

2. 二里坝闸启闭互控案

嘉庆年间凤台势家赵氏宗族在知县李兆洛的支持下修筑了二里坝闸，虽能确保湖田不受水浸，却也造成了寿州城排水的难题。二里坝闸启闭修筑问题，使得寿州和凤台县之间时常发生纠纷。同治十一年（1872），就发生了"寿州绅耆孙传薪、臧又新、王锡福等，凤台县绅耆赵克忠、赵景尧等互禀，启闭二里坝及张家沟附城沟濠土坝一案"。是年闰六月十八日，在总理皖省防军营务处江

---

① （清）曾道唯.光绪寿州志[M].影印版.南京:江苏古籍出版社,1998.

西候补道任兰生的批复下，寿州知州陆显勋、署理凤台知县董声元"会详遵饬勘明"，"因据两邑生监陆雨亭、尹元勋、王任、陶燮庭等议请，如逢淮水泛涨，许忠修筑；淮水退落，许薪扒去濠坝。昔由地保禀请示行等情，绘呈图说请示缘由"，"奉批据详各情尚为允洽，应准如详给示勒石，毋垂永久。其启闭之时，仍由各该地保禀官请示遵行，以杜争竟，此缴图存等因，奉此合行遵饬给示，勒石晓谕"，达成了解决纠纷的协议，并就纠纷解决过程及结果于同治十二年七月九日勒石刊碑："为此示仰寿、台两境绅耆、居民、地保人等一体知悉，嗣后如逢淮水长落，应行启闭，均责成各该地保随时禀明，地方州县批示遵行，永杜争竟。倘有奸民违抗擅敢私开私闭，致滋事端，定即会详严办，决不宽贷。各宜凛遵毋违，特示。"[①]并置于寿州西门瓮城。

　　以上所引是寿州地方社会因寿西湖产生纠纷且影响很大的两则事例，见载于地方志书。未见于记载的小纠纷可能更多。

四、寿西湖的消失——寿西湖农场的建立

（一）淮、淝河的治理

　　1949年10月，中国共产党建立了人民当家作主的新中国——中华人民共和国。在百废待兴之际的1950年夏季，淮河流域发生了新中国成立后第一次大洪水，淮堤决口，洪水横流，沿淮居民损失惨重。同年中共中央毛泽东主席发出了"一定要把淮河修好"的伟大号召，10月14日，中央人民政府政务院在周恩来总理主持下，作出了《关于治理淮河的决定》，确定"上中下游兼顾、局部服从整体、整体照顾局部的豫皖苏三省共保"原则和"蓄泄兼筹"方针，并作出治淮规划：在山区建大型水库拦蓄山洪，减轻淮河干流负担；在沿淮开辟蓄洪区，汛期蓄洪，以杀水势；退建堤防，开辟行洪区，打开排洪通道，使水流畅通；培修沿淮堤防，增强防洪能力。皖西六安地区大部分属淮河流域，按治淮规划，除在境内大别山区兴建佛子岭、磨子潭、响洪甸、梅山四座大型水库，承担淮河中上游全部山谷蓄水容量的40%以外，还在沿淮开辟四个蓄（滞）洪区，负担淮河中游全部湖泊蓄水容量的80%；同时开辟姜家湖行洪区，退建临王段，培修沿淮堤防。[②]寿县东淝河流域的瓦埠湖、寿西湖被开辟成为蓄（滞）

① （清）李师沆,石成之. 光绪凤台县志[M]. 影印版. 南京:江苏古籍出版社,1998.
② 六安地区地方志编纂委员会. 六安地区志[M]. 合肥:黄山书社,1997:175.

洪区，国家投资兴建了寿西淮堤、东淝河闸、牛尾岗堤、二里坝拦洪堤等水利工程，基本消除淮河水患的威胁，为寿西湖的全面围垦提供了根本条件。

寿西淮堤正阳关五里铺，经冯家圩、黑泥沟、赵台子，至二里坝拦洪堤拐，全长26.3公里。民国时期兴建，1950年大水，寿西淮堤损毁严重，同年冬至次年春堵口复堤，堤顶高程增至25~24.5米。1954年7月20日大洪水发生时，寿西湖滞洪量4.69亿立方米。1955年春复堤加固23.3公里，完成土方575 646立方米。堤顶高程25.29~24.5米，顶宽3米，同时在冯家圩以上修筑封闭堤3公里，以防冯家圩上游岗地径流入湖。1968年洪水汛后寿西淮堤堤顶高程加至27.5~26.5米，顶宽3~4米。五里铺至冯家圩封闭堤堤顶高程加至27.5米。1969年牛尾岗堤加高培厚并延伸到五里铺，寿西湖滞洪始有完整圈堤。①

东淝河闸位于寿县城西北五里庙新东淝河上，距入淮口3公里，是瓦埠湖蓄洪区的进出水闸。1951年11月始建，1952年7月建成，计完成土方87.4万立方米，石方0.71万立方米，混凝土1.05万立方米，国家投资181万元。闸为5孔，每孔净宽7.5米，中孔高10.5米，边孔各高6米，闸底高程14米，设计进洪流量1 500米³/秒，闸上便桥宽1.8米。1981年在闸下游闸墙上增建宽3米便桥1座，以便蓄洪时撤退群众，闸上下游引河由各宽50米，扩宽至70米。东淝河闸建成后淮水不再倒灌。②

二里坝拦洪堤是二里坝和东淝河闸拦洪堤的统称。从寿县西城墙至八公山脚，全长2.8公里，是瓦埠湖与寿西湖和淮河的隔堤，为瓦埠湖蓄湖区圈堤之一。1952年东淝河闸兴建后，从寿县城墙至东淝河闸拦洪堤拐这段淮堤复称二里坝，堤顶高程24米。1954年汛后，在二里坝挖口排寿西湖积水。1955年春堵口复堤，堤顶高程加至25米。1969年至1971年，二里坝和东淝河拦堤一并加大断面，堤顶高程加至28米，顶宽8米。③

牛尾岗堤自寿县城西南牛尾岗至涧沟集，全长19.18公里。该堤是利用1951年春挖寿西通水渠的出土垒成，是瓦埠湖与寿西湖的隔堤。1952年至1953年春培修后，堤顶高程为23~23.5米、顶宽4米。1954年大水，在九里沟附近决口。1955年加固，堤顶高程23.5米、顶宽3米。1956年堤顶加高到25米，并从九里

① 六安地区地方志编纂委员会. 六安地区志[M]. 合肥:黄山书社,1997:181.

② 同上:179.

③ 同上:180.

沟起，向南退建至三十铺；1969年至1970年，再次加高，从三十铺延伸至正阳五里铺与正南淮堤相接，全长增至30.3公里，顶宽增至8米，堤顶高程增至28～28.5米，为蚌（埠）霍（邱）公路，沿堤还兴建排涝和灌溉涵闸29座。[①]

（二）寿西湖的围垦

新中国成立后，人民政府高度重视农业生产，全国实行了土地制度改革，消除了土地私有制，实行了土地国有制和集体所有制。全国各地的浅湖大都被逐渐垦殖为农田，地方政府纷纷建立了垦殖农场。寿西湖也被政府批准建立了国营农场。1951年4月，六安专区正阳关农场于寿西湖建立寿县分场。1952年10月，经华东农林部批准，成立国营寿西湖农场，开始了全面围垦寿西湖的行动。1952年底，该场开垦荒地2 200亩，设李台子、龙头、西外3个生产队。同年经上级公安机关批准，寿县公安局于寿西湖建立了寿县城西湖劳改农场，组织犯人进行垦荒，劳动改造。1953年10月，农场场部由方氏祠堂迁入寿县北大街文昌宫，耕地扩大到11 809亩。1957年2月，寿县城西湖劳改农场并入该场。1958年10月，农场下放寿县县委领导，易名"国营寿县寿西湖农场"。1961年10月，收归省农业厅领导，恢复国营寿西湖农场建制。1969年9月，成立安徽生产建设兵团，寿西湖农场被编为1师1团。1975年8月，兵团撤销，恢复农场建制。1982年1月，成立了国营寿西湖农工商联合企业公司，属安徽省农垦农工商联合总公司的独立法人企业。1985年，兴办职工家庭农场，有单户农场163个，联户农场56个，实行统一领导，自主经营，自负盈亏，定额上交。1987年5月，实行场长负责制。[②] 2003年12月，更名为"安徽省寿西湖农场"。

寿西湖围垦首先要排出湖内积水，1951年冬至1952年春，开挖了一条长19公里、底宽12米，从黑泥沟至寿西涵的寿西排涝渠。1957年10月，在寿西退水渠出口处建九里涵2孔，拱式，每孔宽高各3米，最大排水流量65米^3/秒。[③] 1958年动工，开挖了宽90米、深3米、长7.9公里的"跃进河"，于1964年竣工；1964—1965年开挖了宽25米、深3米、全长6.8公里的西排干渠；1971—1973年完成了宽35米、深1.5米、全长7.2公里的前进河。三条河渠为全场主

---

① 六安地区地方志编纂委员会.六安地区志[M].合肥:黄山书社,1997:179.

② 安徽省地方志编纂委员会.安徽省志·农垦志[M].北京:方志出版社,1997:193-194.

③ 同①:182.

水道,平行贯通场内南北,在排涝和抗旱中起到决定性的作用。还开挖支渠10条、全长41公里,条田斗渠393条,累计土方量395.7万立方米。1990年,建成寿西湖排涝总站,建电力排灌站两座,排涝面积98平方公里。现存大型排涝站3座,总动力6 425千瓦,流量62.5米³/秒;小型排灌站24座,总动力2 120千瓦;建桥梁、涵闸各28座,基本形成全场水利网络系统。[①] 在干支渠道两侧及主干道两边栽植杨、榆、水杉、池杉等树木59.6万株,形成大小护田林带网络50个,场内耕地的林带覆盖率达9.4%,从而涵养了水分,改善了农田小气候。场区内田成方、林成网、渠相连、路相通,真正满足了旱能灌、涝能排的现代农业发展高标准要求。

围垦后的寿西湖农场土地总面积为76 176亩,其中耕地56 874亩、林地1 095亩、水面1 118亩(养殖面积600亩)、果园90亩。到1990年代总人口达7 527人、场内职工4 100余人。[②] 农场内主要种植小麦、大豆、水稻等农作物,并以盛产小麦、大豆著称。从1953年至1990年,小麦播种面积由3 833亩发展到55 900亩,单产由44公斤提高到325公斤;大豆由2 837亩发展到47 400亩,单产由50公斤提高到120多公斤。粮豆总产由17万公斤提高到2 000万公斤以上,1987年为2 237万公斤,1986至1990年,年产量保持在2 000万公斤水平以上。[③] 粮食商品率1953至1965年为67.5%,1966至1975年为61.5%,1976至1987年为73.3%,1988至1990年为42%。进入90年代,每年出售商品粮1 000万到1 300万公斤。[④]

1989年,农场成立种子公司,引进华东地区首条种子烘干线,开始生产、加工、经营麦豆良种。1992年,全面实施良种基地项目建设。1995年,农场良种基地建设被纳入全国农垦系统三百工程,是原农业部确认的"全国农垦百家良种基地"之一。种子公司集科研、生产、加工、经营为一体,至2005年,拥有固定资产2 060万元,成为安徽省最大的麦豆原(良)种生产加工基地。2006年,投资1 500万元,进行大规模的扩建。现有种子烘干线7条,精选设备20台套,晒场3万平方米,仓库2 550平方米。公司建有麦豆穗(株)行和穗(株)

① 安徽省地方志编纂委员会. 安徽省志·农垦志[M]. 北京:方志出版社,1997:193.

② 同上:192.

③ 同上:194.

④ 同上.

系圃320亩，原种圃6 500亩，连片成方良繁基地6万亩，初步形成"育、繁、推"一体化和"产、供、销"一条龙的种子产业化模式。2001年至2005年，种子生产、经营和销售量每年以250万公斤递增，年生产加工麦豆良种2 500万公斤，产品除覆盖安徽沿淮等地外，还远销山东、河南、江苏、湖北等省市，取得了丰厚的经济效益和社会效益。[①]

实行改革开放后，农场工商企业也得到了长足的发展。先后建成或改建、扩建具有一定生产规模的水泥厂、粮油加工厂、食品厂、农机修造厂、复合肥料厂、商业公司等10余个工商企业，农场发展步入了快车道。1979年，寿西湖农场得到国务院通令嘉奖，1989年、1990年、1995年和1996年，四次被安徽省人民政府评为"创最佳经济效益先进单位"。2003年，为提高工业化水平，经六安市人民政府批准，寿西湖农场与寿县人民政府共建工业园区，园区于2006年被安徽省人民政府批准为省级工业园区。[②]到2012年的建场六十周年之际，工业园区面积达2平方公里，入园企业44家，总投资达20亿元。300多名农场职工和职工子女在园区就业。园区初步形成了汽车、纺织、食品、饮料等特色产业群，取得了较好的经济效益和社会效益。[③]寿西湖围垦六十多年来，已经形成典型的城郊型农场。

第四节　南湖消亡——正阳关农场建立

寿县南湖因位于寿州城东南六十里的东正阳镇南部而得名，现今称名正南洼地。其东临芍陂塘下的平岗，南接淠河东岸的迎河集，西濒淠、淮河套，北连正阳镇街，是一片面积达110平方公里的自然湖沼地。新中国建立后，南湖被围垦成为省属国有农场。本节对此生态变迁及围垦过程作一考察。

一、南湖及其景观形成

寿县南湖在明代地方志书中就有出现，《嘉靖寿州志》载："南湖，正阳南

---

① 寿西湖农场志编纂委员会. 寿西湖农场场志(1987—2006)[R]. 寿西湖农场,2011:28-29.

② 同上:4-5.

③ 寿西湖农场. 前进中的寿西湖农场(寿西湖农场建场60周年解说词)[R]. 寿西湖农场,2012:6.

边。"①其"南湖晴光"被列为"正阳八景"之一。南湖的形成与淮河中游环境变迁有关,本章前已详述。但其受到时人关注则同正阳镇的形成密切相关。正阳镇古称颍尾、颍口、阳石、羊市、羊石城等,地处淮河、颍河、淠河三水交汇处,素有"七十二水归正阳"之说。明末清初著名地理学家顾祖禹《读史方舆纪要》称:"淮水在颍上县南三十里、又东三十五里,即东、西正阳镇也。东正阳,属寿州;西正阳,属颍上县。挟淮据险,为古来之津要,今商旅往来者皆辏集焉。颍水亦自河南境流经此入于淮,谓之颍口。盖自北而南者,颍口其必争之地矣。"②表明正阳镇在淮河流域历史上具有重要的军事和经济地位,它是历代兵家争战要地,国家重要税关之一,淮河流域及皖北地区的交通中心和商贸重镇。③明成化八年(1472),朝廷于此设立钞关,由户部直接派人管理。正阳镇因此成为淮河流域的重镇,并进而成为皖豫鄂三省二十四县商品集散中心。明正德年间,寿州同知王九思称:"正阳镇在寿州南六十里,淮水自桐柏来,直走其西,人家负水而居,几七千户。舟楫所通,四方商贾,无有远迩,毕会于此。盖中都第一镇。"④其"东接淮颍,西通关陕,商贩辐辏,利有鱼盐,淮南第一镇也"⑤。到清代更是"户口殷繁,市廛绕富,列屋而居者,绮分绣错,栉比而云连。而估帆市舶,出入于洪涛颓浪、烟云杳霭之中,咸衔尾而来集。遭世承平,桴鼓无警,民生其间,相与之游"⑥。

南来北往的旅人络绎不绝,对南湖留下了无限感知。明成化时期的寿州正阳人汤蕲,为此曾写下了《游南湖》,诗云:"南湖游罢复南庄,管领风光镇日忙。才拥笙歌登画舫,又陪冠盖入垂杨。天留此老还乡乐,人笑先生故态狂。满载月明归棹晚,隔溪风渡藕花香。"⑦生动描述了南湖景观风情,湖内苇荻蒿蓼茂密,候鸟成群,鱼虾肥壮;日出三日,湖滩交错,渔民就滩搭棚生灶,狩猎捕捞,似于塞外,风光宜人。清项樟《初秋正阳即事》诗云:"寿阳关扼郡西南,行部清秋一驻骖;烟火万家楼阁晓,宿云初敛日开函。淮南稻子半抽黄,

① (明)栗永禄.嘉靖寿州志[M].影印版.上海:古籍书店,1982.
② (清)顾祖禹.读史方舆纪要[M].北京:中华书局,2005:5433.
③ 关传友.论寿县正阳关镇的历史地位[J].淮南师范学院学报,2017(6):113-117.
④ (明)陈子龙.皇朝经世文编[M].上海:古籍出版社,1996.
⑤ 同①.
⑥ (清)胡玉垣.修建正阳城垣碑记[Z].碑嵌立正阳关镇古城南门城洞东墙.碑文为作者所抄录.
⑦ 同①.

绝好风光胜北乡；吟兴乍添□按辔，道旁犹送晚荷香。"① 则是对正阳镇南湖及周边农田风貌景观的高度概括。

清同治丙寅年（1866）任淮北盐务督办的王治覃（子敷），于七年（1868）抽商厘，兴建南北塘堤，便利商船避风。南塘堤建在南湖边，东接月坝，圈塘成坞，并将南堤砌石植柳。当地人称"王公堤"。② 正阳镇绅商士民还兴资在南湖旁边建起亭阁供观赏南湖胜景。一时间，满湖小舟，穿梭似水，渔归晚映，百舸争流，可与西湖媲美。清项樟的《再至叠前韵》："嘹呖关山雁度南，清秋匝月再停骖；此间民乐官无事，小酌邮亭月半函。岸蓼初红菊绽黄，居人多半水云乡；尘劳暂息容高枕，一夜清凝燕寝香。"③ 就是当时南湖无限风光的真切写照。时当风和日丽，踏堤休闲，极目远眺湖面，那碧波粼粼，烟波浩渺，渔帆点点，芦荻起伏，白鹭翩翩，隐隐约约伫立岸外，恍如置身缥缈仙境；近览湖边，扁舟荡漾，鹅鸭嬉戏，红莲映水，绿柳垂丝，莺歌燕舞，令人心旷神怡，流连忘返。

民国时期，淮河流域数次大水，特别是民国二十七年（1938），国民党政府决黄河花园口堤，黄河洪水东下泛滥夺淮，携带大量泥沙淤塞淮河，正阳关沫河口淤高达5米，致淮水断流，使得正阳关南湖一带的正南洼地成为一片荒湖，芦苇杂草丛生，风光不再。

二、南湖围垦——正阳关农场建立

（一）南湖洼地治理

抗战胜利后，导淮委员会复堤工程局寿县防黄工程处对淮、淠河堤进行整治，兴建了自迎河集经北横坝至鲍家沟，并连东孟家湾堤扩建而成的肖严湃堤；建成隐闲集至迎河集干堤，堤长13.5公里，受益面积由1.75万亩扩大到4万亩；兴建长7公里的泥炭湖下坝至正阳关间的孟正新堤；兴筑五里铺至北横坝间的正南淮堤，杜绝了淮水回流倒灌。④

新中国成立后，寿县人民政府于1950年冬开始兴筑正南淮堤，起自正阳东

---

① （清）项樟. 玉山诗钞卷四,清代诗文集全编第294册[M]. 影印版. 上海:古籍出版社,2010.

② （清）王治覃. 王公堤碑记(碑残)[Z]. 存寿县正阳关镇玄帝庙公园内,碑文乃作者所抄.

③ 同①.

④ 寿县地方志编纂委员会. 寿县志[M]. 合肥:黄山书社,1996:182.

五里铺，西经正阳，再沿淠河东岸大店岗至迎河集。将民国前的正阳东湖横堤、孟正新堤、泥炭湖圩、朱家湖圩串联后，再与肖严淠堤第一段连接，构成建国初期的正南淮堤，后延至迎河集南泄水闸，与张马淠堤连接，全长34.4公里。1950年设计堤顶高程为24.47～25.6米；1954年大水冲决正南淮堤8处，修复后将设计堤坝高程增加为25.5～26.7米，其后逐年加高至27.5～28.8米，顶宽6米，可防御1954年的洪水位，保护面积39.6万亩。[①]

(二) 垦殖农场建立

1949年冬，六安专署建设科副科长储鸣谷向专署建议在正阳镇正南洼地兴办农场，获批准。1950年2月，专署派祝胜风率数名人员来创建"六安专区正阳垦殖社"，祝胜风任经理；9月，皖北行政公署更名为"六安专区正阳关农场"，有职工54人，耕牛44头，垦荒秋种大、小麦6 000亩。1951年，农场派出28人到寿县城西湖建立分场，即现在的寿西湖农场；同年成立了正阳关农场场务管理委员会，设立了相关工作科室，下辖场本区、河东、王小楼3个作业区和寿西湖分场。1952年10月，经华东农林部批准，设立寿西湖农场，同属省农林厅农场管理局领导。

1953年12月，华东农林水利局会同省农林厅调查组对农场进行整顿，精简了部分干部职工。1955年，推行定额管理，定员定编，并转亏为盈。1956年3月，建立了焦岗湖分场，全场耕地面积达到18 876亩。1958年8月，农场下放寿县。焦岗湖分场下放到颍上县独立建场。正阳关农场下放后与丰庄、建设、枸杞三个农业社合并，农场编为第一大队。1959年8月，场社分开，业务由省农业厅指导，人、财、物三权归县里领导。1961年，复归省农业厅领导。1968年9月，农场成立革命委员会。1969年9月，编为安徽生产建设兵团1师独立3营，下辖农业连3个，机耕连、副业连、独立排各1个，卫生所及子弟学校各1所。1975年，农场职工增至984人。1975年8月，兵团撤销；9月恢复农场建制，归省农垦局领导。同时接管原唐垛湖农场撤销后的留守人员和土地，编为第7生产队。1979年，农场实行财务包干，同时推行了一系列多种形式的生产责任制。1985年，全面兴办职工家庭农场，全场兴办了197个家庭农场。1987年，实行场长负责制，确立了立足农业，大力发展养鸡和水产品生产，带动工

---

① 寿县地方志编纂委员会. 寿县志[M]. 合肥:黄山书社,1996:182.

商运建服全面发展的经营方针。正阳关农场已发展成农工商综合经营、产供销一体化的中型农业企业。[①]

　　1951年冬，六安专署治淮指挥部组织民工开挖了全场主要干渠——正南排水渠，全长9.95公里，完成土方55万立方米。1953年，省农林厅投资12.7万元，利用水利冬修进行条田规划，共挖土方37万立方米，完成了场本区（9 000亩）农田基本建设，是全省农垦系统较早实行水利正规化的工程。之后还续建了河东区渠系，共有排涝总干渠1条、排涝干渠4条、支渠15条、条田斗渠143条，总长78.1公里。建设排灌站6座，装机容量1 052千瓦；防洪闸3座、桥涵4座、斗门65个。农场还负责管理淮堤及其船塘1.3公里和正南渠东西堤坝13.5公里。[②]

　　农场土地总面积18 500亩，其中耕地16 458亩、林地95亩、水面750亩（养殖面积360亩）、果园330亩。总人口2 310人，职工1 368人。[③]

　　农场地处淮、淠河洼地，土层深厚，土质肥沃，大部分为淤土。场内主要种植小麦、大豆、水稻、棉花和水果等，建场初期因受涝灾，经营亏损。1955年，粮豆总产达102.2万公斤，扭亏转盈。1957年，场内5 800亩大豆平均单产156.6公斤，较周围农村同期单产提高了2.5倍，获农业部"大豆丰产奖"。1957—1961年，农场稳定发展，连续5年盈利，盈利总额63.8万元。1962—1964年，连续遭受内涝，农业生产受到严重挫折。1964、1965两年，种大豆12874亩，平均单产122.6公斤，其中420亩，单产202公斤，在省内居高产水平，起良好示范作用。1971年小麦单产129公斤，到1974年下降到83.5公斤，粮豆商品率由66.7%下降到46.8%。1978年，盈利17.6万元。1981—1984年，年均生产粮豆417.5万公斤，比1978年增长13.2%；年均利润34.34万元，增长95.3%；商品率由42.0%提高到67.7%。1987年，种植业确立"主攻小麦，扩大水稻，稳定粮食生产，发展经济作物"的方针。小麦播种面积，1987—1990年，稳定在1.5万亩，4年平均单产255公斤。扩种水稻5 062亩，4年平均单产398公斤，从而合理利用洼地优势，提高了秋粮收成比重。棉花由260亩扩大到

①　安徽省地方志编纂委员会.安徽省志·农垦志[M].北京:方志出版社,1997:198.

②　同上.

③　同上:197.

520亩，果园由200亩扩大到330亩。①

1959年，农场建立了畜禽养殖场，生猪饲养量逐年增加。1961—1965年，共养猪13 483头，年均2 696头，向社会提供种猪、仔猪5 883头，雏禽8.7万只，蛋品17.9吨。80年代重点发展瘦肉型种猪，育肥任务分散到家庭农场，年均饲养1 300头左右。家庭养兔业迅速发展，1985—1986年年均5 406只，户均7.7只，共产兔毛8.8吨。1987年，投资520万元，兴建现代化养鸡场1座，引进美国大西洋公司全套自动化设备，年饲养能力60万只肉鸡，并配备年养2万套肉鸡父母代种鸡场1座，年产3千吨配合饲料厂1座。1988年，养鸡场建成投产，年均产肉鸡25.62万只，并带动全场150多户家庭办起养鸡场，家禽年饲养量达130万只，共提供肉鸡102万只，蛋品221吨，推广雏鸡61万只。1990年，投资250万元，建成屠宰分割能力100万只肉鸡冷冻加工厂1座，产品销往日本和中东市场。大量的畜禽粪为渔业生产提供充裕的饲料，带动了渔业的发展，鱼塘扩大到440亩，年产鲜鱼56.2吨。畜牧水产业产值年均233万元，占农业产值的40%。此外，新建和扩建面粉厂、榨油厂、饲料厂、水泥预制件厂、绣品厂、面条加工厂和农机修造厂等，场部建成商业一条街，发展了建筑、运输业。②

到1990年，农场实现社会总产值1 280万元，其中农业产值1 074万元、工业产值110万元、建筑业产值28万元、运输业产值30万元、商业饮食业产值38万元。实现利润122万元，上缴税金20万元。主要农产品年产量：肉鸡60万只、小麦3 000吨、水稻2 200吨、大豆630吨、水果270吨；主要工业品年产量：冻鸡150万只。③农场拥有农业机械总动力7 512千瓦，包括大中型拖拉机52台、联合收割机11台、载重汽车26辆、排灌机械18台套。场部设11个科室，其中行政职能部门7个，经济实体4个。下辖22个基层单位，包括农业8个、畜牧水产4个、工商8个。有中小学各1所，医院1所。④

---

① 安徽省地方志编纂委员会. 安徽省志·农垦志[M]. 北京:方志出版社,1997:199.

② 同上.

③ 同上:197.

④ 同上.

附录　皖西水利文献辑录

　　皖西地区历史上水利建设悠久，留存有许多相关水利碑刻和文献史料，但长期未受到社会重视，许多湮灭无存。本书作者从各地残存的部分碑刻和分散的浩瀚史料中，搜集到有关皖西水利的史料，列述于此。

一、水利碑记（63篇）

（一）宋代碑记（1篇）

1. 刘攽《七门庙记》

　　嘉佑二年，予为庐州从事，始以事至舒城，观所谓七门三堰者。问於居人，其溉田几何，对曰：凡二万顷。考於图书，实魏扬州刺使（史）刘馥所造，自魏至今七百有余年矣。予于是叹美其功。后二年，校书郎包君廓为县主簿，尝与予语及之。包君谓予曰：馥信有功，然吾闻于耆老，而得则羹颉侯信焉。初，汉以龙舒之地封信为列侯，信乃为民畎浍，以广溉浸。信为始基。至馥时废，而复修耳。昔先王之典，有功及民则祀之，若信者，抑可谓有功者乎。然吾恨史册之有遗，而吾怜舒人之不忘其惠也。今我将为侯庙祝之，而以馥配，子幸为我记之焉，予因曰诺。顷之，包君以书告曰：庙谨毕事。予曰：昔高帝之起，宗族昆弟之有才能者，若贾以征伐显，交以出入传命谨信为功。此二人者，裂地为王，连城数十。代王喜以弃国见省，而子濞亦用力战王吴，独信区区仅得封侯，而能勤心于民，以兴万世之利，其惠爱岂与贾、濞相侔哉？夫攻城野战，灭寇屠邑，是二三子之所谓能杀人者也。夫辟地垦土，使数十万之民世世无饥馁之患，所谓善养人者，于以相譬，犹天地之绝悬也。然而贾、濞以功自名，信不见录，岂杀人易以快意，养人不见形象哉！周公之书曰民功曰庸。藉使信生当周公之世，其受赏非贾、濞之所敢望也。虽然，彼贾、濞之死，泯灭无闻久矣，而信至今犹思而记之。此所谓"得乎丘民"，而世之宠禄，"当时则荣，没则已焉"者乎。夫事有可继，君子继之，不必其肇于己而后为功也。若刘刺史起于三国乱亡之余，蒸庶扫地，顾独以农为先，事功一立，迄今长存，虽曰修复，是可谓功矣。予既嘉包君之能徇于民，使侯信之美不忘，又其建祀，合于先王之法，于是书之。

（宋吕祖谦《宋文鉴》卷八十一《碑记》）

（二）明代碑记（14篇）

2. 秦民悦《书七门庙碑记后》

庐郡太守西充马公汝励，一日阅《宋文鉴》，见先儒刘贡父所撰《七门庙记》，抚卷叹曰：汉羹颉侯、刘刺史有功于舒人如此，非斯文以载之，抑孰能知其详哉。乃进县尹蓟门张君惟善，问以庙之存亡，惟善曰：七门舒之名山也，去城西南一舍余，庙久废，碑亦湮没。至国朝，舒人迁其庙于邑治东飞霞亭之右，号曰汉舒明王祠是已。公复曰：有功者祀之，礼也。汝其督令修堰，义官濮钝之为吾重刻是文，用垂永久，亦宜也。惟善退，悉以公之言谕钝之。钝之奉命惟谨，乃采石于麓，鸠工于肆，不日而成，以弘治丁丑冬十月朔，竖于祠之左。舒人之重睹乎此，咸欢欣叹羡，而感公兴举之德为不置。盖事之契于良心之同然也。呜呼，今天下环千里，而兴列郡号循良者固有之，而或于目前之事有不暇及焉，况能举废坠于千七百年之上者乎？此其贤于人也，远矣。侯与刺史之功固可书，太守公之德尤可书也。因具其立碑之由，跋于后。是日，资政大夫、正治上卿、南京兵部尚书、邑人秦民悦邦约书。

（明《万历舒城县志》卷之八《艺文志》《碑记》）

3. 秦民悦《重修七门堰记》

舒城之水源出于西山之峻岭，势若建瓴。然羹颉侯分封是邑，有见于此，乃创七门、乌羊、牐牍三堰。分治为陂、为荡、为沟，凡二百余所，浇灌本邑之田至二千顷之上。譬之人身脉络，自泥丸至九窍百骸，下抵涌泉，无远不届者也，侯信有功哉。三国时，堰几废，魏刺史刘公馥重加修筑，赖以不坠。历唐宋至今，或废或兴，实视上之人倡率之力何如耳。弘治癸亥年，亢阳不雨，舒民以堰久不治，诣郡控诉，太守西充马公汝砺闻之，忧形于色，遂以不治之由，询于邑尹蓟门张君惟善。惟善曰：西山之水流于七门，达于龙王、三门二荡，而后引为灌溉。今龙王荡岸崩塌，随治随坏，故力多而无功。公曰：禹之行于水，顺其自然之势而导之也，患不得其性耳。汝慎择人，吾其处之。惟善遂询于邑之耆老，得义官濮钝之。马公招钝之，谕以度地之术，行水之性，曲尽其巧思，然后遣之。钝之会其意，抵邑履其源流，相其高下，叹曰：水失其道，吾得之矣。盖七门之水自西徂东，注于巢湖，此水之正道也。昔人于七门之下河岸之右，开一小支，入沙河口，经龙王荡，蓄于三门荡，始派分之，固当时所宜也。顷年以来，陵谷变迁，河体渐下，入口颇逆。我民尝于龙王荡用工培筑，遇水涨湍激，垂成辄败，累日之功，一时失之，若未始有者，岂非拂水之性耳然乎。今见七门之侧，沙河口之上，旧有一小渠，号曰土桥水，经侯家坝，径入三门荡，其流虽细，而地势未变，高下相因，比之沙河口，实近而弗迁，使少加疏濬，则用力少而成功多也。复于其策白于邑尹，谋于众人，佥曰善。于是征工发徒，疏土桥渠，以导其水之流。开侯家坝，以顺其水之势。凡智力之所及者，靡不为之。不一月间，源泉混混，盈科而进，其余若堰、荡、陂、塘，咸以次而治。仍于三门荡立为水则，画以尺寸，使强者不得过取，弱者不至失望焉。故虽旱魃为虐，他邑则受其害，此则莳栽芸耨，坐庆西成。铚艾抑谁之所赐，得如是与？盖太守公倡率指示之功，邑尹提督劳徕之力，使非钝之会意罄心，又岂能告终厥事哉。是宜特书，为后之继邑者，告使知为政必本于农，重农必先于水。《春秋》之书濬洙，所以讥其不当濬。此纪开濬渠坝之由，是欲嘉其所宜为，而又在乎相承之，不坠先时，而勿失斯可已。役凡用夫四百名，刍六千束有奇，他无所费。舒民感守令之惠甚深，请予记其事，故次第之如此云。

（明《万历舒城县志》卷之八《艺文志》《碑记》）

4. 盛汝谦《舒城县重修水利记》

舒为江流要道，庐郡塞邑也，西去层峰萃起，巑岏秀拔，绮绾乡错，联岚四匝，若为境保障，而水利源头出是西山峻岭之下，势若建瓴，奔腾崩溃，汪洋浩荡，而民告病。羹颉侯分封是邑，直走西南，见山滨大溪下，有石洞如门者七，乃分为三堰，别为九陂，潴为十塘，而坦、而沟、而冲也，灌田二千余顷，而民赖以不病。延至三国时，水泛滥如故，而民复病。得魏刘刺史公馥，重加修筑，而民赖以不病。迨及明时，而民复病，得丰城刘公显细增疏导，而民赖以不病。迄今百余年来，陵谷变迁，河势渐下，有陂塘为道路者，有荡堰为沙堤者，有民间侵占致妨水道者，有汹涌湍激而沦没故址者，有壅塞横涨漂流民舍十余里者，致使春秋两无禾麦，而民之病者不可数计，独岁凶使然乎！隆庆辛未，姚侯来牧兹土，窃有志焉，以丁内艰归。万历乙亥复任于此，喟然叹曰：食者民之天也，水者食之源也。而水利不兴，有司责也。遂条陈申府及抚部，而诸当道莫不允其议而速其行。侯乃同治农主簿赵舍郊野，历险阻，遍故老、田叟而诹之，直穷水之故道。在姚侯则总其事，惴惴然恐有辜于下民之仰望也。在赵君则任其劳，兢兢然恐有负于姚侯之盛心也。而午峰武君、少泉杨君咸协力赞助，逾观厥成。由七门岭以至十丈等陂，则为修理。由杨柳、鹿角以至黄泥等垱，则为疏通。由含慈而路沛等处，洋萍陂而六冲等垱，则为还官。他若行水过沟，如新垱类难枚举者，又皆悉为躬阅而挑筑。但见高者平，浅者深，浸者复，泛滥者消除，淤填者濬沦，水由地中行，而岁见有秋矣。侯之泽顾不在龙山亿万户哉！舒人沐其德，诣桐索余文以纪其事，余何能为言哉！虽然禹尽力沟洫，万世永赖。夫沟洫田间水道也，侯念及此功岂禹下者乎！故随山刊木，排决开导，修在水也。而使大小灌溉，远近沾濡，修在民也。旱有潴，涝有泄，修在一时也。而使经界以正，豪强以息，修在万世也。上继三刘，下益百姓，允宜勒石，以垂不朽。知县姚侯讳时邻，字显斋，河南延津县人。主簿赵讳应卿，号草野，浙江宁海县人。

　　　　　　　　　　（明《万历舒城县志》卷之八《艺文志》《碑记》）

5.《楚相孙公传》

　　孙叔敖者，楚之处士也。虞丘相进之于楚庄王，以自代也。三月为楚相，施教导民，上下和合，世俗盛美，政缓禁止，吏无奸邪，盗贼不起。秋冬则劝民山采，春夏以水，各得其所便，民皆乐其生。庄王以为币轻，更以小为大，百姓不便，皆去其业。市令言之相曰：市乱，民莫安其处，次行不定。相曰：如此几何顷乎？市令曰：三月顷。相曰：罢，吾今令之复矣。后五日朝，相言之王曰：前日更币，以为轻。今市令来言曰：市乱，民莫安其处，次行之不定。臣请遂令复如故。王许之，下令三日而市复如故。楚民俗好庳车，王以为庳车不便马，欲下令使高之。相曰：令数下，民不知所从，不可。王必欲高车，臣请教闾里使高其梱。乘车者皆君子，君子不能数下车。王许之。居半岁，民息自高其车。此不教而民从其化，近者视而效之，远者四面望而法之。故三得相而不喜，知其材自得之也。三去相而不悔，知非己之罪也。

　　　　　　　　　　　　　　　　万历二年七月望日之吉
　　钦差督理屯田兼管马政漕粮巡按直隶监察御史江陵后学刘维谨书
　　　　　　　　　　　　　（碑存寿县安丰塘孙公祠碑廊）

6. 金铣《按院魏公重修芍陂塘记》

芍陂，春秋时楚相孙叔敖之所作也。在寿州南境，以水迳白芍亭积而为湖，故谓之芍陂。旧属期思县，又谓之期思陂。后为安丰县废地，故又谓之安丰塘也。首受淠水，西自六安驹虞石，东南自龙池山，东自豪州，其水胥注于陂。旧有五门，隋赵轨更开三十六门。今则有减水闸四座，三十六门尚存。轮广一百里，溉田四万余亩，岁以丰稔，民用富饶。陂之中有亭曰庆丰，今废，此其大略也。汉王景、刘馥、邓艾、晋刘颂、齐垣崇祖、宋刘义欣、我朝邝埜，皆常修筑。第世更物换，人无专职，水失故道，陂日就毁。居民乘之，得以日侵月占，掩为一家之私。成化癸卯，监察御史鄢陵魏公璋来按江北列郡，驻节寿州，慨然以兴复为己任，缚侵陂者正其罪，撤其庐，尽复故址。命知州陈镒，指挥使邓永，大修堤堰，濬其上流，疏其水门，甃石閘，覆以屋，储关水纤索，俾谨开闭。且命新叔敖故祠，厥功垂成。适魏公受代还朝，陈子擢守南阳，其事中止，居民贪得之心复萌。甲辰，监察御史历城张公霦，继按其事，将悉置于法。顽民咸悔过自讼，乃严命指挥戈都督工，期月告成。芍陂之复，至是确乎其不可拔矣。合淝陈公铣闻而阅之，谓二公復塘之功不减于叔敖，属余纪其事。窃惟芍陂溉田如此其广，百世之利也。国家之大政，民生之大事，必有才力过人者，而后有所为。辟诸千钧之鼎，非鸟获不足也。一为居民侵夺，穷人无所控诉。非魏公不足以兴其废，非张公不足以成其美，奚可以不书事尔。使大政大事，皆得以行其志，其有俾于治化者岂少哉！铣既受命，于是乎书。

成化二十一年岁在乙巳秋七月朔旦立石

（碑存寿县安丰塘孙公祠碑廊西侧）

7. 黄廷用《本州邑侯栗公重修芍陂记》

孙叔敖为楚相，施教行政，世俗称美，勤恤生民，惠施无疆。尝于寿州南引六安流谿、沘、淠三水，潴之以塘，环抱一百余里，可溉田万余顷，居民赖之。汉王景、魏邓艾、宋长沙王义欣，至我明邝、魏二君，相继修葺，以丕承前志。旧有白芍亭，泊而为湖，因名芍陂。后以安丰邑故地，今相传为安丰塘云。塘中淤积可田，豪家得之，一值水溢，则恶其侵，厉盗掘而阴溃之矣。颓流滔陆，居其下者苦之。嘉靖丙午，兵宪许子蒞兹土，知塘始末，状谋之州刺史栗子，越明年丁未春王月会议州治。历塘而观，度地量期，计徒审庸，檄所辖者濬淤积，上流列堤而悍之。构官宇一所，杀水闸四，疏水门三十六，溢水桥一，昔利塘病民者不深谷，直藉其力。其因塘之利者悦以使之，而忘其劳。时则台使路子偕许子暨凤阳郡守李子往观。曰：美哉，塘也，浩淼迂回，波流万顷，启闭盈缩，各以其时，其平成永殖之休也。善众宜人，惠莫大焉。嘉其经始，申以永图，上下贞吉，老稚腾欢。戊申夏，工殚告成，泽卤之地自兹无歉岁，寿之人不有河洛之思矣乎！路子讳可由，曹人。许子讳天伦，李子讳愈，栗子讳永禄，皆晋人。余诸执事、经理其功于塘者若干人，别有志。

明嘉靖二十七年

（碑存寿县安丰塘孙公祠碑廊西侧）

8. 黄克缵《安丰塘积水界石记》

芍陂塘作于楚寿春尹孙叔敖，历汉唐宋，至今遗迹犹存。上引六安孙家湾及朱灰革二水入塘，灌田万顷。其界起贤姑墩，西历长埂，转而北至孙公祠，又折而东至黄城寺，南合于墩，周围几三百里，为门三十有六，乃水利之最钜者也。成化间，豪民董玄等，始窃据贤姑墩以北至双门铺，则塘之上界变为田矣。嘉靖中，前守栗公永禄兴复水利，欲驱而远之，念占种之人为日已久，坟墓庐舍，星罗其中，不忍夷也，则为退沟以界之。若曰：田之退沟，踰此而田者，罪勿赦。栗公去，豪民彭邦等又复窃据退沟以北至沙尖铺未已也，而塘之中界又变为田矣。隆庆间，前守甘公来学载议兴复，然不忍破民之庐舍，犹前志也，则又为新沟以界之。凡田于塘之内者，每亩输租一分以为常。若曰：田止于新沟，踰此而田者，罪勿赦。曾几何时，而新沟以北，其东为常从善等所窃据矣，西则赵儒等数十辈，且蔓引而蚕食也。以古制律今，塘种而田者十七，塘而水者十三，不数年且尽为田矣。夫开荒广土美名也，授田抚窜大惠也，为上者，鲜不轻信而乐丛之。岂知田于塘者，其害有三：据积水之区，使水无所纳，害一也；水多则内田没，势必盗决其埂，冲没外田，害二也；水一洩不可复收，而内外之禾俱无所溉，害三也。利一而害三，则利有不可从，况举内外之田而两弃之，又何利也。余继二公后，发愤于越界之人欲尽得而甘心旧矣，又以若辈皆居处衣食其中，视为世业。于是，逐新沟以北迤东而田者，常从善、常田等二十余家，得七十五顷；迤西而田者，赵儒等十余家，得二十余顷复为水区。沟南旧有小埂，岁久湮没，乃益增而高之，以障内田，使水不得入，且令越界者无所逞。塘长张梅等请立石以为誌，呜呼！石可立也，亦可仆也，且余能禁彼之不移而北乎！然为苟且一时之计，亦无过于此矣。因书此于石，竖之界上。界以新沟为准，东起常子方家后贯塘腹，西至娄仁家后云。

万历癸未季秋朔又十有一日己丑知州事晋江黄克缵立石

判官孙豹

生员何瓒书丹

（碑存寿县安丰塘孙公祠碑廊西侧）

9. 梁子琦《按院舒公祠记》

安丰旧墟有芍陂，创自楚相孙叔敖，南接六安朱灰隔，东收决断岗皂口诸水而西障之。匝几二百余里，灌田万顷，民受其利。迨魏邓艾建议破吴，屯田淮南，复于芍北凿大香水门，开渠引水直达城濠，以增灌溉通漕运，更其名曰期思。于是孙公之利得艾益溥。今考一统志，寿有庆丰亭、永乐渠，亭遗址今存陂侧，不计何年。旱甚，朱灰隔为上流自私者阻，大香门为塘下豪强者塞，渠日就湮，不可以灌漕，民皆两失利。余家陂东南五十里，未尝不痛，孙公之不可作，且无艾以继之也。余职任银台时，侍御舒公拜命巡按南省，过余咨寿之利病，余首举城堤当復、此渠当濬以对，公唯唯。会州守郑公亦初受命，余以告公者，为郑诵之，郑亦唯唯。无何，侍御公按寿，即以询之通庠，询之父老，谓是役不可以已。而堤为水浸，卒难施功，遂进郑公而以濬渠委之。郑公毅然承命，且不欲其烦民力也。乃计工约费，徧搜帑藏之羡者。卜吉兴事，仿周礼赈荒之遗意，籴谷数千石给饥黎而役之，民争趋焉。始于万历三年十二月初四日，告成于四年三月十五日。于是渠水復通，颂声大作，谋祠侍御公，且以州守配。郑公闻之曰：吾何功哉，吾奉御史公命而为之也，祠祀御史公义矣。遂驰书于余曰：御史公成先生志，先生当为记，余不获辞。按是祠也，辟地一区，构堂数楹，旁列两庑，前设门衡，奉公之像，俎豆聿成。岁时伏腊，民各舒情，面芍陂之洋洋，既溥且长；襟乐渠之浩浩，既耕且航。缵楚相之遗绪，流泽无方，忘期思之更名，尸祝无疆。允矣义举，休有烈光，载之贞珉，百世弥昌。

（清《乾隆寿州志》卷之三《祠祀》）

10. 罗纲《寿州卫重修城橹碑记略》

寿阳东连三吴，南引荆汝，外有江湖之阻，内保淮淝之固。春秋以来，沿革不一。太祖高皇帝龙飞淮甸，天下一家，乃设安丰守御千户所于斯。洪武庚申，改立为寿州卫，设官分职，统御五所，于是城池高深，金汤巩固，御奸侮而保障军民也。永乐己丑，淮水泛涨，淝河淤塞，潴水成湖，连年为西北城垣之害，随修随毁，曾无虚岁。正统丁巳夏五月初旬，阴雨连绵，三旬不止，淮淝贯通，硖石之口迫窄，奔流不彻。遂将四门闭塞，搬运土木以遏水患，雉堞不没者仅三尺许，耋稚骚然惊悸。挥使刘侯急调递运船支及拘客商舟舰，先将老弱者济之于淮山之麓，少壮者移处东南城垣之高阜，人民得安。继而六月朔日，西北风大作，巨浪冲击，城垣坍塌七百九十八丈，泊岸六千六百五十余尺，楼橹木石一时荡尽，霪雨既久，官厅廪宇营房等类十坏八九，屯乡军民庐舍倾圮无算，侯一一具奏。蒙圣恩，命大臣抚安赈济，其坍塌损坏城橹，令待侯丰年农隙之时修理。侯以才干见举，专管军政，既奉命，亲董其事。正统己未，岁时颇收，冬十月，量调屯守军余，分两班递相轮换用工，春初即止，庶几公私有益，至正统壬戌春告成。侯名通，字宗海，凤阳怀远人，将门之胄，气志英迈，德量汪洋，尝从容谓众曰：完斯城也，吾分内之事。分工责限，指日而就，由麾下官校匠作诸人体吾心，遵上令，劳而无倦也。其不伐若此。

> 正统七年壬戌季春月　昭勇将军祁清　首领从仕郎王政等立碑
>
> （清《光绪寿州志》卷之四《营建志》《城郭》）

11. 杨瞻《创建护城御水石岸碑记略》

寿州城创建载郡志，或在淮南，或在淮北，国朝始以淮南为定址。然城西低洼，遇淫雨泛涨，号为西湖。城北淝河由硖石入淮，淮水泛涨，则淮淝西湖合而为一，逆流而上入瓦埠河，更无洩口，四望滔天，州城宛在水中，如此者连三载。护城土岸尽没于水，坍塌者十之四五。知州刘永准鸠工修之，未及成，以致仕去。余奉命代巡，驻车寿州，为卒其工。又见城基齐平地，虽有土岸，不足以御，乃谋于知州钱雍熙暨州同吴邦相，指挥张官、刘庆佑，取按属司府州县赎锾万余金，招匠伐石，赁作鸠工。经始于嘉靖十七年闰七月一日，落成于八月二十九日。自西南角楼起，绕北至东南角楼止，共三千丈有奇。所有土岸通砌以石，重合以灰，依古法，数年结而为一矣。虽有大水，可保不为城患。雍熙进曰：建此石岸，实寿民子子孙孙百世之利，愿作记以诏来者。余为记其颠末如此云。

> （清《乾隆寿州志》卷之二《城池》）

12. 张梦蟾《修城西北涵洞碑记略》

寿城下故甃涵洞三，盖洩市圃中潴水，已则坚闭之，以防外水浸灌。其一在城西南，地势稍峻，近塞弗通。而东北并西北者，则今存也。东北启闭有人，故无患。惟西北者，启闭鲜司，其居民环左右凡二十四家，利于宣泄，其启闭不以时。万历元年夏，霆雨连延，山水泛滥，州之父老子弟猝惊起，惶急四走，几似嘉靖丙寅状矣。州守杨公谷南，偕监州徐公芹川、孙公应山、周公钦轩往阅城，自东而北又折而西，目击浸灌势甚汹涌，叹曰：城以备水患也，今若此，何恃哉！于是下令州人囊土塞其罅漏，复嘱应山公讯其浸灌故，得其情而惩艾之，乃鸠集州众并洞旁二十四家于庭，谕曰：涵洞之启必以时，而闭则宜豫，豫则劳不可破，即水外涨，可恃无虞，此汝等二十四家之责。汝等既利于泄复懈于防，启闭以私，厚罚勿贷。盍一乃心，协乃力，勒碑记名，永矢无歝。梦蟾适从家严及业师紫山先生入谒，与松渠胡君共聆斯诚，咸太息曰，善哉令也，以后州之人民不以浸灌罹患者，畴功哉！遂志其事于右。

（清《光绪寿州志》卷之四《营建志》《城池》）

13. 谢翀《重增土城记》

夫城，所以捍患而御灾也。寿自汉唐以来，城之利赖生民厥功旧矣。凤阳□园所在尤资屏蔽，累治之。时烽警殊鲜，惟自嘉靖中叶，黄河改道，洪涛自徐沛分流于淮沘过濠泗以达海，始逆漾遭缓，河洼湖心淤且十九，间岁盛夏暴霖屡作。英六汝颍狂澜复下，则硖石势遏而潢潦漫渟，连山隐树，一望无涯，水之迫近城堞者止余寸尺。风推浪撼，厮民之躯命产业直与鱼虾共之，恻隐者所骇闻也。嘉靖三十四年，大水破东北隅，石坠浸渍者二十余丈，长乐梅冈郑公觐内土仍厚，极力壅塞，竟免于破。三十八年，秀水宇冈吕公始为增土之计，未竟迁去。四十五年再水，迺冲溃西北隅，民遭没者三千有奇，资蓄委积，荡然无遗，变传京国上下，嗟异迄今。十有一年，间巷小民出溺困惫之状，如久虐尪羸，僅杖而起，尤不能数步强也。使吕之功竟也，宁有是哉？是民安于城，城安于土，相须之重，昭然表矣，亦在专城者轸念尔。万历二年，七栢郑公来守是邦，期年政理优和，百废俱兴。丙子登城周览集父老相谓曰：今岁行当子，或有沴潦之虞，汝城东南高厚无恙，第北向濒淮东西两迤者，薄削犹昔，设复有丙寅之厄，若等何以堪？益土厚墉，非今日事乎？遂上议巡抚，巡抚谅其恤民之厚也，咸是之。乃经始于正月丙午，乘民之暇，畚土于郊，谨同力合，鼛鼓弗胜，月甫再期式坚式好崇崇壮实之规，砭然，足以资保障，乃三月之戊申也，小民扶老携幼，陟高四望，欢声沸腾，曰：吾父母生我自今始矣！即后日有霪雨洪涛沿城而逶，不恃吾土之坚厚乎？卧实安席，吾父母生我自今始矣！盍记之以图不朽？养谷子曰：是岂可得忘哉？夫城自创建以来，本祈卫民于安也，若敝破殃民，谓之有城，可乎？今公之培是土也，非正其要而仁切其当者能之乎？是经国之远谋也，可以观后业矣。公名玩，湖广石首人，早掇巍科，淡于仕进，当轴劝驾始出。在郡轻徭薄赋，申教省行，多著循良兹城其一节尔。别驾云衢刘公名通，四川越隽卫人。初泉王公名纪，浙江黄岩人。幕尉对峰彭公名奇寿，河南南召人。谐里协理并垂实惠者。

（清《乾隆寿州志》卷之二《城池》）

14. 梁子奇《兵备道朱公重修寿州城德政碑》略

古昔王臣所能宣力四方，文武惟宪者非事理而人治也，在急先务而已。知先务而急之，则政得其体，事渐理而人亦无不治。寿州昔为富疆，顷者，国赋亏，军伍缺，文事不张，武备亦渐弛矣。此无他因，水患不息也。我兵宪存敬朱公行部至寿，察生民安危之原，究吏治得失之故。喟然叹曰：治寿其先治城乎！城不固，则水之害人不消，虽欲弛张文武，振饬纪纲，无由也。乃履塘垣，稽工役，睹砖城之崇，曰：可以域民矣，然未壮也；睹土城之厚，曰：可以防溃矣，然未实也；睹护城之泊岸，曰：可以捍冲流矣，然未坚也。乃遂知州事庄公桐命之，曰：夫城者，峙于外卫于内，而泊岸止水之自来，又兼外内而克巩之者也。本固则不拔，故砌以砖者，其材欲量；基广则难倾，故培以石土者，其筑欲密；至于堤溃针芒，防穿蚁穴，故泊岸之修也，又欲其莫而安。三者备，然后内外相维持，寿民可永恃矣。况兹役也，创于清戎舜原杨公，诚百世之利也，尔其益图之，俾勿壤焉。庄公承公命，募工兴役，增所未高牒则言言矣，培所未厚塘则实实矣，埋隙土虚，植颓撤朽，泊岸则翼翼平平矣。以此屏翰于中，砥柱于外，斯其为完城乎，而予因以知政焉。我寿当庐凤之中，军民并处，凡法度所盈缩，利害所兴革，非一端而独以筑城为先务者何？盖河世为寿患。自丙寅之变至今，救死扶伤之不暇，一遇霖雨，即相顾愕，此公乃所以俱竭，轻犯法而易为非也。维公首务筑城，故民得以全室庐，保妻子，由是逃亡者安宅，荒秽者农桑，行见衣寒食饥，淳浇朴靡，絃诵兴，枹鼓息，兵食足，狱讼空，上嗣天子命，下贻寿民望，远迩之安，胥自此始，非所谓见本知末而握要治详者乎！敬书此以记。

万历六年孟秋吉

直隶凤阳府知府张登云，同知查伟，通判周守愚、马鲁卿、李光全，推官杨俊士，寿州知州庄桐，同知雷应志，判官童鈇，吏目沈准，学正朱维翰，训导柳伟、王凤翎、殷士望、余大中，指挥胡世忠、刘京、陈护国立石

（清《光绪寿州志》卷之四《营建志》《城郭》）

15. 方震孺《署知州李来凤增修北城记》

寿春为中都支邑，西控荆楚，北负彭城，南阻吴会，盖重地也。城西北一隅独处其庳，每入夏，霪雨怒涛啮趾。观察郡大夫虽稍稍增为护堤，堤就而城之势反杀。顷贼犯邹滕，楚沛戒严，我民亦岌岌不安。廉使魏公登城环视，晋瀛海王使君、西陵黄学博曰：城庳且薄，土恶善溃，寇从北方来，如枬棩何？缙绅氓隶皆曰：增筑之便。会王使君谢事去，监郡李公摄篆，晨夕拮据，采石于山，聚土于濠。课隙力于里甲，悉偿以肺石之羡，属判官叶君董其事。经始于癸亥之春，四月而成。高五尺而赢，长千二百五十尺而赢。问记于方子震孺，方子曰：人情见已然，不见未然，狃于治安，未睹其利害，一旦有不测，势悉其玉帛子女以喂寇，骈肩俟毙，其为计亦甚左矣。城高且坚，而水不得浸，寇不得薄，以为中都藩屏，则是举也。宁直一手一足之烈哉！李公名来凤，大足人。相之者，州司马端君，名取义，南乐人。叶君名秀枝，寿昌人。董其役，又分俸助其乏，州幕王君，名正芳，束鹿人。卫幕王君名焕，会稽人。偶工采石，终始其事者，省祭官张之敬、任尚德，凡开梁、造堡、堤井、建馆之类，无不藉其力，而是役其尤著者，例得附书。

（清《光绪寿州志》卷之四《营建志》《城郭》）

（三）清代碑记（41篇）

16. 卢见曾《戚家畈下官塘记》

古来牧民之道莫大呼水利兴，水利兴则民受福无穷焉。盖民之有田必有沟洫川浍，以备旱涝时蓄洩，所系至重也。故楚令尹孙叔敖不惜蠲千顷之地以为芍陂，而楚益富饶，至今赖之。六地坦阜不一，所恃为蓄泄者尤在塘陂，但未能深濬广疏，为憾耳。乃一时因缘为奸，借肆吞噬各塘陂，指为荒地，互相侵领，告讦不止。余莅六以来，沿为踏验，知其有必不可废者，特为详请，豁免塘租，复还旧迹，从民便也。予之于六三年，而区区不能自已者，惟此而已。下官塘居民汪玉章等请刻石以垂久远，而特为书其事焉。

下官塘来水自上官塘，大沟一道相通，使水二十八户，三涵、二沟。满塘

之水，高埠先车四日；半塘之水，止车三日。先放高沟，次放低沟，俱照旧例，不得争论。如有私车私放，众姓禀公严究。

雍正十二年五月　卢见曾

（清《乾隆六安州志》卷之二十《艺文志》《碑记》）

17. 沈南春《韩陈堰使水碑记》

六安州正堂沈为叩赏勒石以垂久远事，查接管卷内案，据生员赵钧堂、监生吕怡丰词称，韩陈堰载在志书，自乾隆四年，派夫出费重修。凡有水分之家，印册存案，并赤契注明韩陈堰使水字样。其堰上流不得打坝，无水分者不准使水，历年无异。突今四月，有朱谋贤、许明乐、蒋启盛并无水分，恃强打坝，经堰头秦隆山、周维其具禀，差押毁坝。谋贤等屡抗不遵，复经乡地、原差具禀，移送军主讯究，谋贤自知情亏，愿具永不打坝切结，恳免究惩。生思水为田之母，如遇旱年，易滋争斗，案契虽有确鉴，家藏不彰耳目，惟印赏勒石，凡有水分之家均注姓名，并注明田数，既免争斗，亦垂久远等情到州。据此查此案前据注堰头秦隆山等具禀，经前州饬差，谕令朱谋贤等毁坝，续据赵钧堂等呈控，复又移送军厅讯究，去后嗣准移覆，经沙署州批饬，朱谋贤等非分作坝，本应根究，姑念时值农忙，既据自知情亏具结，并赵钧堂等呈到遵结，姑准注销在案。今据前情移交前来，合行抄粘给示。为此示该保乡地并业户人等知悉：自示之后，务各照依契据注有韩陈堰字样，方准在堰使水。其堰上流亦不准并无水分之户，打坝阻截，致滋讼端。倘敢不遵，许堰头、乡地并业户人等指名赴州呈禀，以凭严究。各宜恪遵毋违，特示。

（清《同治六安州志》卷之八《河渠志》《水利》）

18. 朱轼《舒城县开复县河记》

年友蒋子治舒之明年，淮西秋旱，以灾告者一十八州。县卫所在，扶携转徙，而舒民自若也。余入舒境，访诸父老，曰：舒故沃土，自西河塞，沿河七十里旱涝无资，谷不登，非岁之罪也。吾邑侯筹此熟矣，今已捐金籴粟，又劝谕东西南稔乡，随力捐助，共得粟若干石，下令募北在两乡灾民开复县河。夫工日以千计，人给粟若干，民藉以无饥，又幸将来之利赖无穷也，故转愁怨为欢笑。言讫，蒋子至，为道开河广长丈尺及工徒所需甚悉，余如父老言。余曰：救荒善矣，开河之利尤大焉。虽然用不继奈何，蒋子曰：无虑也。明年，余假归，复过舒，见环城清流如带，商贾舟楫倚郭门而泊者，无算。鹅鸭泳游，罾筍比密，而支流别港潆洄村舍者，不可指数。河之为利，洵大矣哉。近世守令汩汩簿书钱谷中，救过不遑，遇岁歉，则愁怨咨嗟，计无所之，何暇为民计久远。而号称能吏者，又率以击断相高，谐媚相尚，民生休戚，非所计也。若蒋子者，虽古循吏何以加焉。按县志，河源发自孤井，至中梅河合龙河口水，会于七门岭北，折而至龙王荡，环绕县治，由三河镇东入巢湖，达于江。万历时，邑令陈魁士将河之北流，改向七里河而南，久之，故道淤为陆，越百有五十余年。蒋子因赈饥，募民疏沦，自龙王荡迄县河口，计长七十里、宽二三十丈不等，掘深约八九尺、一丈二尺不等，挑方四万九千三百九十有七，工徒五万一千人。始事于康熙六十一年九月，迄本年十二月，凡三月而工峻。蒋子名鹤鸣，号子和，癸酉科举人，浙江嘉兴秀水人。莅舒三载，慈祥恺弟，民戴之如父母。其所兴利除害不一而足，开河其最著也，今制府查公以治行荐，奉谕旨调扬州之江都令。

（清《雍正舒城县志》卷之三十一《艺文志》《碑记》）

19. 陈守仁《重立环带水碑文》

予来舒，周视城垣，倾颓欹侧，其下深濠多半淤塞。问之故老曰：此非本来也。旧时水环城下，作桥通者不一，而总其大势，有似带环。曩者科甲蝉联，士田滋润，皆水之周回通达，实钟灵而普其利也。闻有碑以记之，自水多淹塞，而碑亦不可复得矣。予心识之，然惟以修整城垣为急，届今半载，鸠工甃石，日无暇晷，而垣以告成。予方顾而乐之，乃有来告者曰：城之东获一碑，其背供人行久矣。忽辗（展）其面，有环带水三字，予因叹曰：事之成固有时乎！考舒水自三门荡，灌入羊萍陂，由马黄垱走城西隅，绕城而北，至下牛集桥达东门，其一支也；自西逆上，汇陶家堰，过回龙桥，通艚牍堰周瑜桥，绕城而南者，又一支也。两水皆归黄泥垱，而带环矣。设艚牍堰不复，则水缺其一支，而带之环也何有？今堰复而桥通，桥通而碑见，予固幸水之环城，而金汤巩固，人文蔚兴，亦以快田畴之灌溉，永永无穷也。亟取而磨砻，不易其旧，而植之如新。会贾、郭二子以志书刊成告，爰为记其因缘而付诸梓。

（清《嘉庆舒城县志》卷之三十四《艺文志》）

20. 陈守仁《开复艚牍堰记》

舒邑七门三堰，艚牍堰居一焉。南门外旧址犹存，创于汉羹颉侯，一修于魏刺史刘公馥，再修于明县令刘公显，先后留心水利，灌田二千余顷，民戴三刘之明德无以报，遂建报功祠以祀之，志不忘也。己酉岁，予奉调舒邑，公余暇思三刘之遗泽，访七门之旧址，绅士为予曰：历汉至今，民之遂生乐利，不忧荒旱者，三刘厥功巨哉！惟是糟牍一堰，陵谷变迁，水失故道，淤塞百有余年，深沟尽成高阜，民皆列屋而居。历任兹土者，无不殚心竭虑，思欲迁移民房，重加疏瀹，因叠讼不休，是以迟迟未果。余曰：盍往观焉。因步行南门外，相度情形，征论民居不可移，即民居可移，此堰决无成功。盖此沟淤塞废坏，既经百有余年，则水势奔腾冲涌亦百有余年，水愈下，地愈高，仍欲于此处求堰，是胶柱鼓瑟之见也。乃循河而西，约里许，河势与地势渐平。中有隙地十余丈，外临大河，内傍城濠，于此开缺引水，由城濠以通周瑜桥，直抵小东门，以达堰沟，顺流而下，势若建瓴。问其地，林姓之地也，欣然乐售。予倡捐，食水绅士某某，堰长某某，捐助共二十金，购买此地，择吉开缺。民之信者半，疑者半。疑者曰：此堰久经淹没，历讼无已，今兹之役，其以我劳也？信者曰：且荷锄从事，以观其后。疏瀹未几时，六月天，少亢阳，民札坝拦横，天河之水尽由缺入濠，顺流而东二十余里。士民且惊且喜，急请往视。予单骑循沟而行，观水势之迂回曲折，果通二十里许。堰民相聚欢呼曰：不图今日得睹此堰之成也。民乐甚，予亦乐甚，因笑曰：凡民可与乐成，难于图始，其信然欤。由是踊跃修筑，不约而同，不日而成，既建新桥以引水入，复修周瑜桥以通水流，又建龙王庙以祀之志成功也。合邑绅士环予，请曰：天河之水，旧经城濠而东，一时科甲鼎盛，立有环带碑焉。百年荒废，今一旦复修，既灌田畴，又培盛世文风，吁请申详载入县志，以垂永久。予曰：果尔是，可壅于上闻乎！因据呈详请各宪批允，准载邑志，用叙开复古堰由来，付诸枣梨，非云示美也。姑为记之。

（清《雍正舒城县志》卷之三十一《艺文志》《碑记》）

21. 佘汝霖《重开古糟牍堰记》

舒邑水利发源蕲黄，入南溪，通江湖，溯汉羹颉侯封舒，引流灌田二千余顷，七门、乌羊、糟牍所谓三堰从此始。三国得魏刺史刘公馥，有明得丰城刘公显、延津姚公时麟相继修复，迄今七门、乌羊清流雪浪，百道潆洄，食利正溥。惟糟牍与通衢接，房屋鳞如，匝堰而构，水道淤塞，变为市圃。自万历间，已如是。食水民人恒思疏瀹，历任贤大夫亦欲重开，奈地势岘岘，烟火家家，庐舍遽难拆毁，动经雀角，徒事纷纠已耳。计腴田二千六百余石，半易为旱地，岂非艚牍堰废之故欤？雍正七年四月初，石屏陈公自霍邱奉调来舒，留心水利，加意民瘼，稽邑乘，询故老，亲历四乡，于遍宣圣谕；清编保甲时，即以冈圩田亩为急务，或循旧例，或酌时宜，补筑开导，盖无一不综理周详也。一日寻艚牍故道，上下数里，相度地势，瞥于上流。见隙地内近城濠，外临河畔，询之为林某业，林亦乐售勷美举，遂给价二十两有奇。谕食水居民，遇农隙齐工开凿，他人毋滥及焉。以雍正八年二月十一日始，公焦劳劭勤，民乐趋之。不数月，水自回龙桥，经任道人桥，入城濠，分灌诸垱，势若建瓴，遂使百余年改地之（为）田，计弓百二十四顷六亩九分，为亩万二千四百零，客岁尽获有秋，于乎休哉，艚牍之水利已告成矣。公犹以为末也，查编细册，设立规条，锓梓以颁农氓，使永相遵守。更详各宪，于董率之才者，分别优奖，以鼓励众志。公且曰：有司之事因循则无一可为，奋然为之亦未必难。某于艚牍实亲试之，窃恐创始艰而废坠易，是大有望于后之官斯土者，加意饬督，俾水常通，苟非天灾，岁罔不登，庶上副我皇上重农务本至意，公真可媲美三刘矣。且此堰古名环带，绕郭文澜，形家谓舒昔甲第蝉联，得力于此堰之淳蓄居多。自是以往，学校中人文蔚起，加以公之督课，日月切劘，将来擢巍科登仕版者，皆公之恩波也，讵止灌溉田畴已乎！公讳守仁，字近山，己丑科进士，仁厚清勤，顾其襟怀，可入宰政府，不仅一邑。余谬秉舒铎，恒心折公之政教，如斯堰之重开，利大功溥可传，固不可一二书也。

雍正九年蒲后五日记

（清《雍正舒城县志》卷之三十一《艺文志》《碑记》）

22. 谢上林《开濠河道新修龙王庙碑记》

今天子神圣文武，海内又安，古无与比。尚虑民疾苦，屡诏天下修复水利暨明神所司支流何伯。苟利民者，秩祀维严，大小臣工是虔是共，奔走率职，遍于退陬。舒城县，庐郡属邑也，三面环山，其西南与桐、潜、六安接壤，崇峦叠嶂，众壑成河。河源于孤井源，会于龙河口，过七门岭北，折而东，过龙王垱，绕县城如带，出河口汇於巢湖，灌田二万余亩。舟楫通流，商贾骈集，民以富庶，科第以绵。其垱东故有龙王庙，岁五月二十日有司亲祭，劝农祷雨辄应，旧志然也。明季陈令魁士苦河水泛溢，凿庙前石埂，开七里河，河南指，而绕城之水遂涸，曩之庶富科第者，浸以衰微矣。本朝前令蒋鹤鸣以濠河五利上请，乃筑石坝，颇有成效，久亦渐颓。故令徐绍鉴复请开濠，而署篆张海遂蒙宪谕，集众劝输，舒人復踊跃从事。余奉天子命来守是郡，事神治民，其有裨于邑者，敢弗殚心，是勤是虑。乃亲往相度，量工计费，周详核议，委成于新令某某，士悦民趋，不数月而石坝成，而县河復，农末交欢，耋艾歌咏。然庙故南向，水北而庙南，非神意也，易而新之，金碧相辉，殿门耸峙，望之焕如矣。夫民食利于水，祀神利民，为职匪勤匪豫，功弗集也。今费不逾期，工无疲役，可谓勤矣；风雨以时，波涛不作，可谓豫也。民勤而神豫，用睹厥成，可以称明诏而垂诸奕世矣。于是某復请于余，余为纪其梗概，而系之以诗曰：

> 河来自西，北流活活。福我邦家，实维河伯。昔也淤止，今也濬止。吁嗟濬止，爰集斯祉。维神赫赫，镇此河流。不北而南，维神之羞。实沈元枵，生王相交。神向于兹，与水胥饶。作坝之先，众议不类。相厥机宜，高卑定位。大则分流，小乃安辑。祛前之忧，获新之益。春水溶溶，桃柳雍雍。与波上下，款乃歌风。有蓑者笠，桔槔相从。决而导止，万亩其同。神之的矣，发为文章。青青子衿，利用宾王。于都休哉，延厥奕祀。维舒之福，维神之庇。

（清《嘉庆舒城县志》卷之三十六《艺文志》）

23. 李大升《重修芍陂塘记》

安丰塘者，楚令孙叔敖之所作也。叔敖去今数千年矣，而其泽至今存焉，叔敖之功其不可泯也哉。然世代变迁，堤堰冲湮，非有待于后人之补修，则其泽亦不待今日而始废矣。故历观寿志，修之者不一世，亦不一人，然亦不数数见也。此塘周围一百里，受洙淠沘三水，蓄洩以时，灌田万顷。自明季之后，冲决新仓之口，淤塞引水之河，茂草满塘，旱魃无救，民不获其利者，于今三十余年。余自癸巳夏来守寿州，询诸利弊，绅衿黎庶皆言，此塘乃寿土第一利者，余随欲举行而未之逮也。迨乙未春日，会环塘士庶，同周生成德等相视其废坏处所，度而计之。余乃喟然曰：嗟呼！何古今人不相及之远至如是也。天下事有古人未为之，而自我为之者矣；亦有在古则为其易，而在我则为其难者也。未有难者在于古人，既已先我而为之，易者在于今人，究不过一补筑疏通之力也。而我犹漠然置之、委之，以为此不易成之业焉，不几为古人所笑乎！于是，量其工程，选夫千余，先疏河道之壅塞者一百四十余丈，再筑新仓、枣子门冲决二口，高厚约十数丈有余，绵长俱不下百尺许，復捐俸理其门闸，补其塘岸，不月余间大略粗完。余具文报兵宪沈公，公喜之甚，亦捐俸饰修，意在利求万全，垂之永久。余随与州佐等加意巡葺，环塘之民插秧遍野。是岁，别地夏皆苦旱，惟安丰一带全获有收焉。及十月之中，仍查其未完者，重为整顿，其减水闸、中心两沟皆一一疏濬如法。余抚掌叹曰：如此可以报成功矣！其庶乎！不负兵宪沈公之意也哉。士民咸归功予余，余应之曰：此尔众之力也，兵宪沈公之恩也，余何功之有焉。记余自癸巳冬莅寿，性不合于时，行不侔于众，政拙术疏，不能为曲阿诡随以媚于上，几遭排议，向非沈公昌言维挽，俾予得保厥位，以与寿民相休戚，又安得与尔众复此塘也哉！嗟乎！叔敖往矣，芍陂之利至今存焉，先我而修复之者不一人矣。百年之后，又安能保其久而不替也耶！是所待于后之君子焉。

（清《乾隆寿州志》卷之四《水利志》）

24. 张逵《州司马颜公重修芍陂碑记》

芍陂，楚相孙叔敖所作也。以水迳芍亭积而为湖，故谓之芍陂。而其地属安丰，故又谓安丰塘。塘本五门，后更开三十六门，后更设减水闸，以备蓄洩。轮广三百余里，支流派注，溉田五千余顷，盖寿之水利也。历汉唐宋元明，不时修举，然旋修旋圮，无有安享其利者。我朝既已定鼎以来，士民亟请于官，而郡守先后以十数，率皆视为固。然不复置问，总缘牧是郡者，既难支调，又殚劳苦，以官府为传舍，方追呼之不暇，何暇为民计。曲阜颜公来佐是州，慨然以兴复为己任。康熙三十七年兴工，亲督夫役，广咨访，妙区画，大寒盛暑不辍功。工垂成，会府牒至，命公监输，颜料辞不获，遂就道既去。近塘之奸民暗穴之，防大决，波涛澎湃之声闻数十里，民田素不被水者多波及焉。塘之顽愚复开堤放坝，竭泽而渔，道路相望，夜以继日，不一月而塘涸矣。三十九年春，公讫事还署，忽忽不乐，复命驾往，缚奸顽者罪之。工再兴，两阅月而竣。盖有阶可藉，不似从前无尺土也。因悉赦有罪，责以输守，著为令，一门圮，罪当守者。岁由是稔，民用以饶，方工初兴也，人尤而怨之，至是歌诵弗置，土人将立祠于孙公祠旁，以志不朽。惜无碣以纪其事者，余谨记其梗概如此云。康熙庚辰十月，寿阳门人张逵鸿渐氏撰。

（清《乾隆寿州志》卷之四《水利志》）

25. 颜伯珣《重修安丰陂碑记》

纪载之书钜细代有，然事或有舛于所闻，未若亲见之为愈矣。况余身为之者乎，不以弇鄙，遂无述用，敢自序其本末焉。粤稽唐虞之世，陂九泽，度九山播稼，而粒食尚已。至春秋时，以权术富强其国，趋功利如鹜，若管仲、计然、西门豹、李冰、郑国之属，各因水上便宜，利导其民，论其成功，咸有以济时艰兴民利者。至若楚令尹孙叔敖，治楚多美政，而司马史于其寿春建诸陂事阙，未有书，何也？寿之诸陂固不俟考掌乘，始彰明较著。岂特可与管仲、计然、西门豹、李冰、郑国数子同日而语乎？禹思天下有溺者，犹己溺之也；稷思天下有饥者，犹己饥之也。孙叔敖大建诸陂，推其心不在禹、稷下也。康熙二十九年，余选吏部，授寿州丞。读州志，载孙叔敖治大小陂三，安丰为最钜。自秦汉迄今三千余年，代有废兴。至明成祖永乐间，寿民毕兴祖上书请修复，上命户部尚书邝埜驻寿春，发徒二万人治之。成化间，巡按御史魏璋大发官钱，嗣其余烈。嘉靖间，颍州兵备副使许天伦、州守栗永禄，兴复之。万历间，兵备贾之凤、州守阎同宾、州丞朱东彦又复。国朝时则州守李大升又继修焉，今又历四十余年矣。余临其陂，鞠为茂草，不禁喟然曰：是余之责也。三十六年秋，陂之士沈捷上书于州守傅公，再告于中丞李公，力请修复并请檄余董厥事。沈生毅然为环陂倡，各宪咸允其请。明年春，徵徒千人，誓于孙叔敖庙经始焉。陂分二路，路有长；注水三十六门，门有长，其吐纳四闸未及焉。路长职籍徒廪饩，门长司鼓旗，锹者、篑者、版者、杵者，一视旗为响为域，听鼓声与邪呼声，相和答取进止，朝赴而暮归。就绳束重作三十六门，南北堤堰三十里，陂水成泓矣。三十八年，筑新移门。余奉檄监采丹铅入贡京师。于是罢役。方春之兴役也，处士郑斐谓余曰：民劳而怨，奈何！余曰：唯民艰于图始，乐于观成。西门君治邺往事可徵也。三十九年夏四月，予旋自京师，六月复居陂，经理其沟洫。四十年春正月，筑江家潭。三月，自孙叔敖庙讫老庙增堤堰，广上五尺，长十里；开复皂口闸、文运闸、凤凰、龙王庙，凡四闸，置守堠。六月，劝民作孙叔敖庙，一恢旧制。十月，复筑瓦庙、沙涧堤堰，各广上五尺，长六七里。十一月，筑枣子门。自经始迄兹凡四载，堤岸门闸，吐纳防卫之道，锁钥畚杵之器，树艺渔苏之约，友助报本之义，无不备细，讲求后先，依堤植千树柳。明年将返旧林，不知他日或能过此，作汉南吟乎！沈生近陂而寡产，倡义而不私其亲，真能志仲淹之志者。中丞李、州守傅听言不惑，无愧于拥节钺、佩方符者也。余竭蹶补苴，苟利一方，予亦得上附数公之末光，故乐序其事。康熙四十年辛巳，寿州丞曲阜颜伯珣相叔题。

（清《乾隆寿州志》卷之四《水利志》）

26. 颜伯珣《楚相孙公新庙碑记》

旧祠在古大树北，志纪莫考。顺治十二年郇阳李公大升来守寿春，锐志于陂，期三年复古不获创厥功。初以旧祠陋，改作大树前，时天下甫定，于旧贯未有式廊，又使吏董治，常以夜课工。故栋宇率仍狭薄，自堂田前孰但二三丈，祠无厦楯，兀然于野。而已今復改营树北旧址，仍北拓基一丈，为三楹，长二丈、广一丈二尺、高一丈一尺，台高一尺，七寸阶，段两端各为耳房。下殿脊三尺，后北体簪前及其半，各两小楹，中壁夹之。内为南北牗就凉燠，外独为南户。各别院宇南接庑，北横壁，东西则殿耳两横。又独壁接连殿庑两簪□其缺居半。其东西外壁，又各连耳房外横角，与庑之后角焉。东院外壁又小门通场园，引汲竹树间，纵横细路悉于此分会也。两庑亦俱三楹，南北各为牗，如耳房簪厦两端，各为圭门，北达耳房偏院，南通崇报门楼下凡出入，旁引皆曲通不淋雨雪。正庭南属崇报门，北壁凡一丈八尺，东西属庑□，下凡二丈，墁以巨□。崇报门在大树南，亦三楹，高二丈，长一丈八尺，广一丈五尺。中木为楼，南北两门对立，东西圭门通楼头小院，入庑廊。其上中间前后，玲珑旋屏，门外币栏杆去承溜有间，两旁壁隔内，亦各为南北牗以寒燠，启闭簪牙，高□洞户，豁然出大树，半与各轩房楹互低亚。楼南壁两头複之壁，与庑后壁齐折堵之，中成楼头小院，以障庑南深藩圭门。巡器具收楼外隙地为有用，不嫌其偶也。崇报门手外门四丈四尺，门仍旧三楹，高八尺、广七尺五寸、长一丈六尺，南朱□嶙铺，北圭形庐寝。崇报门外东西又两房各三楹，长一丈五尺、广六尺、高七尺有奇。户牗居前甬道，列墀细垫，缘布门外石坊三方，刻楚令尹孙公庙，字不雕镂。西偏别为屋三，前客堂，后禅堂，旁则饭钵之廨。久以僧典祠，仍作僧舍，各后院积木条竹根作薪爨。犹有隙周垣，高五尺、广一尺二寸，瓦顶砖牙三层，即砖层十有一，环周四十二丈，自崇报门外旁两房，与前门表坊及僧舍意拟如是，行将归老，旧而不及身为矣。美哉！新庙，四时之宜备文，崇功报德优属于斯，感鬼神和，上下道民礼乐其大较，已其远者来禄焉，近者虔语焉，游息焉，风焉，浴焉，眺焉，镌焉，月吉读法焉。州刺史之巡行，行旅之倦焉，而于庭、于房、于廊、于庑、于阁，上于大树，下于南牗北窗、北轩、彼槛，皆得以栖憩偃即，随意所适。而凡冒雨寒暑所不及也，无以西开未成属垣于庑，面门置守者，会中承喻公檄，有霍之役五月，旋奉辖制阿公调赴省府，十一月乃迁寿，即请陂上谋丹垩涂墍之事，咨门循陛，顾而私喜，且惜李公不得见此也。然余惜李公之不得见，又为如后者之不惜。余引以毋替，庶上告孙公，下对斯人之世陂者，焱无门闱凡九所二十间，僧舍三所九间，户牖五十有七，户门□枢百四十有六，□散参错，附于册籍，备稽查矣。作新庙记。

（清《光绪寿州志》卷五《营建志》《坛庙》）

27. 郑基《重修安丰塘碑记》

楚令尹孙叔敖，引六龙谿沘淠之水，滙于寿春之南芍陂，入汉为安丰县之地。周回一百许里，溉田万顷。有水门三十六门，各有名。有滚坝一，有石闸二，有杀水闸四，有湛水桥一，有圳、有碣、有堰、有圩，时其启闭盈缩。有义民、有塘长、有门头、有闸夫，而一视司牧者为不治。乾隆三十五年冬，基奉命任此土。士民李绍佺等请曰：安丰塘时事补定，乃足灌溉。今凤凰、皂口闸、众兴集滚坝，陊剥不治，且大坏。虽治厥功剧艰，愿按田敛资，用自集功，不敢费於官。基曰：事孰有善於此。为白其事於上官，报曰：可。於是，鸠资傲功，近水之田一万九千八十亩，亩输银三分四厘；次去水稍远者二万三千四百亩，其数杀十之一；又去水尤远者三万四千二百亩，其数杀十之三，凡田七万六千七百亩，银二千四百两有奇。修凤皇闸，深六丈二尺，掣中而外射，中广三丈三尺，外四丈二尺。梁其上，以便行者。皂口闸广四丈，址齐水而迤下，溢则流，否则止。两壁隆起如垠，高寻一尺，坝制与皂口闸同，深广如之，凡石丈一千三百七十；桩不及丈者四尺（千）六百二十，灰竹、麻、铁之属皆四百斤，为工五千二百，用人夫二千四百。既又易楚相祠而新之。兴工於三十七年五月四日，凡四越月而工竣。董其役者，州同知赵君隆宗、正阳司巡检江君敦伦，衿士则李绍佺、周官、沈裴似、陈宏猷、李猷、程道乾、梁颖、戴希尹、邹谦、李吉、陈倬、张锦，义民则金向、余加勉、潘林九、桑鸿渐、李贵可、余金相，塘长则刘汗衣、张谦、江厚、江天绪、江必，咸有成劳。铭曰：

> 忠惟佐霸，仁以保民。寥寥千祀，厥惠犹频。期思之陂，开自楚疆。周回百里，门埂相望。胡俾斯坏，不为保障。廼勤廼治，尔财尔力。增倍卑薄，作固石洫。畇畇其原，涣涣其流。稺人欢忻。嘉谷无忧。乃新庙祀，以觉报休。凡厥古制，废兴以时。其兴孔艰，废由不治。漳渠郑泾，存其余几。永保勿替，以告来兹。

特授江南淮安府知府前寿州知州加三级纪录二次郑基撰文

湖北巴东县知县梁巘书丹

大清乾隆四十年，岁在乙未八月丙子朔二十日乙未

寿州知州张佩芳建

江宁侯怀胜镌

（碑存寿县安丰塘孙公祠碑廊）

28. 朱士达《重修安丰塘碑记》

安丰塘者，古之芍陂也。其水之源见于汉地理志者，曰沘水，亦曰渒水，今已湮塞；见于水经注者，曰肥水，今失其故道。惟发源六安州龙穴山者，会石堰、白堰诸河之水，以达于陂，即今之水道也。陂经始于楚令尹孙叔敖，周一百二十里，灌田万余顷。淮南子所言决期思之水灌雩娄之野是也。汉建初中，王景徙庐江太守，驱吏民修芍陂，境内丰给。建安中，刘馥为扬州刺史，修芍陂、茹陂、七门、吴塘诸堨，以溉稻田，公私交利。后邓艾重修之。宋齐隋以来，官斯土者皆议修治，见于河渠诸志甚详。本朝亦屡次兴修，而未克成厥功，盖经费浩繁，无人以经理之故也。余来牧是州，询之士民，皆曰：此塘之利二千余年矣，而屡筑屡废者，其患有二：一则塘旁居民利其淤淀为田，得以专享其利，不顾塘之废也；一则上游六安之人筑坝截流，俾水不下行，其害二也。余之始倡议也，颇知其难，既而思之，事之仰于上者，或视官如传舍，以民事不关己而置之。事之待于下者，或畏吏胥之蠹蚀，或恐豪强之侵夺，是以久而弗就。余惟天下无不可集之事，无不可成之功，必信而后劳，而斯人之情，乃鼓舞而不倦，其人事之推移，物力多寡之不齐，惟公且溥，人心始帖然服。至银钱出入，夫役之勤惰，皆寿之人自为经理而董戒之。在官者，一切不问，斯侵蚀无由也。乃捐廉以为之倡，州同长君亦捐银相助，环塘士民许廷华、江善长等捐资兴助，或按亩课捐，贫者出力帮办，其不足者皆二生肩之，而许生所出尤多。自二月兴工，九月蒇事，而塘始成。夫兴利除弊，守土者之责也。乐事劝工，享其成者，俾无有艾，则寿之人百世之利也，而余何有也？乃述其事，以告来者。道光八年岁在戊子嘉平月中旬，知寿州事宝应朱士达记。

（清《道光寿州志》卷之七《水利志》）

29. 续瑞《示禁开垦芍陂碑记》

万世永赖

江南凤阳府知府舒梦龄奉督宪陶、抚宪色、藩宪程、臬宪文、道宪胡批饬示禁开垦芍陂碑记

为出示晓谕永禁开垦以保水利事，窃照该州安丰塘创自楚相孙叔敖，周围数百里，灌田数十万亩，历二千余年，岁无忧旱涝，公私两利，盖令尹之泽长矣。前明成化、万历间，两被奸民私占，官失姑息，遂使贤姑墩以北至新沟止，计五百六十顷零，俱已变为粮田，实为塘之一大厄。今南北相距六十里，东西仅十数里，底平而浅，水难多蓄，门闸其启，兼旬即涸；距塘稍远，已有不沾其泽者，急应筹画经费，大加疏濬。讵皂口闸东及徐家大沟一带淤地，又有江善长、许廷华等未究开田，嗣饶署州详请召佃，纳租充公，批饬本府亲诣查勘，业将关系合州水利，未便开垦缘由禀奉各宪批准在案，并请责成该州州同，每岁按季亲巡一次，如有擅自占种者，立即牒州严拿究办。除集提江善长、许廷华等到案讯详外，合即出示，勒石永禁。为此，示仰附塘绅耆、居民人等知悉，所有从前已经陞科田地仍听耕种外，其余淤淀处所现已开种，及未经开种荒地，一概不许栽插。如敢故违，不拘何项人等，许赴州禀究；保地恂隐，一并治罪，决不姑贷，各宜凛遵，切切特示。

静斋　戴宗显　书　丹

寿州知州续瑞　许道藩　监　立

州同知曾怡志

请示　耆民周鸣凤、生员郑协万、生员戴秉衡、监生隗班群、生员邹居广、监生李逢春、监生李逢年、监生邹德广、生员周玉路、监生徐广绍

大清道光拾捌年闰四月初拾日示

（碑存寿县安丰塘孙公祠碑廊）

30. 冼斌《重修安丰塘滚坝记》

署凤颍六泗兵备道庐州府知府南海冼斌撰

寿之南有安丰塘焉，旧名芍陂。水自六安龙穴山，蜿蜒而汇于此，创有堤坝，楚令尹孙叔敖所建也。历代兴废备详芍陂纪事一书。迨我朝乾隆初，两次请帑改修皂口、凤凰闸并众兴滚坝，而环塘皆利薮焉。厥后民自为之，因循日

久，坝倾水涸。乡民之耕作者，编芦苇实土为蓄水计，水暴涨，复冲毁，附坝高下之田，无岁不有旱涝患，而数千年之水利于是乎废。施君照射摄寿州篆，南阅众兴，履验遗址，慨然有兴复志。集乡之耆老而谓之，曰：闻旧时修筑按亩出夫，别上中下田为三，则上田六十亩出夫一名，中田八十亩，下田百亩。次第其等准免役以钱代，果尔与按亩捐输何异？暨事从其事之，为便也。佥曰：善。又谓之曰：若所筹费购料给匠食耳，谁为负荷任役使者，吾与若约田出资，佃出力分任之，可乎？佥曰：善。坝自倾圮向之砖石，荡然无存，询之则曰：奸民盗取殆尽。曰：不然，坝之左，水激成巨浸，石辗转没于水，试探之必有异。命以桔槔数十道，穷日夜决其水，水落而石出，众咸服君之明且决。无不踊跃愿从事者，乃定议兴工。先湮塞其近坝之窪，熔米汁与土坚实之，俾不为水所窘，次叠以砖，上覆以石，铁碇联络，无隙可间，其高广蓄洩一如旧制。经始于去秋九月之望，迄今四月而告成。工既竣，属为纪其略。余惟君之治寿，惠及寿民者，何可胜道斯塘也。垂永远无穷之利，事尤钜功尤伟，故乐书之，以明良司牧民之政，且使后之人之讲求水利者，得徵文以资考鉴云。

同治丙寅孟秋署凤阳府寿州事即补府正堂山阴施照立石

（碑存寿县安丰塘孙公祠碑廊）

31.《署寿州事即补府施公重修安丰塘滚坝记》

寿南有钜渠焉，曰安丰塘。春秋时，楚令尹孙叔敖所创建也。历秦汉唐宋元明以及我朝，代有废兴，虽规模失旧，而膏泽常新，附塘居民享其水利数千年于兹矣。所谓立久大之业于不朽者，孙公于斯塘有焉。顾莫为之前虽美弗彰，莫为之后虽盛弗传。兴一利而泽被当时，法垂后世，非贤者莫之能创；因其利而制存千古，惠及万民，亦非贤者莫能继也。则斯塘也，为之于前者，孙公之全功，诚莫与京（今）苟无人焉为之于后，吾恐孙公之泽之斩久矣。则凡守斯土而关心民瘼，有以继孙公之志，缮修补葺于其间者，其功不诚半之也哉！我州主竹香施公，浙之山阴人也。于同治癸亥来署是邦，下车伊始，濒于塘之左驻旌节焉。询悉恩波之广远，太息闸坝倾隳，慨然有兴复之志。适吾寿甫历兵燹，民力未赡，公又勤劳于善后诸务，未暇遽议及斯。然公常耿耿于心，而未之忘也。盖斯塘初制宽宏，后渐狭隘，不能容纳原水。于众兴集南建滚水石坝，所以洩湧流，亦以障平水也。湧而无洩则塘溢，平而无障则塘涸，斯诚尽美尽善之良规，而塘之兴废所攸系也。此坝议建于雍正八年，因捐资不敷，延至乾隆二年，请帑助修而坝始成。坝跨建于寿六，相达孔衢，上敞无梁，其下流向本有桥，以便商旅。后此桥冲毁，而车马行人践踏其上，震动崩裂，水易冲突。復经奸民乘乱盗其砖石，遂大倾颓。嗟乎！此坝一废庸，讵知数千年之遗泽不自今斩乎？数万家之利赖不自今绝乎？数千金之钦工不自今坠乎？乃环塘士庶震于工程之浩大，将因循而寝阁之从未有，以此上请于公者意耶。公虽有志兴復，而地方振作无人，公亦将忍而与此终古已乎。然而，公常耿耿于心而未之忘也。越二年，乙丑秋八月，公南阅至众兴，履验此坝，目击而心痛之。爰为近塘从事者言曰：存此坝，始克存此塘，存此塘，始克存此附塘之田，是非尔众庶，分内事耶？何苟且偷安乃尔！夫难于图始，乐于观成者，人情也。如谓兴此大工，难免赋役之怨，或有梗阻之情，惟予一人任之，而众庶其无恐。于是，回辕时，即缘道粘示发谕，鸠资促工，并偕州佐心田林公同赞襄焉。于九月望后工兴，凡七阅月，至本年四月工竣，坝成矣。公后饬令坝之附近地方建桥其处，并鉴上年冲毁之由，改置上流，以斯永坚。桥既永坚则可以常便商旅，商旅便则免践踏震动之虞，而坝愈可久保矣。所谓一举而三善备焉者，非与噫！是公之关心民瘼也，是公之克继孙公之志也。是数千年之遗泽将斩而復延，数万家之利赖将绝而復续，数千金之钦工坠而復举也。是不独有以惠今人，而并有以慰古人；不独有以恤民生，而并有以存国典也。然则公之此举不诚与历代诸公之尽心斯塘者，同半其功于创建也哉！谓以是颂公之功德，曾不足道其万一，特叙大略，以志不忘，俾后之有所鉴焉云尔，是为记。

同治五年岁次丙寅仲秋月环塘士民立石

（碑存寿县安丰塘孙公祠碑廊）

32. 孙家鼐《道宪任公重修安丰塘记》

寿州水利最钜者曰芍陂，据今界，陂周五十余里。旧开水门二十八，滚坝一，闸二，所以资蓄洩，备旱涝，溉田四千余顷，利至溥也。咸丰间，荐经兵燹，岁歉民贫，而旧制几废矣。今道宪任公豌香莅寿，抚煦凋敝，百废俱兴。间披州志，考楚相创建之谟而悯其利之就湮也，躬亲踏勘，召司事诸人，询利弊，物土宜。捐廉倡修，量工分职，堤之坍者培之；门之罅者补之，闸之圮者完之，坝不便涉梁其上，以利行人。堤边旧有祠，以祝蒍公敨，日就芜败，遂蔽其栋宇规模换焉。自兴工讫藏事，凡七月，縻金钱三千余缗，而陂之制復矣。按陂自楚相始建几三百里，利大且久。汉魏迨明，迭兴迭废。至国朝黄颜二公，清垦占，谨堤防，延二千年水利于不废者，仅十三四耳。况因循窳败，弊窦丛生，岂创始易而继述难败欤？亦无心古人之心，为之长虑而卻顾也。公生三吴财赋之区，凡震泽三江七十二溇之水利，单锷、陈瑚诸通儒硕士谋画而经久者，固已闻见博而取择精矣，既参帷幄，备观察，本恻隐爱民之至意，施利赖于无穷，何难抗黄颜二公烈，以追踪古人哉！陂自被垦占，河壅埂低，致患涸竭，今凤凰、皂口二闸既修，其流节矣。惟滚坝西南旧有通淠小河，纳南山之水以注于陂者，久经淤塞，公又谕司事诸君往堪，以开来源。民且幸陂之无遗利也。仰闻之公曰：作事谋始者，必永终以知蔽，旋兴而旋废之，不如其已也。乃立条规，申董劝清垦占之禁，择公正之司，仅宣洩之期，严偷漏之罚，续修勿吝费，享报勿失时，勿假公以济私，勿不均以生患。所以约束之者惟谨，然则公之为民虑者，远矣。惟莅斯土者体公之心，继公之事，而司事诸君亦谨饬其职守，延公于百世也。是则吾民所厚望也。夫鼒往年告养家居，每唔公谈及芍陂废弛，慨然有志兴復，既来京二年，郡人以芍陂告成，索记于余，余感公之勇，于为义而大有造于吾民也，不敢以固陋辞，是为记。

（碑未立　清《光绪寿州志》卷之六《水利志》）

33. 宗能徵《分州宗示》

一禁侵垦官地

一禁私启斗门

一禁窃伐芦柳

一禁私宰耕牛

一禁纵放猪羊

一禁罾网捕鱼

（碑存寿县安丰塘孙公祠碑廊）

34. 沈湄《安丰塘孙公祭田记》

尝观古来圣贤，凡有功德于民者，无不立庙设像以祀之。而祭祀之品物，必俟田亩之出办。故孟子曰：惟士无田，则亦不祭。诚哉！祭与田之相为表里也，明矣。即如我孙公之创兹芍陂也，泽被一时，利济万世，其功其德大且久也。后人正祀不为谄也。惜乎，祭田之失传，虽有滁太守孙公祭田一十四亩，坐落新开门下，犹未足以备四祭之需。迨康熙三十八年间，州司马颜公慨然以修塘之水利为己任，功成事竣。既喜其后民之乐利复兴，而追远报本，更虑夫先贤之血食靡存。因廉得皂口闸旁古荒公田一十六亩，又查得文运河久废官田六十六亩，每年收租稻四十石有奇，庶乎祀事之有赖矣。然田多窵远，佃户零星。收租之时必需公差督催，不能以数其数。住持秀朗往往虑之，谋诸士民同吁，州刺史金公饬令，各佃人等照依时价，各买各人所佃之田，永为己业，众姓悦从，共得银叁佰贰拾两有零。一买刘姓民田伍拾亩，坐落西首门，价银壹佰伍拾两。一买杨姓军田贰拾亩，坐落新化门，价银壹佰玖拾两。均载红契，住僧收执于祠，今而后田属于庙，百世不易，神享其祭，千秋永垂者矣。余身衰朽，笔墨久疏，何敢冒昧为文？祇因住持固请，重违僧命，仅将祭田原委叙明勒石，庶几信传后云尔。生员沈湄沐手拜撰。

署理凤阳府知府事凤阳府通判　徐廷琳

寿州正堂知州　金弘勋

同知　何锡履

督捕厅　卢士琛

生员王命新　生员蔚生秀

贡监张　照　监生陈　贺

贡监刘一合

住僧　今培　徒　古　林　孙　汲　通
　　　　　　　　　　　　　传　　　延
　　　　　　　　　　　　　训　　　正
　　　　　　　　　　　　　峰　　　荣

生员　周　官　书丹

大清乾隆十四年孟冬月吉日　立

（碑存寿县安丰塘孙公祠碑廊）

35. 吴希才《重修孙公祠记》

寿之南有安丰塘者，灌田数万顷，连阡皆膏腴也。其利兴于楚相孙公叔敖，民食其利，因立庙以祀焉。是塘属州佐管理，而祠即滨塘之北，凡莅任者巡视塘事，必肃诚谒其祠，春秋奉祀不衰。但庙制寖古，颓废为忧，数赖于后之人补葺而修治之。而捐资以成其事者，每难其人。今岁，余奉上委佐理寿邑，因阅塘谒孙公旧祠，见其垣塘完固，栋宇辉煌，若新建者。询于僧众，始知为今兹所重修也。倡于前郡佐升任婺源县知县沈君恕，成于塘右候选漕标守府聂君乔龄，而监其工者则塘之旧董事、生员陈子倬也。其后之大殿，左右夹室中之戏楼，东西二厢，前之仪门、山门并东之颜公祠，皆因旧制而撤盖更新之，其东复立角门，以便出入。计砖瓦、木石、灰油、麻铁工价之属，费钱七百八十四缗有奇。余闻而义之，盖祀孙公者，所以报其德也。修祠者，所以永其祀也。然非沈君之捐俸首倡，则其事不举；非聂君之仗义捐修，则其事不成；非陈子之身任其劳，则其功不竣，均不可以不志。爰书于石，以为后世好善乐施者劝。

署寿州同知吴希才撰
生员　胡珊书丹
乾隆五十九年岁次甲寅五月中浣　谷旦　立
石工　江波镌　住持僧　允依
（碑存寿县安丰塘孙公祠碑廊）

36. 丁殿甲《聂氏重修孙公祠碑记》

　　寿春古名区也。予宦游斯地，巡视郊野，至城南数十里，有安丰塘。塘崖（岸）有祠，遥而望之，庙貌峥嵘，墙宇重峻，不识其所祀何神也。询诸父老，始知其为孙公祠。盖孙公为楚相时，开阡陌，即田功，乐利之休，赖及百世。故至今念起德者，犹歌咏弗衰。及谒其祠，轮焉奂焉，耳目一新。遂徘徊者久之，意必土人感其德而始建者。僧众向予言曰：祠之建由来旧矣，其所恃以永存者，聂氏之功居多也。聂氏世居塘右，其先人聂乔龄，系候选卫守府。春秋二祀时，往来于其间，见其栋宇倾危，寖久寖废，深以为忧。由是，慨然捐资修治之，补葺之，随於乾隆五十九年告竣。迄今二十余年，殿室屋宇又不无颓坏之处，其姪聂揩堂与嗣君镇藩等，体先人之志，复捐钱三百一十千有零，刻日鸠工，以成其事。夫前人有善举，不得后人之继续，则无以永其善；后人有善心，不得前人之倡始，亦无以承其善。僧众所云祠之长存，多赖于聂氏者，其言信不诬也。予生平不没人善，用是勒诸石以誌不朽云。

寿春镇中营游击　状元丁殿甲撰文
大清道光二年岁次壬午清和月　谷旦
（碑存寿县安丰塘孙公祠碑廊）

37. 朱士达《孙公祠新入祀田碑记》

　　尝闻功德果垂于万世，报酬应永以千秋。窃查安丰为（塘）誌，载古塘创自列国楚相孙公，环塘数百里农田咸资灌溉，旱涝无忧，其功德洵堪不朽矣！嗣我朝康熙年间，州佐颜公伯珣重加增筑，利赖愈广。众又在祠东偏构室三楹，奉祀如一。余牧是邑，检阅旧卷，见该塘闸坝有三，具系蓄洩巨区。今值圮废，众议整理，仅完一处，其滚坝、皂口闸修复无费，竟尔停搁。余急同司马长公捐廉兴役，仍会聚该董事许廷华、江善长等劝共出资，以蒇要工。遂诣该祠，见砖零瓦碎，户塌墙颓，住持一僧几至丐食，祀典久虚，满目萧条，大非报德酬功之意。当即与众商酌，方知祀田甚微，故至败坏如此。回署筹思，无术挽救。续闻塘之东南，有高阜荒地数段，久经附近贫民开耕，约种二十余石。因即传齐，令将此田归公，各具佃约，交祠存执。其籽粒，塘长偕僧分收，以作补缉（葺）祠宇、春秋祭享并一概塘务之用。董事随时查问，严杜弊混。庶乎庙貌重新，香烟莫旷，孙公、颜公之功德永不泯灭焉耳！事成，爰泐诸石以誌其颠末云。

特授寿州正堂朱士达　撰

董事江善长　书丹

大清道光八年九月吉日　立石

石工江保南

（碑存寿县安丰塘孙公祠碑廊）

38.《安丰塘来源三支全图并记》

安丰塘来水本有三支。龙穴山北迤有河一道，名菜（蔡）河。由东南下游西北约二十余里，地名张姓祠堂，又下七八里至大桥畈，与永和堰水，今归安丰塘，此东一支水也。龙穴山之西约去二十里，横迤冈峦，北下有河一道，发源处先分二小支，东名石家堰，西名柏家堰，二水于华严庵门首合流五里余，至黄泥岗，入龙穴山河，同归大桥畈，此中一支水也。又西迤山岗约去七八里，北下有河一道，上名高家堰，下去余里，名永和堰，至大桥畈，与龙穴山之水，会归安丰塘，此西一支水也。

芍北江善长绘并注

（碑存寿县安丰塘孙公祠碑廊）

39. 宗能徵《安丰塘水源全图记》

朱志及夏君尚忠芍陂图，未能详悉形势，亦于今稍异。溯自楚令尹孙叔氏兴筑斯陂，仅设五门，隋时改设三十六门，明代添建四闸。雍正年间，又于众兴集建设滚坝一道。康熙三十年，颜公伯珣佐寿州，大加修理，省存二十八门、两闸、一坝。惜留涵洞太多，不能归入各门。光绪初年，观察使任公兰生，发银数千两，择要兴工，迄未十年，前功尽弃。而大土门水口，又为民间所私废。今中丞陈公有慨乎斯民，特发白金四千余两，檄徵濬治芍陂，五阅月即竣事，所有塘埂、圩埂、闸坝、斗门、桥梁、祠宇，一律修治完善，更于九里湾向日破口处，添设永安门一道，复成二十八门。是役也，赈抚使钱，公实赞成之。惟淠水为芍陂第一源头，惜遭六人所格，不得濬复，憾莫能释，陂之享斯利者，应亦鉴予之苦衷矣。兹据其略而作斯图。己丑仲秋下浣，会稽宗能徵识于寿春清军水利分廨之屈庐。

（清《光绪寿州志》卷之六《水利志》）

40. 谢开宠《重修城垣纪略》

从来一代之兴，必有一代之名卿良牧，为之补偏救弊，以襄盛治于不朽。吾寿僻处山隅，其城郭之建，自汉唐以来制云旧矣。顾地势洼下，时有水患，自嘉靖丙寅大水破城，居民葬鱼腹中者，不可胜计。前任父母为筑石隄，增土城，开孤山以泄水势，其思患预防者洵详。且至迨我大清，既已入定中原，一时从龙将相以及郡侯牧伯，无不人人周召，在在龚黄。如我父母王公尤其最也。公莅任多善政，不可殚述。会己丑岁，自春抵夏，霪雨如注，淮水汜涨，汪洋澎湃，一望无涯，不及堞口者仅尺许。城堙就圮，几千余丈。公毅然曰：是余之责也。爰悉出俸资，鸠工庀材，砖石匠役之类罔不悉备。谋始于孟秋之朔，四围并举，甫十日而事告竣。郡士民登陴四眺，见向之颓圮者，一朝屹峙，乃慨然太息曰：昔文考台沼之役，成以不日，载在风雅，被之管弦，千古传为美事，不图今日而在覩厥盛焉！如王公者，真可谓一代之名卿良牧矣！嗣是而后，万一河伯为祟，再肆奔涛，而寿土弹丸金汤巩固，则今日之役，社稷实嘉赖之。凡寿郡民讵可一日忘公也哉？公名业，字釜山，浙江人。郡佐李公，名亨阳，北直宛平人。署学正举人陈公，名邦简，江南石埭人。共董厥事，例得并书，是为记。

（清《乾隆寿州志》卷之二《城池》）

41. 刘焕《重修涵洞创建月坝碑记》

余奉简命知寿州，十九年山水陡发，州西北紫金、延寿两坊，以涵洞水患具禀。余踏勘情形，委州佐拨夫寻其旧迹，而涵洞现焉。外通坡岸，内靠土城。东有水沟，中砌一井，井东曲而南复转而东，形如臣字，谕令明春修举，而以绅士能事者董其成，计日办工。二十年三月念六日经始，修外口及坡岸。适六安蛟水涨漫，新灰浸透，水复入。亲诣踏看，与州佐及司事者妥议，内修月坝一道，土恐不坚，里外下大木椿十余根，中排以竹，外水不能越坝，而居民无患。五月水退，六月又大涨，四门皆闭，月坝加高近丈，外水不进，畦园虽淹，而民舍保全，视十九年泽处有间矣。八月水平，居民求开洞放水，至九月始放，而月坝复冲丈余。乃督工护以砖墙，四外培土二丈余宽，南埂建两闸。丙子夏，河水又涌，而涵洞内外口坚固，水竟不入，居民称便。十一月，余膺特擢九江，恐事久必敝，因历叙原委，为后来者作一渔父引。是役也，往来相度工役者功曹卢士琛，捐输董厥功者州附贡孙珩，重修涵洞新建月坝，记其始末者，寿州牧今知九江郡，关中刘焕也。

乾隆二十年记

（清《乾隆寿州志》卷之二《城池》）

42. 褚维垲《太守施公重修寿州城垣记》

寿春古重镇也，历代州城沿革，志书弗备载。考自国朝雍正年，知州事刘焕治城始，后有作者概就阙如。同治二年之秋，施太守照来摄寿州篆，值苗逆乱后，励风教，裕积储，兴水利，竭虑殚心，百废俱举。至是而筑城之议兴。旧制迤东北隅画城之半隶凤台县。同治四年，中丞乔奏请移凤台县治下蔡，而全城归于寿。城方广周十三里，其雉三千六百三十余堵，环城皆水。东南北三门巨土，跨舆梁，以通往来道。前岁夏五，淮水暴涨，城不没者三版，受冲击外郭颓落，隍亦为水所啮，巉巉若凿空然。爰与州人议修筑，佥曰：善。集资鸠工，踊跃受命，以绅士之公且允者董厥事。基楗以石，陂者平之；垣甓以砖，薄者厚之；屏蔽以堞，参差者整齐之。门有四，上各建以楼，栋桴高骧，丹垩绚丽，旧规廓而新模焕。是役也，经始于去秋之暮，阅十月将次告成。猝于夏之季，暴雨三昼夜，水大至，较昔岁为尤甚。登城四顾，净沉于长风巨浪中。其东北未及蒇事者，倾圮数十丈，续治之，又数月而工竣。太守属为记，曰：视吾城何如？其与补苴罅漏者异乎！否耶？曰：然！传所谓与民同欲，事乃济也。君之刺寿，三年于兹矣。向非兴利除弊，洞烛乎民之隐，病民且役民，民弗应；强民以应，亦相率而涂饰人之耳目，安在使民乐事？劝功若是，其大和会也哉！良司牧有实心，斯有实政。如太守者，信乎无愧色，而后之官是地者，当有鉴于斯也，故乐为之记。

同治五年岁次丙寅孟冬立

（清《光绪寿州志》卷之四《营建志》《城郭》）

43. 孙家鼐《重修沿城石堤及东门桥碑记》

寿州为淮南重镇，北负山，西带湖，湖之外长淮限焉。东津渡汇东南诸水，由城东绕西北，循山麓西与淮水会。南数十里瓦埠湖、芍陂塘诸水利，盛涨时亦汪洋巨浸，其水皆以淮为归。伊古以来号称形胜，故城堞坚厚，楼橹峥嵘。然纵观地势，大抵恃水为险，而亦时时虑水为灾。旧制于城之外，绕以石堤，亘千余丈，盖罹水之冲击，所以为护城垣者计至为也。明正统丁巳遭水溢决，圮城数百丈，近城民居漂没殆尽。经指挥使某修复西护城，中有碑志其事，迄今又四百余年矣。道光年间，黄河屡决口，由颖水趋淮，挟泥沙而下，淮流因之受病。于是寿之下蓄，如怀远、临淮、五河、盱眙等县，为淮流所经行者，悉淤垫失建瓴之势，不能畅流。而寿之受水患也，更其洪涛骇浪冲击频年，堤上巨石半皆倾圮。同治五年夏，水犹巨，城不没者三，后水退，复视石堤，损毁益甚，堤内土岸逐断塌陷，渐及城楼，居人危之。金谓欲固城垣石堤之，工不容更获。顾兵燹后，户鲜盖蔽，从囊中止。适任畹香都转奉中丞命，筹饷治兵，坐镇此土。稔知群议，又念吾寿为皖北要冲，捍患御灾，视地处无争，旋商之凤颖观察胡公，上其议于中丞英公，中丞准其议，遂于同治十一年十一月，筹备兴修，饬委于太守督其役，迄同治十三年三月而工竣，计费钱两万六千四百四十缗有奇。修补旧堤一千三百三十七丈七尺，拆修新堤一百三十五丈，堤内土岸一律增筑。统城而视，若匹练之亘横也；若生铁之销臂也，完固整齐，遂于□日，工将竣，有请于都转者，曰：州之东门为往来孔道，旧有桥，今且圮，奈何！都转曰：桥与堤附连，堤既成，不可为此一篑功也。爰分治堤之匠役，并治桥，不数旬而与堤工具竣，计桥长七十二丈、宽三尺，北面为浪冲塌，全行拆修；南面补修，又补修与大桥相连之杨家桥，长八十九丈八尺、宽一丈六尺，费钱一千四百八十缗有奇。往来行人，得以通坦途，而无病涉者。亦都转力也，鼐每念天下事昌始为□而赞成，亦不易是役也，非任胡两公之关心民瘼，勇于任事；又得中丞英公之决然允行不克，固其始也非焉，公之详审精校，临事无倦。又得先后知州事之、陆、王两刺史，相衷规度夫役、物材，囷有匮乏不克，成其终也。尤可异者，淮水泛涨，岁率为常，兴工之次年，即无大水，水稍发月余即退，故功成由速，精诚感格天人效灵，岂偶然与邑人感兴建之功业，斯举之有成也。是为记，中丞为太子少保安徽巡抚长白英公翰，都转为布政使衔记名盐运使江西候补道三吴任公兰生，观察为布政使衔凤颍兵备道直隶胡公玉坦，太守为知府用安徽候补知州扬州马公继昌，先后两转使，一为浙东陆公显勋，一为河南王公寅清，时分司其半者，则有邑人刘君炳南、薛君通达、刘君彦焯、王君阴远、于君升堂，既兄家臣，堂侄传晋，亦随诸君子后参末，谨为邑人张君锡暇，初偕其侄广盛，兴于役工甫半，张君以疾殁，未及见工之成也，值得备书。葩日讲起居注官、上书房行走、翰林院侍读学士邑人孙家鼐撰文。

同治十三年八月上浣□邑同立石。

（清《光绪寿州志》卷四《营建志》《城郭》）

44. 冯继昌《寿州重修护城石堤碑记》

寿州滨淮而城，六朝以来为重镇。其北山如屏峙，迤逦而西有硖口，为长淮。经流自正阳汇上游之水，奔腾下注。西有焦冈湖，当凤台县境；东有熨升湖，又名西湖，薄州城西门外。两湖夹淮岸，广皆数千亩，极涸时可耕，水涨即与淮一。东南则控引肥水、瓦埠湖、芍陂渎水而胥入于淮。炎夏洪涛矢流脱栝，硖口迫窄，怒不得泄，旁午四啮，直射城根。旧于城外缭以石垣作护堤，咸赖已无恐，阅年既久，倾圮过半。同治五年夏，水大上涨，舣舟城北者，攀雉堞而出入。邑之人惴惴焉，惟其鱼是忧。顾以工钜，屡议兴修未果也。粤岁己巳，吴江任公治兵于寿畴，咨民瘼，慨然为经久计，商之凤颍观察燕山胡公，上其议于中丞长白英公，请帑修治，而命予与刺史浙水陆君显勋董其役，陆君去，继以上蔡王君寅清。予维天下之大利归于水，而害亦往往因之。寿春为众水所都，鱼米芦苇之饶，运而之四方者，前后相属，邑人得藉以资生矣。长淮如带，循城而北估舟之，由淮入河，由河以达于城下，樯帆又相望也。天畀此土以水利，而其泛滥为灾者，不得不假手于人以籥其害，则尽人力以承天，抑亦任事者之责与。陆王二君先后牧寿，皆深得民和，使以佚道忘其劳也。邑之绅耆鉴水之害，分地庀工，亦越事恐后，遂于同治十一年十一月兴修，迄十三年三月而工竣。今而后居民得以保其室庐，无流漂荡析之患。其相与颂大吏之功于无穷，而益戴两刺史于无穷，盖可知也。而予窃有异者，环寿四境皆洿，下雨三日，以往盛潦不得泄，辄汪洋无涯。使当经营伊始，而水或大至，期工不成，咸亦不坚致。乃谋始图终而水不为害，得以从容规度，底于有成，斯诚大吏利物之怀，而刺史爱民之念，在事诸君奉公之勤，有以上格乎天心，洒沈澹灾。而予得以藉手以告无罪焉，抑又幸矣。当修堤时，东门外旧有一桥，及相连之杨家桥，半圮于水，分余力以治之，亦与堤工同时告成。城西北隅旧有六角亭，相传东南乡民多械斗，建亭以制之。年久倾圮，宜乘便立亭以复旧观。爰购料鸠工，不一月而竣事。因并记梗概于此，其随同倡谋兴修者，为同知衔浙江候补知县孙君家丞；始终勤其事者，道衔直隶候补知府孙君传晋，运同衔江苏候补同知直隶州张君锡瑕，五品衔前署铜陵县训导候选训导刘君彦焯，典籍衔刘炳南，六品衔监生薛道远、于升堂，未入流衔王荫远，童生张广盛，诸君不辞劳瘁，乡邦攸赖，例得并书。石堤之丈尺工费，则详书碑阴，两桥附焉。于是奠居，于是安流，予虑夫视听既远，缮完之蹟勿章，非所以告安不忘危之义于方来也。于是乎记。四品衔补用知府权蒙城县事候补知县燕平冯继昌撰。光绪二年立。

（清《光绪寿州志》卷四《营建志》《城郭》）

45. 李兆洛《二里坝碑记》

嘉庆十五年造此闸，其向入未出丑。闸宽九尺六寸，深十一尺，广十一尺，长百一十四尺。凡用钱七百二十五千有奇，工七百一十五，杂作工千三百二十，石三百丈，废石五十万斤，木大小百六十六本，灰二百六十石，铁川锭镶重百九十斤，浆用米石有四斗。石工冷凤亭，工始于二月十二，迄于四月十八日。终始其事者赵氏长清，钱皆其兄弟、族兄弟所出也。

知凤台县事李兆洛记

（清《嘉庆凤台县志》卷之四《沟洫志》《堤防》）

46. 许鸿盘《二里坝造闸碑记》

寿春之城环引肥河为濠。城之西有湖，袤延数十里。肥水涨溢，则由濠泄而入湖，旱则涸，以城西之逼湖也。行李之道，西门者少，故西门之外无桥。由城北而西，道焦冈湖、菱角嘴诸坊者，必由凤台之二里坝。渡坝即肥河入濠之口也。去城二里许，故名。旧故无坝，以小艇渡，行李不便。李侯莅事后行县，数往来于此，因案视地势。湖地不甚下，而滨湖之田高于湖底仅咫尺，水灌湖即滨湖之田尽沉。为闸以节之，使涨水不溢，则湖田可保，因募土人鸠工劝修。武生赵长清，其乡人也。曰：某之族有滨湖薄田数十顷，且出入必道此，值冥晦或风雨，亦颇苦之，愿承使君指造此闸。且劝募或致观望不能集，鸠赵宗族百余家各殚其力，幸工可蒇，无事将伯也。侯嘉而诺之，为条示程式，戒戢侵蠹，即日命畚锸，历六月而功成。其年，滨湖之麦大稔。会五月，霪雨一昼夜，其附闸之土坝不及启，水窦坝而入，悬溜而下，荡啮底土，遂蛰闸门，湖田复漫。其冬水落，赵长清复请于侯，愿更之。则益治基址，厚其垛，宽其门，三月之间，屹然增于其故。夫疆水土以力，本利农固民也。民不固，由于食不足，不足由于不农，不农由于地利不兴，而苟且之俗胜也。北方之土非瘠于南中，而所收辄薄且小，旱潦即致灾歉，则以人力之不勤，而垦植之宜、堤渠之法弃置不讲耳。得其道而治之，安往非沃野哉！余以三月中来署寿州事，适会此闸之成，闻寿州之言者皆曰：寿州之田之滨湖者，十倍于凤台，斯闸之成，其利之及于寿州者盖溥矣。然则李侯之所以教与赵生之勇与义，孰非吾民之所宜遵法哉。邑人士将刊石志其事，属于余，余故乐得而言之。至于庀工之经费，善士之姓名，则已详于李侯之记，不备述。

嘉庆十五年　月　日

（清《嘉庆凤台县志》卷之三《沟洫志》《坝闸》）

47.《二里坝示遵碑》

寿州知州陆、凤台知县董为给示勒石永禁事。同治十一年闰六月十八日奉总理皖省防军营务处江西候补道任批，本州县会详遵饬勘明，寿州绅耆孙传薪、臧又新、王锡福等，凤台县绅耆赵克忠、赵景尧等互禀，启闭二里坝及张家沟附城沟濠土坝一案，因据两邑生监陆雨亭、尹元勋、王任、陶燮庭等议请，如逢淮水泛涨，许忠修筑；淮水退落，许薪扒去濠坝。昔由地保禀请示行等情，绘呈图说请示缘由，奉批据详各情尚为允洽，应准如详给示勒石，毋垂永久。其启闭之时，仍由各该地保禀官请示遵行，以杜争竟，此缴图存等因，奉此合行遵饬给示，勒石晓谕。为此示仰寿、台两境绅耆、居民、地保人等一体知悉，嗣后如逢淮水长落，应行启闭，均责成各该地保随时禀明，地方州县批示遵行，永杜争竟。倘有奸民违抗擅敢私开私闭，致滋事端，定即会详严办，决不宽贷。各宜凛遵毋违，特示。

同治十二年七月初九日河口绅耆公刊　碑在寿州瓮城

（清《光绪凤台县志》卷五《营建志》《杂记》）

48.《王公堤碑记》

……（前字数不详，下同）力而无才识以济之，虽为之，迄无成功。此正阳南北两堤所以必有俟於王公也，正阳……呼号求救与水声之溯湃喧豗不可辩，罹鱼腹者往往不免吁险矣。往者当事请於上，……虽请议，梗不行，以故屡兴屡废者几二十年。公适至，公字子敷，名治罩，湖南零陵人，……所至有惠声，大府卓荐累官至监司。同治丙寅，奉曾爵相檄调督销正阳盐课。既……宜修堤，闻者鉴於前车，多阻扰之。公毅然自任，上其议於制府，制府素重公……刻日兴工，运石辇土者，络绎不绝。岁大水，邻县多流亡，傭饥民作工雇……成事，计南堤长二百十丈，高二丈五尺，阔五丈。北堤长百二十丈，高二丈五尺，阔五丈。南堤建金龙大王祠，为商人祈福地。至是，帆樯云集，恃以无恐。向之阻扰者举欣欣然，有……明有力矣，而又排众论，任劳怨，卒成数十年未竟之功。非大才……心，公名之曰：王公堤。刊碑堤上，以誌不忘。铭曰：

……是磊硌，王公所作，自北自南，为之锁钥。始公来兹，访厥旧基……公德，涿词刊碑，传之千亿，后之君子，是傚是则。

翟津梁　镌字

（碑残　存于寿县正阳关镇玄帝庙公园内）

49. 张抡甲《修建霍城东北河堤碑记》

淮南之水淠为大，霍其源也。霍境西南二百里，皆崇山盘错。淠以一线穿其腹，无大陂广泽为之储。崖锁峡东，往复百折，近城始趋平陆，势乃大逞。故每当霖雨连朝，则悬流直下，迅若建瓴，洪涛怒奔，莫可遏制。自康熙间，河流南徙，城之东北隅遂当其冲，遭剥蚀者近四十年矣。前令潞河陈公曾于老滩头叠石为坝，令水稍趋北。又倡建石堤一段于太平桥侧，北城赖以无患。功在民社，不可没也。然下游为堤石所激，侵削转甚。余莅霍之次年，岁在甲戌，梅雨骤涨，浪拍太平桥之栏，居人皇皇。龚家巷口被啮最酷，而陈公旧堤亦就倾颓。水灭其顶，城闉且有岌岌之恐。余徒步率属往视，当衢寇祷，飞沫溅衣。向尝从事河工窃见，伏秋大汛虽广狭非伦，而迅猛之势或犹不类此。幸邀天眷，水势骤平。此中怦怦，盖不敢暂忘所以捍御之策。适抚宪张公檄建路亭，都人士踊跃，乐输恐后，余不欲重以此劳之。两三年来，路亭次第修举。原议建亭之所，有地过幽僻者，虑流丐滋扰，酌裁其半。按籍尚余费数百金，余曰是可为河堤计矣。乃与广文先生胡君元发、李君开卜，县尉李君世卿，集绅士乡耆，共相咨议，度地定基，择日鸠工。属名经萧子世熺、程子铠、张子铤、黄子采、程子在嵘董其事。五名经者，固向为余督修文庙者也，积勤寒暑，经画有章，费半而功倍。而萧子任事尤力，今之役盖无异于昔云。龚家巷口成新石堤一段，长十五丈，入水八尺，出水一丈，阔二丈七尺。太平桥旧堤加高五尺，增长五丈六尺，阔五丈。材必精良，工期坚久，凡三阅月而竣事。余嘉都人士急公好义，一举而两善备。五名经积瘁殚心，惠周桑梓，不可无以志之，为乐善者劝。而因时补其阙，踵事扩其基，以永斯土斯民无疆之休，更不能无望于后之贤者也。爰是而为之记。

乾隆二十二年冬月谷旦

（清《乾隆霍山县志》卷八之一《艺文志》）

50.《鳌山坝碑记》略

霍西水患淠为大，盖其汇合众流，激荡泙湃，建瓴而下至黑石渡，益泛滥无归属。而首被其害者，则项家桥、俞家畈两保。乾嘉之际，居人曾筑御水土坝，以不能增高培厚，浸润历久，遂就塌陷。道光三十年，霉水骤涨，冲没田庐，居人不为鱼者僅矣。监生项润生慨然于水退后，筹费纠工，建捍水堤坝。众踊跃乐从，不数月，三百八十四丈长堤，一律告成，名曰鳌山坝，取鳌镇坤舆之义。又于堤上编植柳竹，请示禁伐，至今蔚然形胜。且以保障邑西门户，岂僅利灌溉已哉！

（清《光绪霍山县志》卷之二《地理志下》《水利》）

51.《鳌山堰碑记》略

古今谈水利者，不外捍水、引水二法，捍水者，堤坝是；引水者，井堰是。邑西项家桥临淠水一带，自筑鳌山坝，水可无患。然旱魃偶一为虐，则比户不免嗷鸿。时有监生项时和即润生姪，倡议凿堰，偕同志陈达生、胡桂馨等，相地制宜，自仙姑坟凿坝，开渠引淠河之水，为鳌山堰，以时宣导溉润。计长千四百有七丈，经始于光绪辛巳孟夏，告成于仲秋。由是比岁丰稔，一方蒙福。仍曰鳌山者，盖因坝名之旧称云。

（清《光绪霍山县志》卷之二《地理志下》《水利》）

52. 张鹭《修筑关洲口碑记》

粤稽邑乘，霍之城西旧有大河，其水之发源有二：一自西山众流汇於高唐，一自南山众流汇於河口。两镇水皆循河道迤逦而合于沣，由沣绕城北下河口以入淮。此盖建置霍邑之时藉为襟带，而上引诸水下控正阳，以之通商贾，裕财用，作保障，皆依赖焉。自万历末年，高唐之西名关洲者，因水涨横流决为口，致连淮河其地势卑下，不惟高唐之水一洩无余；其河口至沣之水亦就下直走于西，不复绕城。而淮河偶至春夏，涨流随口冲入。西南诸保尽被淹没，襟带无存，商贾莫通，绝水之利，受水之患，迄今日，百数十年矣。霍故古虞蓼子国，称名胜地。迩来之凋敝残废，不堪目睹者，未必不由于此。前令楚沣杨君障西流之论，邑人给谏林公河当复之议，率斯意也。余己酉冬，承乏兹土，亟为諮访，都人士咸乐告余，余曰"是固，余之责也，其曷敢辞。"缘岁暮冬残，难以举行。越明年二月望日，亲诣其地，相度工程，勉捐养廉，倡先筑塞，都人士均踊跃匡勤复请，谓工宣亟竣，恐春水泛溢，不可为也，应借项成功，缓图募补，余诺之。甫匝月，而堤成口塞，水之走西者复向而东。计费三百金，面阔十三丈，底长二十丈，横□□丈，巩固矣。复可永久，方告成。间邑民唐玉卿具词称，伊父善士唐嘉兴曾捐田五十六石建庙，庙圮，今祇留田十六石奉祀，余具承父志，输公修堤，以垂不朽。余嘉其意，遂允所请，示招售主，从此堤成，而项可补矣。讵非一时之盛事哉！于是，都人士皆归功于余，余窃思邑乘所载，前令之论，给谏林公之意可考也。都人士请余之力及督公之勤，俱在也。功成之期，唐氏输公之举，又足据也。余亦奉前贤之意，从人士之请，乐唐氏之急公，而巳何功之与有，且兴工之际，或春水泛溢，何能告成，乃输月不雨，直至堤坚，而后大水暴至。则霍邑之河复故道，由兹水利兴，水患御，襟带复，保障固，商贾通，财用裕，凋敝之区转而还于名胜。是又霍邑之剥极当复，而天运之终则有始也。余何功之与有，然其事之端末，不可以不誌也。于是乎记。

（清《乾隆霍邱县志》卷之十《艺文志》《碑记》）

53. 张海《修筑关洲口记》

自古兴修水利者，凡以为民御灾捍患，而形胜之说不与焉。然自周公营洛，有取于涧水东、瀍水西，遂定周家数百年之基业，此信而有徵者。嗣后作城作邑，必于山环水绕之处，求其地脉之凝结，以为发祥之本，必非无见也。霍建邑在淮之南，借淮以资屏障，顾水势横流湍急，一往奔注，无所统摄，赖有西南一带水迤逦而来，历沣河而绕城至下河入淮。地脉始为融结，烟火万家，民生乐业，誉髦之士亦蔚然兴起。维川有灵，人不敢居其功，而关洲其要害也。昔乎时有变迁，明末决为口，旱则水外洩，而涓涓细流不能萦扰（绕）以卫城，潦则旁溢，而近保民人荡析离居，不能聚庐而族处，数十年来，霍之凋残不振，亦已甚矣。雍正年间，张公亦曾捐资修筑，工程未为稳固，不久仍然冲损。继其后者，时来时去，席不暇煖，谁复能于仓猝倥偬之际，为吾民图久远之利乎！维我钱公爱民如爱子，下车伊始，慨然忧之，首捐资二百余金以为士民倡，从者踊跃。于乾隆十二年二月鸠工兴筑，不数十日而告成，如砥如矢，其稳固也，较前数百倍，从此旱不洩而潦不溢，近洲之土称沃壤矣。且人材奋发，絃诵之声徹于国境，登贤书者已累累矣！此非能为民御灾捍患而兼收形胜之效者乎！余相度形势，不禁喟然有感焉。天地以生物为心者也，而水旱不常，平陂不一，势不能有利而无害，惟赖人事为之补救，有转移造化之功。当官者苟视为缓图，听其自兴自废，下民何赖焉。吾甚幸斯口之筑成，俾斯民长享乐利于无穷，而犹恐天时地利之或有变，易未能保其一成而不败也。是赖后贤之修举废坠，以前人为必可师，以民生为必可遂，则霍非复昔日凋残之，霍而形胜之说果不虚传矣。吾能无有厚望乎哉，遂濡笔而为之记。

（清《乾隆霍邱县志》卷之十《艺文志》《碑记》）

54. 张海《清理水门塘碑记》

邑北有水门塘，为春秋时楚令尹孙叔敖所建，在古名大业陂。所以备潴蓄而资灌溉也，附塘各保田畴咸利赖之。嗣因历年久远，塘身日渐淤塞，蓄水无多，遇旱即涸。附近豪强遂群相侵占，夏则栽秧，冬则种麦，几欲尽先贤之遗泽，而阡陌之曾不计。水利之关于农事者大也，仰水利于此塘者，曰水门塘，曰吉水湾，曰罗家庙，曰花家冈，曰三道冲，凡五保焉。各保士民以公塘被侵之故，于康熙、雍正年间，频诉于县，既而上控，院司俱饬禁止占种，碑文详案，历历可稽。无如在官之文案虽炳存，而顽民觊觎之心未息也。乾隆十六年夏雨泽偶愆，有保民郭铨等在塘占种，据张书盘等禀县，经前县丁公勘明，占户一百三十家，计种二百八十余石，每石追稻六斗充公，禀明各宪。嗣署县杨公暨余莅任，先后追稻一千五百六十余石，变价九百八十两有奇，为修理塘埂及修道宪衙门之用，将为首占种之郭佺等四人议拟惩。创复节次，谆切示禁，而冥玩不灵者，罔鉴前车，旋萌故智。盖田塘之界未明，则虽禁令之繁，不敌其争利之念。是必勘明立界，始可永杜觊觎。考此塘水制，从前有周围四十里之说。第康熙九年，前任姬公修辑志乘，于水门塘下注云：周围二十里，自应以志为准。雍正八年，张公详案，亦谓邑乘非讹。其四至界址则有勘丈批详，足据以今日而言塘界，是雍正年间详案即左券也。时有署开顺巡司张君纲，卓有才识，凡委理公事，悉能周详妥协。因检雍正年间卷宗，檄委赴塘清界，嗣据称查得从前详定塘身，周围绵亘一十九里四分。彼时未定界址，塘边小民陆续占耕塘心，现种二麦，塘身几于湮没。职奉檄往勘，先于周围塘田交界处，各立界堆，南齐学田，北至官庄，东西各高埂下，俱高立封堆。率令弓手，眼同士民、约保、塘长沿边丈量，得塘身绵亘实有十九里八分。随于界堆之外，每里高筑一堆，堆以内为塘，堆以外为田。旧塘内未收二麦，勒令占户尽行拔毁，士民尽皆悦服，取具各约保、塘长，永远不许争占，甘结详覆，并请立碑永禁等语，随批准立案，各结存卷。

夫兴利除弊，长民者之责也。苟有利之当兴，弊之当除，即不必沿袭前人陈迹，皆可自我创始。况前人已有开其先者，数千年资其利赖，而乃任豪强窃踞，不能踵行而保护之，使前人之遗泽几几湮没于今日，长民之谓何是塘也？署巡检张君沿边划界，按里立堆，内塘外田，犁然莫紊，可谓经划得宜，是佐长民而清水利者，张君之力居多。夫侵占盗种，法所必惩，官湖民塘，例禁开垦。我国家久矣悬为令甲继自，今如有附近豪强仍前越界占种者，是玩梗不率之徒也，罚无赦。至沿塘界堆，保无日久，渐就坍颓，是必于每年农隙之时，责成塘长督率附塘居民，于塘心淤处开濬，即以塘土高培界堆，使之屹然在望，不可磨灭，庶几塘日深，界日固，而先贤之遗泽，所以备潴蓄资灌溉者，将永久而勿坏也。后之君子能无有厚望乎，余愧不文，勉从张君所请，而直纪其事如此。

（清《乾隆霍邱县志》卷之十《艺文志》《碑记》）

55. 刘吉《霍邱县濬筑河堤碑记》

皇上轸恤豫江被水之灾黎，既已蠲赈，频施咸登衽席，尤念水溢。由於水道之不修，救患莫如除患之永逸。特命部院重臣会同两省督抚勘商干河、支河疏濬事宜，并檄接壤郡县各就地方淤阻之沟渠，残缺之堤岸，宜开宜筑者，估详覆勘，入奏开工。而霍邑三河尖以下，遂有应办工程矣。盖三河尖为豫省固始之交界，淮沙洪三水之汇归。霍境则淮南岸也，其旧制沿淮一带筑有堤防以御水患，土人谓之大河岭。数十年来风波之冲击，积深，岭多缺口，致成沟汊，河一涨则诸沟俱灌，沟一入则四溃奔流。而霍邑西北乡之被淹者，每不下三十保。吉於是春承乏，夏秋即办灾务，周知地势，未尝不蒿目焦思，欲图补救而不可得。未几，上檄下县，有所措手，亟呈逼迮。三河尖之北河口为诸水倒灌之要，自是迤北以至推船沟等处缺，有大小涨俱为患。宜分别什伯寻丈，坚筑土埝砥障外河，虽遇波流横溢，总使无隙可乘。又恐保内田畴雨水所积，不能通畅流行。再呈近田旧沟以及城河故道，浅塞处所宜深加疏濬，使内水易于宣洩，不致阻滞。其路各情形绘图上请，允即起工，自冬迄春，五阅月而趣竣，筑成土埝二十整道，濬深沟河三道，共计土五万九千四百三十八方有奇，领销国帑六千四百八十四两有奇。此外，小岸、私沟应增应塞处，劝民附近各挑完整，另经申上者不在其中。工成以来，西北乡各保湾田连岁丰稔，士庶鼓舞欢欣，归功于吉，请为建碑。吉谓之曰：曩日之役有司责也，何敢贪天为己哉！特以霍邑屡遭水溢之伤，湾土居民疾苦久矣。非沐圣天子浩荡洪恩发帑，兴利不遗下里偏陬。则今日之水不能灾，屡丰告庆者何由享此。又况睿虑周详，设议善后各款，通行两省。霍工虽小，岁修保护奉有章程，则自兹以往宰斯土者，踵事而增，不可不知所考，是皆宜勒诸石，垂示无穷。吉乃不辞拙劳，谨誌原委，并照卷开各工程宽、长、深高数目，一如左。

计筑土埝二十道

一推船沟上长十丈、下长一丈，顶宽六丈、底宽十二丈五尺，高一丈四尺。又一段上长十七丈、下长三丈，顶宽二丈四尺、底宽四丈六尺，高六尺。

一陈家老沟上长四十丈、下长二十丈，东顶宽十丈、西顶宽十二丈、底宽十八丈，高九尺。

一陈家新沟上长十七丈七尺五寸、下长十丈三尺，东顶宽十三丈、西顶宽十一丈、底宽二十丈，高一丈。

一老沟新沟中长二十一丈五尺，顶宽二丈八尺、底宽四丈，高四尺。

一新沟西长二十七丈，顶宽二丈八尺、底宽四丈，高四尺。

一邹家沟第一段上长四丈、下长一丈，顶宽二丈一尺、底宽四丈，高七尺；第二段长二十丈，顶宽一丈八尺、底宽二丈五尺，高三尺；第三段东长六丈三尺、西长四丈五尺，顶宽二丈四尺、底宽四丈二尺，高五尺；第四段上长七丈五尺、下长二丈五尺，顶宽三丈四尺、底宽七丈，高一丈；第五段长七丈，顶宽四丈、底宽四丈八尺，高三尺；第六段上长六丈五尺、下长二丈，顶宽三丈四尺、底宽八丈，高九尺。又一段上长六丈三尺、下长二丈，顶宽三丈四尺、底宽六丈六尺，高九尺。

一龙池湾第一段上长八丈五尺、下长三丈五尺，顶宽十丈、底宽十六丈五尺，高二丈一尺；第二段长七丈七尺，顶宽七丈一尺、底宽八丈六尺，高六尺五寸。

一茶湖沟上长七丈五尺、下长二丈，顶宽六丈五尺、底宽十一丈二尺，高一丈六尺。又一段长三十二丈，两头顶宽各一丈五尺、中顶宽三丈八尺，两头底宽各二十丈八尺、中底宽五丈八尺，两头各高四尺、中高六尺一寸；接前段长三十丈八尺，顶宽六尺、底宽一丈八尺，高四尺八寸；又一段长九十丈，两头顶宽各一丈一尺、中顶宽二丈，两头底宽各一丈七尺、中底宽三丈二尺，东高三尺、西高四尺八寸、中高六尺。

一大蒋沟上长六丈四尺、下长一丈，顶宽五丈三尺、底宽九丈，高一丈三尺。又小蒋沟上长五丈、下长一丈，顶宽五丈、底宽八丈，高一丈二尺。接前段长二百一十五丈，顶宽六尺、底宽一丈五尺，高三尺六寸。又一段长六百二十八丈，顶宽八尺、底宽一丈六尺，高四尺五寸。

一北河口上长十四丈、下长二丈八尺，顶宽八尺、底宽十一丈五尺，高一丈一尺。又一段长二十丈，顶宽八尺、底宽一丈六尺，高三尺五寸。又一段长六十丈，顶宽一丈、底宽二丈，高五尺。

开河沟三道

一城西河自沣河桥迤北起，至汪家沟止，长三千六十丈，口宽四丈，底宽二丈，深四尺。

一高塘河第一段自关家嘴迤西至王家长湖长七十一丈，口宽三丈，底宽一丈二寸，深六尺。第二段接前工长九十二丈，口宽二丈六尺六寸，底宽一丈，深五尺。第三段接前工长四十一丈，口长二丈三尺三寸，底宽一丈，深三尺。又自关家嘴迤东至陈家铺之高塘湖止，长一百一十九丈，口宽三丈，底宽一丈二寸，深六尺。

一高塘湖之杨家湖至王家长湖第一段长二百三十五丈，口宽一丈四尺，底宽六尺，深五尺。第二段长二百六十七丈五尺，口宽一丈四尺，底宽八尺，深四尺。第三段长二百四十八丈，口宽一丈四尺，底宽一丈，深三尺。第四段长四十六丈五尺，口宽一丈四尺，底宽一丈，深二尺。

（清《同治霍邱县志》卷之二《舆地志五》《水利》）

56. 屈成福《霍邱县南关外船塘碑》

余乙酉由怀远调补是邑，即闻城西湖风浪汹涌，沙石嶙峋。每当春水生时，不利舟楫，有折船厂之谚，甚言其险也。下车后，周历审视，湖阔三十余里，环城三面无藏风聚气处，宜乎行旅惮之，是不可以不治。佥谋众论，于南关外筑堤一道，旋作辍复缩进数武，阚地为塘。塘口垒石相对峙，并溶引河通源，植柳御激。自光绪十四年十二月一日动工，越四月告成，用制钱伍千肆百陆拾捌串有奇。捐资最著者，邑绅窦雨村军门，次则程春山协戎，刘健堂大尹，不足悉余筹款补之。夫地方之盛系乎商贾转运，尤系乎舟楫通行，未有不利舟楫而能商贾辐辏者。余不敢谓地方之必系乎此盛也，然连樯聚泊，行人称便，固已显然可见矣。邑绅等又虑日久无不废之，理公拟岁修章程刊诸石右，俾永保之。盖不患创造之艰难耳！是为记。

（《民国霍邱县志》卷十五《艺文志》《碑刻》）

57.《正堂陈示》碑

□□谕勒石建碑以垂久远事，案据文生刘元均、职员刘焕、贡生张浚用、监生陈香图、文生刘陆森、□□□同监生陈国兴、耆民申金于、监生罗文焕、武生罗兆魁、监生陈布建、监生陈家众、从九朱永监，共同禀称：霍邑东北乡址原有大业坡（陂），今名水门塘，一大水利，灌溉良田万顷。自先年经乡保董议□所理□□，兵燹后，本地良田处散见多现皆外来客旅播种，以致旧章紊乱，迭经整顿，不遵至凭。屈二前宪授巡视并示禁，志载注塘内四界，南至学田，西至遥墩，北至管庄，东至塘埂。界内并无田地，及塘内积水，旧制议章，□□水皆赖塘。前使各户出夫，东至毛家井，东南至红石桥，西边南至南门王墙为止，共计水门塘、罗家庙、吉水湾之三保出夫，培垫埂坝。□□□闸□购买砖石，主佃摊派钱壹百叁拾捌串柒百零陆文，均核销在卷。界外有以界水，准支用塘水。更可异者，有塘埠北边名黄鳝笼，多大姓田地，佃持主势，任意挖埂。故向章陈随□□□□□放塘内、塘下，章程承蒙前宪议处在案，今当蓄水之期，恐有玩法之徒，一味蛮横，滋酿祸端，不揣寄哄。凭县宪建碑晓谕，凭照县章，俾使水之际，先行鸣同塘长，转向塘董等公议允洽，始准开放。该塘长日夜巡查，不得推诿。倘允私挖塘埂□□□等，公愆宪示晓谕建碑等情到县堂，经前县批饬，查照光绪八年监生陈广庸等禀请出示旧案，□□□□□□□□□以行，共同核议简明章程数条，禀候复核，给示立碑，以垂久远。可兹据水门塘某乡长陈际明即陈广庸禀，水门塘立前禀公议章程，使水界址，似无不可。今准禀请宪示晓谕立碑等情前来，据此，除批示在合，任给示晓谕为凭，此水门塘、吉水湾、罗家庙三保乡董、塘长及使水农佃人等，一体遵照，凡界外向集水分之户，不准强使塘水；其界内在水分之户，如需用水亦须禀明塘董等，眼同共放，不得私挖偷开。界内、界外有分，将分总以除埂坝闸时，曾共同出夫、出资。凡所□各恪守向章，不许少有紊乱塘规，倘敢故违滋扰，准该乡董、塘长人等，指名具姓，报县公禀，以凭提讯究治。各禀巡成达，切切时示。

水门塘保有三里桥涵洞门二处，该乡罗姓捐资若干，至光绪七年重修。

大清光绪式拾式年岁次丙申九月廿九日建碑

（此碑现存霍邱县水门塘公园大门入口内右侧）

（三）民国碑记（2篇）

58.《奉宪勒石》

军法科科长衔霍山县知事兼理司法事务陆

给示勒石事项，据项家桥保董事项在钟、项文蔚，民人陈开阳、刘全谟、陈世德、刘贤举、刘义万、汪绍堂、刘步云，邻保刘清方等禀称：为公鸿恩赏示勒石事。缘项家桥保始有鳌山堰一道，保全上下段田宅。上段田亩上至荣家（迎驾）厂，下抵鳌家，其中有秋波塘、崔家垄、大麦垄等处，约二里余田地百顷，烟火万家，相次潜湄，历遭水患。前清道光三十年，洪水奇涨，田地冲没压，尽没荒郊，生双难保，粮累何堪！幸前首事刘俊仁、徐新乐、刘海清、叶金榜、叶春发、王文林、蔡明月、汪自和、陈寿先、刘揖美、张焰珠、张福等，上存裕国之心，下怀济公之义，提倡不辞劳瘁，首解义囊，致感业邻不顾汗丸，踊跃乐从。同治十三年起，事添筑隶坝，名曰永安。自迎驾厂沿河筑堤，至黄家畈渡船口，长二里许，阔丈许，高六七许，栽植竹林，保护堤基，堤防水患，国计民生得免于危。尤险者，光绪八九两年，洪水溢境，而坝内农民日夜惊恐，幸得船只渡救，不然人民物产化作沧桑（丧）。经前邑宰李璜验灾发赈，缓征尤幸者。鳌山坝非得永安坝上流抵住，则流洪水横流，而两坝内之田，均遭泛滥。故俊仁等年力虽衰，劳仍不惜，日夜加工，督修整理，堤已巩固。迄来洪水迭涨，不免侵伤。俊仁等预防后患，光绪二十五年十月后，俊仁带病仍约同人，志在请示勒石永垂保护，禁止牛畜践踏，顽民砍伐竹树。不意天犯斯人，俄然弃世，人亡议止。日远年湮，业户烟民，时有物换星移之慨。该坝均系沙底，又非土石，年远日久，水沂浪浸，日渐崩塌，同人等再耐努力，义务勉励从事，大坝前功尽弃。而该坝内人民物产，一遇山洪暴涨，均同莫能保，上负国课，下添生灵。同人等不揣冒昧，枯陈条堤（题），公叩作主，恩赏勒石，以垂永远等诣前来，除批堤坝为田水利攸关，自应切实讲究，该董等公同集议，志在思患预防，以裨公益，洵堪嘉许，所议各条亦尚妥协。应准出示勒石保护，以垂久远，抄粘附文，合函给示勒石，俾垂永久，而便遵行，特示。

（禁令七条未录不详）

中华民国四年岁次乙卯大吕月上瀚　谷旦

（《霍山县水利志》《附录一》《文辑》）

59.《霍山县政府布告》第五十四号

为布告事，照得永安、鳌山、东岳庙三坝，关系县城安危，业经民、兵两工先后修筑完浚（竣），颁布禁令，勒石以垂永远。

（一）三坝现有竹木不知何人所种，从本年起一律划归公有，私人不许砍伐，以固堤防。倘有私伐大树一株，罚银十元；小树一株，罚银五元。砍伐竹一根，大者罚银二元，小者半元。归水利工程委员会存储，以作培补堤埝之用。

（二）不拘新堤旧堤，禁止牛马踩踏。初次犯者，罚银五元；再犯者，罚银十元；三次则将牲畜充公，由水利工程委员会变价，仍归岁修堤埝之用。

（三）堤埝被暴雨所打，或经大雨所冲，露有裂痕，附近居民应飞报水利工程委员会征工修补。若果知而不报，致令溃堤，事后查出，每民罚苦力工一百个，或处有期徒刑。

（四）附近居民，或行路之人，若发觉有人在堤上砍竹，或伐树，或放牛马，速来水利工程委员会报告，准由会酌给五角至二元之赏金。

以上四则，除会水利委员会外，合行布告淠水东西两岸民众，一体遵照，勿违。切切此布。

中华民国二十三年十月十日　县长郭董襄

（《霍山县水利志》《附录一》《文辑》）

（四）现代碑记（4篇）

60.《佛子岭水库落成记》

佛子岭水库是治淮工程初期的一个水利建设，是我国采用钢筋混凝土连拱坝第一座水库。拦河坝有二十个垛，二十一个拱，四十五公尺平板坝，五十二公尺重力坝所组成，全长五百一十公尺，坝高七十四点四公尺，可以拦蓄淠河洪水五亿立方公尺，可发电一万一千瓦，灌溉农田六十八万亩，工程开始于1952年1月，竣工于1954年10月。

佛子岭水库的设计，在技术上是极其复杂的，参加设计的有我国的教授工程师和年青的技术员。在苏联专家的技术指导下，克服重重困难，完成了设计任务，工程的施工也是极其复杂和艰巨的，数以万计的工人、军工、农民、技术人员，行政管理人员，政治工作人员，他们团结一致发挥了创造性的劳动，学习和掌握先进施工经验——计划管理，使完成工程进度加快了，使水库提早利用，为国家节约了建设投资。

佛子岭水库工程，为新中国日益发展的更大规模的水利工程培养了大批干部，其中包括设计干部和施工干部，各种工程的技术人员。参加水库建设的人民解放军指战员也很快学会和掌握了技术，大专学生大批的来工地实习，所有参加工地建设的技术人员、工人、人民解放军战士、实习的学生，都亲切地称工地为"佛子岭大学"，为我国水利建设初步打下技术基础。

水库的建成，对灭除淠河水患和减轻淮河洪水灾害都会起到一定的作用，将使淠河两岸的农田逐步得到灌溉用水，并为合肥等地的工业提供了一部分动力。

水库建设中殉职的烈士永垂不朽！

一九五四年十一月五日

（碑立于佛子岭纪念碑亭内 刘海粟书丹）

61. 孙剑鸣《安丰塘记》

安丰塘位于寿县城南三十公里处，古称芍陂。安丰塘之名始见于唐代。芍陂之名至明始废。《后汉书·王景传》云，芍陂为楚相孙叔敖所造。塘北旧有孙公祠，即邑人建以祀孙叔敖者。

古代芍陂南起众兴集之贤姑墩，北至老庙集、戈店一带，周长六十余公里，共开五门，隋初增为三十六门，清康熙间大修后存二十八门。其主要水源来自六安龙穴山，流至红石桥与谢埠之间引入淠水，至贤姑墩入塘，号称灌田万顷。

两千五百年间，安丰塘屡经兴废，征之文献，有功于塘、成效特著者为东汉庐江太守王景，西晋初淮南相刘颂，南朝宋元嘉间镇寿阳之刘义欣与咨议参军殷肃，隋初寿州总管长史赵轨，唐代不详，宋代寿州知州李若谷，安丰知县张旨，明代户部尚书邝埜，监察御史魏璋，江南巡抚李昂，寿州知州黄克缵，清初寿州州佐颜伯珣等。芍陂每经修治，辄致"境内丰给"。三国魏、唐及元均曾于芍陂屯田，"大获其利"。

芍陂之弊，常因战乱，至于塘身日蹙之原因，则由于豪强占田。占田之风约起于唐末，至明极炽。自成化至万历间，始自朱灰革、李子湾，进而由贤姑墩至双门铺，终至沙涧铺一带，三分之二塘身均被六安豪强强占为田，虽经魏璋、黄克缵两次严惩，但仅收效于一时。继任者因循姑息，占田者猖獗如故。至清嘉庆年间，塘已大坏。民国时期尤甚，塘身淤浅，蓄水甚微，仅六七万亩受益。

中华人民共和国成立后，经省地决定将安丰塘纳入淠史杭总体规划。中共寿县县委领导全县人民疏浚开挖成一百公里的淠东干渠，连接总干渠，引来佛子岭、磨子潭、响洪甸三大水库之水，使塘成为灌区一座反调节水库。新开各级灌溉渠七千余条，兴建大小建筑物万余座。一九七六年十月，县委又组织农民、工人、机关干部、城镇居民十一万余人，奋战两冬一春，运来八公山之石，完成周长二万五千米，砌体六万六千立方米块石护坡工程。由于在护坡顶端加砌一点五米高直墙，故塘面积虽仍为三十四平方公里，蓄水量则由五千万立方米增至一亿立方米，灌溉面积达六十三万亩。一九八三年灌区粮食产量已达五亿三千万斤，较解放前最高年产量增加四倍多。一九七三年秋，联合国大坝委员会名誉主席托兰，亲临安丰塘考察。嗣后常有国际友人、专家、学者、海外侨胞前来参观并皆赞誉。

自今以往，安丰塘将在社会主义建设事业中日臻完善，永远造福于人民。

孙剑鸣综述并书丹

寿县人民政府建

一九八四年五月

（碑立于安丰塘畔碑亭中）

62.《龙河口水库碑记》

舒城为西周古舒国，汉时为舒县，唐开元二十三年舒城县立。地处江淮巢湖西滨，大别山东麓。县城西南三十公里有一人工湖泊，蓄水 10 亿立方米，汪洋水面百余里，即龙河口水库。

忆昔，晓天河棚两河交汇处，深潭峡谷，飞流湍急。每遇山洪暴发，毁田倒屋，下游顿成泽国。若逢干旱，禾焦地赤，民不聊生。

劈山引水，灌溉良田千万顷；兴利除害，造福子孙亿兆年。公元 1958 年，舒城县人民政府几经勘察后，于两河汇合处阻河截流。时共和国成立之初，百废待举，舍逢天灾频仍，国立维艰。然舒城人民不畏艰难，举一县之财力，率十万之青壮，励精图治，创千秋伟业，中共舒城县委书记史元生坐镇指挥，县长李屏躬亲垂范一线施工阵地，水利局副局长赵学信因主持凿石爆破而捐躯，民工中更不乏许芳华等可歌可泣之英勇壮举。千米巨坝，全凭肩挑手推，层夯层压，垒筑而成。经全县上下戮力同心，于 1960 年春，终于截流成库。大坝横空，蛟龙降服。记挑土 134 万方，砌石 23 万方，浇混凝土 12 万方，后开凿杭北、舒庐、杭淠三大干渠，径流舒城县境 170 公里。导引龙河之水，北流县境至三河而汇巢湖，东过界牌而入庐江，西北走大官塘由将军山渡槽而接淠河，沟通淮河水系，实现南水北调。龙河口水库为淠史杭综合水利工程主体之一，上控千余平方公里来水，下保百万人民生命财产安全，浇灌舒城、庐江、六安（今金安区）三县 150 余万亩良田，充分发挥其防洪、灌溉、旅游、渔业养殖、发电、航运六大功能。

铁肩担道义，热血铸丰碑。杭埠河亿万年径流历史，自此凤凰涅槃而泽被苍生，感斯水，虽众山之清流，实舒民之乳汁。历史悠久的老梅河等五座集镇沉入湖底，十万移民在痛失家园的感慨唏嘘中，舍小我而保大家，弃短利而求远谋，真仁爱之胸怀，包容之气度。

龙河口水库是"利在当代，惠及子孙"的千秋大业，是舒城人民在中国水利史上的伟大创举。这种实事求是的科学精神，敢为人先的开拓精神，艰苦创业的奋进精神，顾全大局的牺牲精神，万众一心的团结精神，诠释了舒城人民勤劳智慧、百折不挠的优秀品质。

仁立巍峨大坝，一览百里平湖，群山环翠障，碧水点青螺；沙鸥翔集，游人如织；畅游美景，其情何及。湖上渔歌传海隅，灌区秧歌遏行云。追时空之杳渺，仰舒人之伟绩。诗人吟唱，歌人引吭，壮哉舒人，美哉舒城。

饮水思源，缅怀前贤，传承历史，追梦明天。谨以碑志。

（龙河口水库纪念馆入口处墙壁）

63. 淠史杭工程纪念碑碑文

新中国成立，百废待兴，淮河水患，肆虐民生，蓄泄兼筹治理方针，拦蓄大别山之水于高峡，佛磨梅响龙水库应运而生。时皖西大地，江淮丘陵，十年九旱，灾荒频仍，为治水图强，综合利用，始建淠史杭工程。融三河为一流，汇五库为一体，实乃千秋伟业，举世闻名。一九五八破土动工，一九七二基本建成。壮哉十四春秋，动魄惊心。斯时正逢三年灾害，又逢十年文革，经济匮乏，倍尝艰辛，八十万江淮儿女，经风沐雨，披星戴月，铁骨铮铮，十字镐，独轮车，肩挑人抬，跨壑填方，遇岗切领，四亿工日，六亿土腾，五万里长渠，人造天河，血汗铸凝。三大渠首引水控制，七级渠道瓜结长藤，将军渡槽沟通江淮，倒虹吸流立交舟行，灌区库堰灿若繁星，古圩新河交相辉映，千亩良田五谷丰登，一千万人口畅饮甘霖，人水和谐四季滋润，恩泽皖豫，造福子孙。行于灌区沃野，稻穗点头，绿树成荫，白鹅戏水，茶香酒淳，伸手可捉鱼，捧掌水可饮。当年的晒死鸡，如今流金溢彩，往日的晒网滩，今日鱼虾丰盈。穿越灌区都市庐州，包河绿水环绕，似海市蜃楼，倒映不夜城，古都皋陶，红色圣地，东方威尼斯，笑迎八方宾。噫呼兮，灌区处处生机盎然，百业兴盛，世纪开篇，与时俱进，体制改革，管理创新，精心呵护，不辱使命，续建改造，提高效能，永续利用，万代传承。简言之，淠史杭乃防洪安全基础，粮食安全支撑，饮水安全依托，经济发展保证。在工程五十周年之际，特高竖丰碑镌刻此文，告慰先辈，激励后人，饮水思源，怀念功臣。扬华夏国威，壮民族精神，让江山永固，保基业长青。

安徽省淠史杭工程管理总局立

2008 年 8 月 19 日

二、水利规约（5 则）

1.《安丰塘新议条约》

据《光绪寿州志》记载，光绪五年，任兰生于凤颖道任内，拨款重修双门，用制钞四百九千四百文，并重刊夏尚忠芍陂纪事，附以新议条约，计板五十五块，发交塘董领储孙公祠。其条约如下：

重祠祀：春秋两季各董事须齐集孙公祠，洁荐馨香。塘务有应行修举者，即于是日议准。

和绅董：凡使水之户，无非各绅董亲邻，各有依傍。该董等务须和同一气，不得私相庇护，致坏塘规。

禁牧放：塘内时生水草，牧者皆求刍其中。水大时不便内放，往往赶至堤上，最易损堤。是后有在堤上牧放者，该管董事将牧畜扣留公所议罚。牧牛之场，牧人各邀有牛之户，随时修补，若有损塌，即为牧人是问。凡送牛者，宜各循牛路送至牛场。其不送至牛场即放者，有损塘堤即罚送牛之户。牧人任牛损坏塘堤而不拦止者，即罚牧人。

慎启闭：塘中有水时，各门上锁，钥匙交该管董事收存，开放时须约同知照。祝字上门、祝字下门田多水远，须先启五日，迟闭五日。并三陡门水远，须先启三日，迟闭三日。若塘水不足，临时再议，他门不得一例。各涵孔不能上锁，亦同门一例启闭，违者议罚。

均沾溉：无论水道远近，日车夜放，上流之田不得拦坝，夜间车水致误下流用水，违者议罚。

分公私：各门行水沟内行者为公，住者为私，不得乱争，违者议罚。

禁废弃：门启时，田水用足，即须收闭沟口，水由某田下河，该管董事究罚某家。若系上流人家开放不闭，即究罚上流人家，不得袒护。

禁取鱼：各门塘堤内有挑挖鱼池者，查明议罚。其现有鱼池，限半月内各自填平，违者议罚。塘河、沟口如有安置坐罾拦水出进者，该管董事查知，务将罾具入公所，公同议罚。各门放水，如有门下张鳝、门上安置行罾者，亦将器具入公议罚。

勤岁修：每年农暇时，各该管董事须看验宜修补处，起夫修补，即塘堤一律整齐，亦不妨格外筑令坚厚，不得推诿。

核夫数：查向章某门下若干夫，遇有公作，照旧调派，违者由各董事禀究。

护塘堤：塘水满时，该管董事分段派令各户，或用草荐、或用草索沿堤用桩拦系，免致冲坏，违者议罚。

善调停：各门使水分远近，派夫分上中下，水足时照章日车夜放，上下一律。若塘水涸时，上下势难均沾，争放必生事端，尽上不尽下，犹为有济，上下不得并争，违者议罚。

议罚款：凡应行议罚各款，如有不遵，公同禀官差提究治，仍从重议罚。其有绅衿作梗者，禀官照平民倍罚。罚出之款，交孙公祠公同存放，以备塘务之用，每年春秋二祭时，各董会集核算，以免侵渔。祠内所存什物，不许借用。如有借用者，公同议罚。

专责成：由老庙集至戈家店，派监生江汇川、戴春荣、王永昌、廪生史崇礼经管。戈家店至五里湾，派文生陈克佐、监生陈克家经管。由五里湾至沙涧铺，派州同邹茂春、廪生周绍典、候选从九邹庆飏经管。由沙涧铺至瓦庙店，派监生邹士雄、童生王国生经管。由瓦庙店至双门铺，派监生李兆璜、文生李同芳经管。由双门铺至众兴集，派监生黄福基、李鸿渐、王庆昌经管。该门下有梗公者，该管董事约同各董，公同议罚。

（清光绪年间凤颍六泗道任兰生所订立　清夏尚忠《芍陂纪事》刻本所附录）

2. 霍邱县《均安坝善后规约十条》

均安坝在县南戚家畈上首汪神庙老鼠刺漥地方。光绪三年，邑人江南壈倡议筑坝，开沟引长江河水，以溉畈田，民众皆踊跃输将，乐成其事。坝口首濬总沟一次，濬汊沟三，继续濬大小子沟七十余，分设东、中、西三闸，中名守正闸，东名紫云闸，西名瑶池闸。随时蓄洩，合保均沾其利益。初属土筑，遇山洪暴发，易致崩塌。光绪十八年，江南壈与江遐龄、杨学墒易土为石，以期一劳永逸。工竣时名曰'均安坝'，周围五十余里，用水者不下百余户。暵干无虞，成效昭著。光绪二十四年，巡抚王之春批准札饬叶家集通判就近兼管此坝水利，并议定善后章程，官督民办，以垂永久焉。

一、坝宜修整，以期经久，勿坏也

自光绪十九年，石坝告成，一劳可以永逸。但创始固难，但保守亦非易事。设年久毁坏，再行修培之时，应按用水田亩多寡，业户捐资，佃户派工，一归平允。该户不得推诿阻扰，以致废弛。至平日掩堰堵水，须用草料，按田派草，亦不得延抗不给。违者，公同呈惩。

一、沟宜清理以期通畅也

每岁清明日前，秋收以后，沟有淤塞，亟须随时清理。闸长邀本坝之沟头，沟头邀本沟之人役，按亩派工，先从总沟清理，次即清三汊沟，不得推诿玩视。其崩塌淤塞之土，堆平两旁各户田埂，不得推拦。至子沟七十余道，应各按地段，自田自佃者，本户清之。田与人佃者，佃户清之。亦不得观望懈怠，违者，呈惩。

一、遵据以杜狡赖也

本沟总口沟底，旧系朱咸明、解怀贵、汪荣发三姓地段，光绪二十年经叶家集汛邵千总，情商三姓出卖以成善举。众业户并呈明县署，丈量价买，立有契据。自河口按段到业户沟头为止，宽一丈三尺，永作公沟。其两旁沟埂草木仍归地主砍伐，他人自不许干涉。即三姓附沟田亩，亦得一律用水，至本沟董事以及众业户，清沟用水之时，虽地主亦须从公便，不得藉口阻扰。违者，公同呈惩。

一、定界以防侵毁也

本沟各业户田地，开挖三汊沟及大小子沟，各为身家起见，出于本愿，私产皆为公沟，已成定制。无论历时远近，不得改毁填塞，以致水路不能畅达。再者无知之徒，或以沟连其田，或因由其田塘经过者，用水上下稍不如意，拦沟作埂，复谬称沟系伊田伊塘，令水扞格不通。准许该沟用水之家，先行将埂挖开，后再邀同地保呈惩。

一、按地利以定用水之规也

由总沟分三汊沟，分各子沟，引水灌田之日，务使水达沟末，而后依次用水。田低可以放之，田高不能放水者，听其驾车运水。概不准恃强凌弱，擅在上游截水，以致下游之用水之家，竟成向隅之叹。违者，呈惩。

一、按天时以定车水之规也

遇其亢旱日久，河水不能进沟，须于总沟口驾车引水。由闸长督各旗长，按旗派水，以免劳逸之弊，不得避廻懈弛。至各用水之户，亦须俟水达沟末，自上及下，依次车水。灌口不得争水乱车，滋生事端。违者，呈惩。

一、严闸之启闭以利用也

每逢车水放水之时，以水至总沟与东、中、西三汊沟交界处为准。东沟地势稍高，先让东沟进水，随将中、西二闸口紧闭；次中沟进水，将东、西二闸口紧闭；末西沟进水，将东、中二闸口紧闭。首次水未遍者，二次、三次，不得任意开闸。分彼应进之水，二次、三次亦然。倘有截水、偷水及擅启闸板者，均以抗公论，本沟首事人公同呈惩。

一、视水之缓急以制宜也

插秧救禾，灌塘灌圩，时分先后。倘天时亢旱，河水不敷，由闸长、沟头、地保验水派亩，或十分灌其三四，或灌其五六不等。至平时，插秧救禾，田畴足用之余，皆属闲水，然后仍各户灌塘灌圩。不得利己损人，以缓误急。违者，公同呈惩。

一、约法以劝义举也

本沟创办之时，乐从捐输者，皆有名目、姓氏、田亩，注册在卷，同自用水无禁。即年湮代远，田归异姓管业，水路仍照旧章，毋得异议。再有刘永清愿捐沟口水沟一道，计地三分九厘，实为咽喉之所，水利由此而开。嗣后沟凡可通润刘永清之田，务使通润，勿阻好义急公之户，庶知所勤焉。违者，须指名呈惩。

一、择人以任首事也

闸长、沟头诸人，务须择公直勤慎者为之。每年管理水路，未免烦劳，各户耕田一石，出稻半升，以为派及薪劳之费。不需额外需，而各业户、佃户不得惜此小费，而碍大局。至闸长司全沟闸板之启闭，沟头验本沟水利之偏否。每当行水时，不得畏强御，不得贪私贿，不得徇情面，不得以私怨废公，不得以懦误公，不得以懈怠弃公，随时巡查，毋得疏忽偏执。违者，呈官革除。

（《民国霍邱县志》卷四《舆地志》《水利》）

3.《合肥县关塘告示》

钦加知府衔即补直隶州署理合肥县正堂加十级记录十次赵

为给示勒石以垂久远事。据文生施道煊，武生施镇奎，业户赵孔翠、施相善、施善昌、曹以道等禀称：缘生等公共关塘，载明县志，灌田壹百陆拾余亩，昔为一姓公用，迨遭兵燹，或卖或当，众姓公执。每年夏秋之交，雨泽逾期，每多龃龉。该塘周围辽阔，东西北三面地势甚高，南边塘下地低，各田坐落塘南，接连长远，由（涵）达沟按香车放，使用或多或寡，照料非易。塘上各田水可濟及者名曰濟田，始可使浮水。凡与濟田毗连者，不得藉此濟田妄生觊觎。其余塘边田地毗连者，多高低有别，塘水濟不及者不许妄争。间有拨卖典当者，亦均派亩分香，以归划一。如不在壹百陆拾余亩内者，均干例禁。生等公同商议设立塘长五名，梭巡塘上，（涵）沟设立小甲一名，专司香数。虽有旧章，总属私议。今当农隙之时，公拟起费集工兴修，与其后有纷争，孰若先请示谕，以防患未然。为此粘呈使水帐目及旧章，公叩赏示等情到县。据此，除批示外，合行给示勒石。为此，示仰该大关塘在份使水人等一体知悉，自示之后，务须遵章使水，不得妄生觊觎。该塘长等亦须照章经理，不得高下其手。如有违章，藉端妄争，一经禀控，定即提究不贷。其各懔遵，切切特示！

计粘单：

一议挑塘筑埂为使水之家课命之源，倘年久埂崩或塘淤泥，务要公同商议挑修。倘有擅自在塘内筑埂栽插禾苗，须即众斥禁止，违抗禀究。

一议如若挑塘，照旧按香多寡起夫。倘有老少不堪充夫者，公议无夫出制钱八十文，及修理塘（涵）等项议派使费，均要和衷共济，违抗者禀究。

一议倘有偷窃放水者，查明轻则罚出夫费壹百名，以备挑塘，重则禀究。

一议使水之家历照香帐为据，倘有附近之徒出卖田地，谬指该塘有份，希图高价，买主认以为真，将契投税，及事后知已被蒙，虽不敢车放，然契已奉印，一经年久，执事皆非旧人，何能辩出真伪？须防于先，无患于后。凡遇买卖顶当，必须凭同塘长、小甲人等，随即登帐为凭，若有瞒众不知，即以私造论。

一议关塘路南东畲施敬香仅田叁丘壹担壹斗，昔使浮水，后卖与曹金玉执业，公议照旧。凡使浮水及涄田之家，须凭塘长等兼理，不许私车，违抗者禀究。

一议关塘灌田百陆拾亩余外，使浮水者惟有塘上西北方塘沿田地，水大成塘，水去为田，名曰涄田，例栽晚稻。倘有春夏之交，雨泽逾期，改栽早稻；一经洪水涨发，听其涄稿，不得异言，所谓有利亦有害也。计涄田拾玖丘，共总肆担柒斗。倘有违抗者禀究。

一议如若案蒙恩断，倘后年远，仍蹈故辙，改契朦税，妄争水利，一经窃发，以作私造论。

一议倘遇妄争水分，横蛮乡野，难以辩明，若经使用，务要公同照香多寡派费，如有违抗者禀究。

一议塘长五名，小甲一名，施善昌、施善相、高宪春、赵孔胜、施继宏，小甲施有政。

一议众家香水照旧，共计柒拾捌枝柒厘叁分。至使浮水及涄田之家，现已公同逐细开呈，载明议条。此外之田，毫无水分，由来已久。倘有昔年将契朦税，意欲赖占，是以循照旧章，开呈香水涄田若数。众议请示五张，勒石垂碑，永远杜患。

计开香帐名目（略）

计开涄田名目（略）

右谕通知

光绪二十六年十一月二十五日

（高韵柏《肥西县水利志》第九章《管理》《附文一》）

4. 霍邱县淮河《堤工办法》

民国四年，霍邱县"邑人以西北滨淮地浢，聚处其中者数千户，屡被淮患，集议兴复堤防。工程艰钜，拟请颁省款协助。知事何则贤，继任者易翔，亟知水利之重，赞成之。嗣由黄道尹家杰莅县会勘，上自三河尖起，下至溜子口止，绵亘一百六十余里，绘具图说。堤岸顶宽一丈，底宽四丈，高一丈，险要绝口皆层加椿木，继增内堤，并改皂沟村保堤线工程，综计需土方不下百余万。经始于民国四年十一月，次年五月将竣，旋遭大水损毁。至六年五月始，一律得臻完固。先后支用省颁工赈款七万有奇。是役也，易翔为总办，邑人蒋开径为会办，襄办者陈国磐、裴景升、邹宗鲁、曾昭孔、钟嘉彦、马祖述，上下分局段长刘勋芳、薛廷桢，皆不避劳怨，董率劝导。滩地按亩出夫无论矣，即岗地在远保者，亦皆不分畛域，出夫以促成此举。迄今变斥卤为膏腴，其利之溥孰甚焉。

《堤工办法九条》

一、任家沟口、新河上下口，均系宣泄湖水故道。惟任家沟口内低而外高，有时湖水不能外泄，一遇淮水骤涨，反向内灌。今议决将任家沟口仍行堵塞，以免淮水内灌，开放新河上下口，以洩湖水。

二、开放新河上下口洩水，固属便利。但于新河一带地亩，又恐受湖水浸漫之患。今仍照前议，加修内堤，其应需内堤经费，除要求省长按土方拨发工款外，不敷之数，由湖水经过新河入淮一带受益保，分地亩均摊。

三、此次修复淮堤，分为四段，由临水集起至陈寸村止为第一段，又由陈寸村起至茶湖村止为第二段，又由茶湖村起至五庙湾止为第三段，又由五庙湾起至新店铺止为第四段，以便分段照料。

四、每段应由沿淮各保董公举一人，充当段长，担任本段内派夫、督工照料各事宜，每月酌给火食公费，以专责成。

五、各段内议定出夫，同力合作，其合作保分如左：一由临水集起至陈寸村保止，其决口冲刷处，归临水集、张家塘、尚义村、三河尖、三塔村五保出夫，同力合作。二由陈寸村起至官舟口止，其决口冲刷处，归陈寸村、皂沟村、六庄村、朱寸湾、茶湖村、薛家觜、新河洲七保出夫，同力合作。三由官舟口起至五庙湾止，所有汪家集、龙池店决口，归官舟口、龙池店、汪家集三保出夫，同力合作，其冲刷仍归各保自决。又下河口、任家沟两保决口暨冲刷甚钜者，归下河口、任家沟、临淮冈三保出夫，同力合作。四由五庙湾起至新店铺止，其平漫处归五庙湾、田家冈、代冲涧、新店铺、尚善村、吉水湾、桑林铺、溜子口八保出夫，同力合作。前项各段民夫作工使土之处，应由各段段长会同各保董於插工时，勘酌土势指挥，就近取土，以免争执。

六、沿淮民夫灾苦已极，所有修复淮堤请由工赈项下，按照土方拨钱，以示体恤。

七、民夫应领土方钱，仍照原定章程，按三期分领。由各保保董经手，填写三联总领字，并置署名画押，以备报查。

八、全堤凡应行修复决口、平漫暨冲刷甚钜，由公家拨款者，均定于六年一月一日开工，三月底一律告竣。其冲刷甚微，由各保自行担任者，亦限定同日竣工，不准藉故推诿。稍有迟延，均责成各保保董担负完全责任。

九、堤工开办后，所有堤内官荒应请委查丈，变价归公。收入荒价分为三成，以一成为堤工局经费，归还该局借款，并查丈官荒开支；以一成留作常年保堤经费，其余一成，别充公用。

（《民国霍邱县志》卷四《舆地志》《水利》）

5.《善后章程二十条》

一、县属淮堤既荷省长拨款修复，所有修复一切善后事宜，自应责由地方担负。淮堤线绵长，不得不分段分保公相保守，以专责成。

二、沿淮有堤各保，分属于西一、西三、北一，三区之内。自此次修复后，应按三区所属保，分划为三大段，以资统率。其应分段落如左：一由临水集起至六庄村止，属西三区，为第一段；二由朱寸湾起至官舟口止，属西一区，为第二段；三由汪家集起至新店铺止，属北一区，为第三段。

三、每段设总董一人，每保设堤董一人或二人，副堤董二人。

四、每段总董一人，即以该区团总兼充；每保堤董即以该保保董兼充，其副董二人由堤董会同总董，另行公举。均由知事加以委任，以专责成。

五、凡关于沿淮全堤应行一切事宜，皆由该三段总董统筹计画，督促进行。

六、凡关于各保淮堤应行一切事宜，均由各保堤董督率指挥，完全负责。

七、沿淮之堤属于某保界内者，即责成某保出夫看守。其出夫人数，应由堤董、副堤董按照保内堤线之长短，或按地亩、或按居户，酌量情形，秉公分派。总以出夫人数足敷分配，看守界内淮堤为限。

八、薛家嘴、新河洲、临淮冈三保界内，虽无淮堤，而确系受堤益保分，因距堤稍远，除寻常看守不负责任外，遇有水势吃紧，或岁修时，均得出夫协助前项。协助地点应由本段总董择紧要处所派之。

九、各保界内之堤于此次工竣后，均责成该保堤董督令有地头各业户，均在堤之内外遍插柳树，并于堤身两面栽插荻草，以御风浪。

十、各保界内应由堤董督率民夫，在于堤上，按照每一里路远，搭盖草庵一间，以作看堤之用。其搭庵之多寡，应以堤长若干里为断。

十一、各保内堤长若干里，应由堤董、副堤董酌量分为数小段，并于段内派一牌长，以便分段照料，督夫看守。所有牌长、民夫姓名，应先行造册，送县备案。

十二、各保派出看堤民夫，除临时吃紧不计外，其寻常职务如左：一不准牲畜至堤践踏，二照料沿堤栽种树草之蓄养，三堤身如有雨击崩陷之处得随时培补，四每年春、冬两季农隙时，得同力加高培厚，担任岁修。

十三、各保看堤民夫，遇有阴雨连绵，或河水稍涨，应由牌长督率民夫，预备椿、篅、锹、担，轮值住堤，按段看守以防不虞。

十四、如遇淮水盛涨，或河水淹抵堤底时，应由牌长督率在堤轮值民夫，无分风雨、昼夜，各按各断轮流梭巡，加意防范。如有冲崩或生水漏之处，立即设法堵护，并报告堤董、副堤董核办。

十五、各保轮值看堤民夫，如遇吃紧不敷分配时，应由牌长堤董、副堤董，招集全保民夫协助。如有与第八条，应协助保分相近者，并得报告总董招集，一并协助。

十六、各段牌长及轮值民夫，如有急于看护，或遇紧急，而不及时报告堤董，致堤有冲决，应责成该段民夫及牌长赔补。

十七、不轮值民夫及协助保分保董民夫，遇有应行协助时，不应堤董或总董之招集，应指名呈请罚办。若因不应招集，致堤有冲决，除惩戒外，并分任培补之责。

十八、各保堤董、副堤董对于各保民夫或协助民夫，均有指挥纠察之责。如遇吃紧之时，并得沿堤亲自督率。或瞻徇敷衍，致堤有冲决，应归堤董、副堤董担负责任。

十九、各保因看护淮堤应需经费，暂由各保担任。俟清出官荒后，再行酌量拨给。

二十、修筑淮堤系为沿淮湾保保守民产，除却水患起见，纯系民堤性质。以后加高培厚及一切岁修，均归沿淮受益各保，自行担负。

（《民国霍邱县志》卷四《舆地志》《水利》）

三、水利告示（4 则）

1. 朱振《修复七门堰示》

为循志疏濬均沾水利事，查县志中有《重修七门堰记》，乃明朝乡先生秦尚书所作。内有西山之水流于七门，达于龙王、三门二荡，而后引以灌溉。今龙王荡岸随治随坏，故昔人于七门之下疏濬土桥小渠，经侯家坝径入三门荡等语，是七堰为十三垱公共之水，明矣。特是明季，舒遭寇乱，井里为墟，水道率多湮没。时十垱之人路远心散，不能协力襄事。惟苏、蛇、洪三垱，紧接七门堰为力甚易，故康熙初年，即行开濬故道使水。今苏、蛇、洪三垱之人竟将七门堰据为己有，堵塞下流，忍将用余之水撇入天河，不容下十垱沾其余沥，返令其取给龙王垱，舍却现成有益之膏，不肯益人，强令人行不可行之事，是诚何心？本县考书既有成蹟，亲勘又已瞭然，讵可膜视不举。今择于本月十二日举行开筑，合先通饬，为此示仰众垱食水人户知悉，其洪家垱、侯家坝等处，听下垱人户开通放水。至苏、蛇、洪三垱地势略高，应筑坝安闸，留底水听用之外，将余水流放下垱。其下手出水沟俱着填土堵塞，如遇洪水泛溢，仍随时开洩。此后水口如有应修应濬工程，十三垱齐心公举，不得互相推诿。本县熟筹此举，在苏、蛇、洪三垱，田亩既无妨害，而下十垱人民溥沾利泽。在先三垱之人不容余水下流，固为忍心害理。今既通流遍溉，则下十垱之人亦应饮水思源，追念彼先事之劳，感怀德意。本县职司民牧务令，两得其平。如有顽梗之徒仍前霸佔阻扰，本县即按作凶徒张秀明供报姓名，通申各宪，请以大法重处，决不轻恕。须至示者。

批词

据县志则一十三荡俱该用七门堰天河之水，明矣。但苏、蛇、洪三垱开濬在先，尔等从未协力，毋怪乎三垱之人习为固然，视尔等为局外也。今尔众姓修复水利，自当遵循古道，彼三垱之人固不得阻，抑特其中有利于此，或有害于彼。如水冲沙涨之说，亦未可定。着两边堰长从公妥议，禀覆以凭，择吉祀神兴工，时迫春耕，勿得迟延自悮。

（清《康熙舒城县志》卷之二十《艺文志》）

2. 朱振《劝谕息争均泽示》

为劝谕和衷理取以息争均泽事，照得七门堰水为利甚溥，奈积久湮没。今本县念切民生，极力疏濬，谕此水源远流长，固天地自然之利，在垱人户自应共沾利泽，然其中之曾否帮助。人夫有无完纳，水弓于此不能无议，夫举敝起废诚非容易。今日坐享此种现成，宁可不追念始事之心力，若其平日既悭吝不出人工，临事又恶劳却步，今突妄希使水，不特众情不服即为自，反亦觉有愧。今本县与尔等无分之人，开一通融之路，尔等须先平心自揣追诲，初不帮夫又未助力，攘取必致兴讼。今许尔向本垱堰长及左右食水人户相求，倍捐应出夫价，交该堰长存为日后公用，分认水弓，注明册内，准其随众用水。尔若恃势用强，垱有成规，官有三尺，徒自取咎，水终不与也。抑本县更有嘱者，各处旧有池塘仍须随时掘深，栽莲养鱼，皆可取利，万弗谓已有活水，可以填平为田，倘遇亢旱流竭，那时坐听枯槁，诲无及矣。思之勉之。

（清《康熙舒城县志》卷之二十《艺文志》）

3. 周岩《督修吉家堰水利谕》

谕

钦加运同衔开用直隶州知军功随带加二级舒城县正堂周谕

示谕在案，兹值奉融之祭，所有年应修水利

吉家堰堰长潘庆永知悉：照得水利为农力务，沟、塘、垱、堰为蓄水灌溉禾苗而设之工程，诚恐业佃人等日久生玩，延误要工，除出示谕催饬差巡查督修外，合再谕饬，谕到立即遵照。迅将里内沟、塘、堰、支河、汊港各循旧章，按田派夫费挑挖，深通所有堤坝、水闸、陡门、涵道，亦即修筑完日，以期蓄溉，保卫田畴。倘有刁顽水户人等，从中阻挠，违抗夫费，并在沟路违例筑坝，截塞水利，或任意安设车埠，强放争殴等弊，许即随时指名禀究。尔等亦不得藉竭苛派，致干并究。仍而将出工等费，开工告竣缘由，造具清册，加具切结，绕限禀呈县覆核，以凭汇报。事关农田重务，慎勿因循延误，凛之，切速毋违。特谕。

光绪二年三月二十八日给
（《舒城县志》《附录》《地方重要文献辑录》）

4.《舒城县政府布告》

条据第四区吉家堰堤工委员会朱世道四呈，以吉家堰座落第四区龙河乡，沟长约七八里，沟口起点之处，系在南区山塘河口，田中需水之时，由堰长鸣锣起夫，照田派出，在该河心打坝衬水流入沟中。而该堰坝常放竹筏、树干者，扒开不闭，甚害农田，请出示禁止等情。据此，查打坝衬水，各该处钧有各该处情，嗣后从该河道上游放竹牌、树木者，经过该处统随开随闭，不得任意而不闭，贻该堰。倘敢违，经查明或被告发，立即法办，但该堰负责人民员亦不得故意生端，致滋纷扰，仰各遵照毋违。切切此布

中华民国二十三年三月　日

县长：翟澍五

（《舒城县志》《附录》《地方重要文献辑录》）

四、水利文牍（9篇）

1. 宋祁《乞开治淠河》

（案《历代名臣奏议》系庆历二年祁知陈州上）

臣知寿州曰：伏见本州安丰县有芍陂。自古所传，元引龙穴山水及淠河水入陂，每岁灌田万顷。近年多被泥沙淤淀，陂池地渐高，蓄水转少。龙穴山一派水源既小，今来只籍淠河注水入陂。后来淠河一道水渠，本县又不修开，遂至水道湮塞，陂水浅涸。臣自到任后，并值二年干旱，去年自六月放竭陂水，只是救灌得侧近一二千顷，是以寿州米价踊贵，官私妨阙。臣窃闻寿州正是出米之地，全籍此一陂。旧来陂水若满，常无干旱，是以县名安丰，盖取此义。臣欲乞朝旨直下本州，委知州、通判亲往陂上，相度开治淠河，令水渠深快，于淠河内筑堤拦水入渠注满。陂内高筑陂岸及重开，撅陂内淤淀之处令稍深阔。其工亦不甚多，只乞就来春农闲之时，少借邻县及本县人夫三五千人，约工一月，可见次第。如陂水满足，则溉田万顷，永无凶荒，兼得陈颍至京都一路，官私米斛有可供应，取进止。

（宋宋祁《景文集》卷二十八《奏疏》）

2.《知州王廷曾清查儒学池塘二口详文批行入志始末》

六安知州王廷曾查得六安儒学旧有池塘二口，一名楮皮塘，在学收租；一名宰生塘，为皋陶祠祭产。塘外有学田九斗三升零，坐落北门土城外，官塘界址接连止隔一土埂。不论士民必须具呈请帖认领，养鱼获利，完纳学租、祭银，未可私相买卖，由来已久。今有陈玉林因官塘与伊私塘连界，将两官塘毁去合为一塘，于旧名官塘埂上起草房三间，将伊私塘二口亦合为一，希图影射，得以侵占。以致葛星翼具禀前情，并将伊父葛略顺治十二年间，原领塘田印帖送验前来。卑州惟恐界址不清，致有混错，着令彼处地方、邻右、故老公

同确查，随又亲自往勘，一派汪洋，旧日所云官塘埂已乌有矣。玉林称系康熙十八年间干旱水涸，将埂抽去，连为一塘。其私占官塘已无疑窦，自应清界还公。查向年旧志，竟被学阀蠹衿将此宰生池字样削去，以致无从稽考。今幸相去未远，故老犹能言之，而玉林亦不敢埋没其名。惟州为皋陶始封之地，祠宇倾颓，卑州业经捐俸起建，其随祠官塘自应急请清还。并请宪批刊入志书，以垂永远，为修葺祠宇之费者也。本年（即康熙三十八年）十月二十三日申详。

本府奉批官塘被占，既经该州确查明白，陈玉林又情愿认租如详，随祠为葺理之费，仍补入州乘，以示来兹，可也。缴

（清《雍正六安州志》卷之八《水利》）

3. 杨友敬《复太守高公询六安州境水利》

昨承清问六地水利，六高原多而下隰少，向惟忧旱不忧涝。周礼稻人掌下地之稼，以潴蓄水，以防止水，盖初欲使水有所归，而田畴免涝，既则资以灌溉，而禾苗不困亢旸，此殚人力以相天时。大都一切公私塘堰，小且浅者务扩而浚之甚深。大而未完固者，惟增筑堤坝，导引上流，酌立涵闸，均派妥贴斯可矣。其要公塘在慎选塘头，逐时修筑；私塘各主佃逐岁挑浚，勿令淤浅，此其常也。至若恒雨兼旬，川流暴涨；又或蛰蛟作祟，倏忽怀襄，则变出意外。丁未水灾，竟成泽国。

六之水分界豪猪岭，东南入江，西北归淮。今南条如旧，而西北沿河十三湾，灾后仍频年被涝，且及戚家畈、官田畈。盖缘西去万山，昔草树蒙茸，虎狼窟宅。近人辐辏，崇山悉开熟地，土松雨涤，逐渐归河。又丁未之变，山石颓落，淤塞河道，水多旁溢，旁溢则河行反缓，行缓则泥沙随在下坠，河面日渐平浅。干河浅则支河亦淤，水行地上，能勿涝乎！今种山久，土结河泥，遇骤水冲洗，可幸复旧。昔管子论水曰，曲必退留，满则推前。可悟河道通塞之故矣。山中蛰蛟数年一发，不大为害。自丁未万蛟尽起，遂成昏垫，男妇漂溺无算，田庐俱成砂砾，人始畏蛟。传此为雉与蛇交，遗卵入地所成。其处常有雾，又雪后视其地必先消。或掘物混沌如巨瓠，堪烹饪，亦可煎膏。山氓冬暇，逐麛熏貉，每具缠三二百钱。若号召掘蛟，依值以酬，当有应者，终难遍及，姑存此迂说可耳。月令季夏伐蛟，系潜于水而为物害者。汉武江中所射，及周处长桥所断是也。周礼庶氏、穴氏、壶涿氏，除诸恶物，未详言治此法，亦以未能尽去故耶。尝计六之水利水患，皆与他方迥别，他处水患或因冲决，

可议堵塞；六则淤浅旁溢，难言疏导。他处水利多藉沟渠，引致河流；六则专恃塘堰，宜勤濬筑。今六之西北近河则独虑涝，去河远则忧旱倍于东南，然陂堰亦多，但欠人工修筑。方今农隙，又适水涸，宜遍唤塘头，令劝使水人户及时增修堤坝。田主称事给资，各佃分疆致力。塘陂完固，雨雪满盈，灌溉攸赖，诸官塘准此。至各私塘亦严谕乡保，劝勉挑浚。值兹俭岁，穷佃就便用工，藉资餬口，及至灌田，佃亦获益。纵雨泽愆期，亦不至全无倚恃，此人事之当然。所能自必者，君子亦道其常而已。昔邓艾大治诸陂于颍南北，而资食有储。杜当阳则尽坏兖豫诸陂为田，而民亦受其益。白香山浚钱唐湖溉田千余顷，王荆公急兴水利。究迂阔少效，适以厉民。大约宜各因地势，相厥时宜，务取便民，期收实效而已，翼更广延英俊，讲求恰当良规。愚衰老尠识，未敢胶执臆见，以辱明问也。

（清《乾隆六安州志》卷之十七《艺文志》《启札》，清《皇朝经世文编》卷一百十六《工政二十二》《各省水利三》）

4. 蒋鹤鸣《复开河道通详稿》

为请复县河故道、以厚民生并济荒歉事，窃惟水道之废兴，关乎民生之休戚，甚巨。如韩郑国为秦凿泾水渠，而秦亦富饶；汉翟子威塞鸿隙陂，而民嗟怨。由此观之，水道之宜通，而不宜塞也，明矣。查舒城县水发源于孤井，至中梅河合龙河口水，汇於七门岭北，折而至龙王荡。自县河未塞之前，水由龙王荡而北环绕县治，旧名环带水，凡水之抱城如带之围身，故名。当是时，沿县治之田，如包家沟、郝家坂等处，引水灌田，几二万亩，岁收谷数万石。城外连樯巨舰，商贾不绝，百货交通，民以殷庶，故有小南京之号。自前万历时，知县陈魁士将龙王荡水势改向七里河而南，县河遂涸。凡县旁七十里之田无水灌溉，半成焦土。舟楫不通，农末交病，民生日以憔悴，盖百有五十余年于兹矣。

卑职考之县志，知水利之不可不兴，遍问绅衿士庶，皆言旧河之宜复。盖复开县河，其利有五：水道一通，沿旧河七十里之田沟渠既濬，得水灌溉，如郝家坂等处，向为焦土，今变腴田，即有亢旱，有水足用，岁可收数万石谷，其利一也。水流城下，舟楫既通，货物毕至，末业之民，谋生甚易，其利二也。舒城居民都饮井水及池塘之水，一遇天旱，井水既涸，池水浊污，疾疬易觐。旧河既濬，溪涧清流，居民数千家同饮甘凉，疾病不作，其利三也。舒粮至巢，必以车运至七里河，凡十余里，间一遇雨雪泥泞，工力艰困。今河一开，即于城外下船，可免车运之劳，其利四也。风水之说，识者勿道，然相阴阳而观流泉，诗咏公刘，为周兴所始。而从来立邑，有高城必有深池，形势更不可缺。今复旧河，数十里清流环绕城下，得此形胜，则百年凋敝之形，未必不可复成昔时富庶之象，其利五也。复河旧流，可获五利。又思古人每遇凶岁，则兴大役，非更以劳苦百姓也，盖借工役钱米给与饥民，使不至流散失所，而并收修举废坠之益。

今舒邑东南西北在五乡，夏秋之间，雨泽愆期，天时亢旱，卑职于七月初七日始于各乡往勘。其北在两乡，俱系冈田，无水庣救，其栽插者，早迟俱受旱伤；间种杂粮者，所收有限，秋成不及四五分。其西南乡山田，有溪涧水以灌溉。东乡圩田，有塘堰水以车庣，约有八九分之收。合一县而计之，收成有六分以上之数。分而观之，则北在两乡实为歉收，是舒城一邑西南东乡有丰稔之乐，而北在乡有悬罄之嗟，皆因水利之有无，以致丰歉之不等也。卑职考再开河成案，历来县令或筑坝引水以复故道，虽累举累废，而民间以水利之故，所在乐输。今西南东三乡幸而成熟，因与绅衿士庶商度费用，皆愿量力乐输，即将所输钱米，募北在两乡受灾人户，令其开河。既可以复百年久废之水利，亦可以赈北在两乡待哺之民，使无流散，似为两得。至于钱米，卑职止稽出入之数，除捐俸外，概不经手，以避瓜田之嫌。亦不使胥吏沾染，以待饕餮之腹。即于各乡中，择殷实贤良、正经办事之人，分司出纳。再择一绅衿为一邑一乡之望者，总理其事，以董其成。缘系复兴水利，补偏救弊情由，为此备文通详各宪，伏候宪断，饬示施行。至人工若干、给费若干，再容详覆申报。

（清《雍正舒城县志》卷之三十二《艺文志》《详文》）

5. 陈守仁《復开艚牍堰通详各宪稿》

为置地开复古堰、详明载入县志、以永水利以厚民生事，窃查卑职天末庸儒，自惭谫劣，于雍正七年肆月奉调舒城县。赴任之后，详查邑乘，咨览民情，复行亲历四乡，遍播皇恩宪德，每于宣讲圣谕、清编保甲之时，恒以农田水利为急务。凡圩田之筑堤补堍，高田之开塘濬坝，或循照旧例，或参酌时宜，在经历督率，毋使废弛。

惟查舒邑有七门、乌羊、艚牍三堰，开创于汉羹颉侯，引大河之水流入堰内，灌田数千余顷。一修于魏刺史刘馥，载修于明舒邑令刘显、姚时邻。历汉至今，民歌水利惠泽无穷。独城南牆牘一堰，明存实废。询诸里老士民，佥称缘因明季被水冲溃，堰口淤泥日积月累，渐成高阜，地势变更，斥为幅辏民庐，势难濬通，沟路废坠已久，下坂二千余石之田多成旱地。从前历任士民，每吁兴復，亦经准行，奈动即拆房掘址，于彼有益，于此有损，以致控司控道批府批县，徒事烦扰，顾此失彼，终难举修等语。卑职再四思维，因巡河徒步上下数里，往返经营，相度形势。乃于上流见一隙地，外临河滨，内近城濠，一经凿通，引水径入城濠，分流沟路，由上而下其势易行。且水绕成郭，更足护卫地方，培润文风。各绅士民人闻言，咸豁然称快，因问其地，乃县民林姓之业，彼亦慷慨乐售，以成美举。遂备价二十余两，置买其地，以开堰口。该堰田多之绅士民人，各愿承头，督工开濬。比于上年二月十一日兴工，本应即将开堰缘由与工日期，具文通报，窃恐起工易而落成难，未必遂有成效，故未敢率渎宪案。讵意居民踊跃，不约而同来，不催而自至，众擎易举，自堰口开濬引水，贯通城濠，下流分灌各垱约数十里。不数月间，开濬通彻，灌田二千六百七十八石三斗，计弓一百二十四顷六亩九分，共该亩一万二千四百亩零，尽获有秋。迨至今春，各业户齐率人工，将沟路中卸落浮沙泥土，重加疏濬，其水流通用之不竭，已成可久之经常川之利。

卑职正在叙文详报，以仰副宪台勤求民隐，惓念民食之至意。适据同堰食水人户，举人曾闻勇，州同傅昆、王嗣基、朱琯，贡生张之俊、贾彬、任作暨，监生汤永年、张文豹、杨照、张鷃，生员李炽然、束采、孔贽、黄奕、杨煊、胡玲、孔必达、刘文健、张鸿、宋宾、蔡蒙、束业、于兆熊、高昂、高崖、戚泰，里民宋永标、耿又璧、蔡犀远、陶泽玉、李伟一、李汉章、王兆先、韦玉书、张荣舟、卢伯友、李文彩、高丹霞、叶天试、施云仲、陈天瑞、李润宇、程章友、蔡凤文、张祥九、汤既歉、汤宇皇、汤山奕、李一宏、刘绍宽、张习友、汪如珍、赵友生、余贤书、陈子仲、瞿劳先、周子贤、王树周、许美之、韩在左、沙丹復、滕申甫、王厚然、张应蛟、陈霞焘、韦仲三、韦士盛、孙文元、梅增友、束苍书、袁体臣、王鸣雁、汪云九、方永升、胡在中、朱玉林、欧正先、罗杰士、夏杰士、张吉人、朱祥九、方玉升、张永贞、李子秀、徐孝友、陈玉章、任约中、程符五、张玉美、陈又如、张沛远、陈孝友、黄庆章、许玉之等具呈，为蒙恩古堰已兴、恳乞详请载志、以利民生、以培文运、泽及无疆事，词称情因水利之废兴，关于民生之休戚。

舒邑城南大河源发楚蕲，流通江海，自汉羹颉侯分封舒邑，创为七门、乌羊、艚牍三堰，引入河水灌田二千余顷。延至三国，此堰几废，得魏刺史刘公馥重加修筑，水利复兴。及明时，堰又屡废，一兴复于丰城刘公显，一兴复于延津姚公时麟，迄今水利赖以不坠。惟艚牍一堰，堰口与城市接壤，自前万历年间，渐次淤塞，久之水道变为街衢，构房架屋，商民栖止。在食水居民固常思兴复，即历任县主亦时欲重开，奈街道不便更迁，房舍遂难拆毁，以至昔时有水灌溉之腴田，合计二千六百六十余石，强半易为旱地者，皆此堰不能兴复之故也。宪台下车以来，即留心水利，稽邑乘、询故老，沿流徒步度地相形，忽于旧堰之上流，得林姓隙地可为堰口，遂即日备价购买，计费二十余金。自上年二月起，谕令食水居民，凡遇农隙，齐工疏濬，各皆踊跃争先。今已开濬工成，自回龙桥引水至任道人桥入城濠，分各坝。功多力少，势若建瓴，以至百有余年，改地之田去岁尽获有秋。此舒绅士父老与历任县主百思不到之捷径。宪台以俄顷之相度得之，宪台之伟绩奇勋正堪继美三刘矣。且此堰之水为绕郭文澜，古名环带，碑记尚存道旁。形家谓：昔时舒邑甲第蝉联，人文接踵，皆得力于此水之环聚居多。是此堰之兴，将来人文继起，又不但灌溉田畴、利益民生也。但从来兴一利必思垂之久远，庶几恩溥德洋，不致有日久废弛之患。为此吁叩，值此修志之日，详请各宪大老爷，将买地构沟，兴复古堰颠末，详载县志；再开明食水人户、编点水甲，每遇东作之时，如何修筑，定为规则，赏立印册，庶文运民生万世永赖矣。上呈等情，据此除嗣后修濬工资及灌溉层序，卑县查编细册，设立规条，饬令遵守，毋庸琐陈外。合将置地开复古堰功程，完全情由，详请宪台核批载志，以永水利，并请饬示将首事之李炽然等，分别士民从优奖励，以鼓众志者也。除详明督、抚二院暨藩、臬二宪并本道外，相应详明宪台查核批示，为此备由另具书同申，伏乞照详施行，须至申者。

总督部院高批：据舒城县申详置地开堰、引水灌溉田亩、详请载入县志、并请饬示奖励首事人等缘由，仰江宁布政司查议通详核夺，仍候抚都院批示。缴。

安抚都院程批：据舒城县申详置地开堰、引水灌溉田亩、详请载入县志、并请饬示奖励首事人等，仰布政司查议通详饬遵，仍候督部院批示。缴。

署布政使司刘批：开堰引水灌溉田亩，利益民生，洵属善举，既将民人林姓之田改为堰口，所有岁纳钱粮，应作何出办？未具申明，仰庐州府饬查确，并将此堰载入县志及奖励首事人等之处，逐一妥议详夺，仍候督、抚两院暨臬司批示。缴。

按察使司王批：据详开复古堰引水灌禾，有益民生，具见该县留心，既经通详，仰候督、抚二院暨藩司批示录报。缴。

督粮道王批：据详堰工告竣，万亩丰登，兴利地方，洵堪嘉奖，既经通详，仰候督、抚二院暨司、道批示。缴。

凤庐道何批：据详开复水利有裨地方，允宜载入志乘，以垂永久，仍候督抚二院暨各司道批示。缴。

本府徐：据置地开堰，导水灌田，虽循旧例，实创新猷，具见经理惠政，而士民趋事乐成，亦属可嘉，仰将堰地岁额钱粮妥议办纳，一并载入县志，仍候各宪批示。缴。

所买林姓之地弓粮原载东肆里玖甲林名仲名下完纳。今据林姓卖为牆牆堰口，已将载册弓口伍分陆厘捌毫开除，与总堰首耿遇吉名下认完，取有推单认状在卷。至每年应纳银贰分捌厘，漕米壹合叁勺柒颗捌粒，月米壹合壹勺玖抄叁颗柒粒，为数无几。堰首耿遇吉食水田亩较多，自承办纳，不致贻累。

（清《雍正舒城县志》卷之三十二《艺文志》《详文》）

6. 林冲霄《河当复议》

尝览《舆地志》，凡置郡县非襟江则带河，河改则地迁，见于书也。迁地则观流泉，率水浒见于诗也。地上有水曰师君子以容民畜，众泽无水则曰困君子以致命遂，志见于易象也。则天人之理徵应之数备乎此矣。彼形家者流，不过勦其说而畅明之，遂以水为主论，谓水为阳、为雄、为域，足以外避风内聚气也。谓气为水之母，水散则气散，母从其子也。谓水去则风入，乾兑属金尤为杀气也。说不胜述，而总于吾霍则一一大验。

霍之城西旧有大河，此必置县时所倚为地利，不待言矣。乃其水之发源有二，一自西山众流汇于高塘，一自南山众流汇于两河口，志称山河七十二道者此也。两镇之水皆循河道以迤递而合于沣，由沣以绕城北至下河口，而入淮焉。霍故二百余年，人繁物阜，文献踵接于凤属，称严邑，称沃壤，而两镇雄峙亦可比于小邑。今之人皆及见之，道之也。奈万历末年，高塘之西曰官州者，以水涨横流，决而为口，以通颍固大河，其地势卑下，遂令高唐之水一洩无余。而河口至沣之水，亦就下而趋，不复绕城而直走。西则两水皆去，于水法为入怀反跳，至有今日以质之。形家之说谓非无以避风而聚气者乎，谓非气散风入，而至兵氛之屡告者乎！故曰其说一一大验也。无如霍运不转，塞口之议屡举屡辍。其辍也，或由家世西隅者，有拥素封游黉序，遂曰地利在我矣，何塞为是，浅乎见也。霍册田千顷余，弟子员三百余，非在甲则在乙，何能无属？但河昔未返，源流不绝，文物比屋，富贵累叶，今之子子大姓，不过视岁涨为盈涸，乌足恃也。又或居在东南者，曰河之返也，西失其利，我何与焉，此亦未睹其原也。试问汝之名籍奚隶乎，赋税奚输乎，汝且号为子弟而父母奚在乎，则县其根本而所居特枝叶耳！根本泽竭，而枝叶久荣，吾未之前闻。二十年来，东南旧族兴衰转盼，岂非视县为消长耶。或又自命为贤达不屑傍人立论者，曰国家鼎革在在受兵，何独一霍，呶呶于河道，为且风水之谈杳然耳，不足以动众也。

夫自前朝流氛播毒，有城一陷再陷者，有城日围困而不得陷者，更有城且未见兵革者，何独霍而四经豕突十年蚕食也。况国朝受命荡寇削藩，薄海宴如，而霍则更苦于昔，苦镞讼，苦加派，苦署官之搜括，苦上差之络绎，苦水患者二，苦旱虐者二，苦寇贼之焚僇者三，苦贤书之落莫者，且八科苦，贤父母之不得行其志，而上下掣其肘，此岂皆国运鼎革之故哉。不必远稽遐考，如江南诸邑，文物甲于天下者皆以水故。即如霍隶于寿春，于颍上、蒙城、太和则比邻，于固始则接壤，何五城受兵则同，而受害则异，迄今安于覆盂者。盖五城皆有大河绕其城，而襟带之势未改也。信然，则五城又一大验，正不必诵诗说书以旁参之易象矣，亦不必诸形家之毕其说矣，更不必作东西南北畛域之见矣，而塞口之议犹为筑室之谋者，非情也，非情也。

（清《同治霍邱县志》卷之十五《艺文志三》）

7. 汪移孝《沣河当濬议》

霍故山县也，而西北沿淮一带独为水乡。水之发源一自西山，众流汇於高塘；一自南山，众流汇於两河口。两镇之水皆合于沣，由沣以绕城西四十里，至任家沟而入淮。每当淮水涨溢及山水发时，南北合流，一望无际，上下百里悉为泽国。乾隆二十二年，邑侯刘申详大宪请帑濬筑，上自北虎口，下至任家沟，筑长堤，而淮庆安澜，湾地居民得以种作。嘉庆二十年后，河道日淤，其由沣而西者，则自陈家铺以至关家嘴；由沣而东者，则自沣河桥以至临淮冈，五十余里咸于地平，湖之水无以达于沣，沣之水无以达于淮，而城西遂汇为巨浸。夫沿淮筑堤所以御水患也，沣河不濬，则霍邑西南半壁之水，有蓄而无洩，是外患虽除而内患未去。龙池沟以西地势稍高，尤为少可；龙池沟以东若下河口、任家沟，县西之关家嘴、陈家铺，县东之花家冈、莫家店、临淮冈诸保，周围百里，其地皆膏腴可耕，尽弃在汪洋大泽之中，岂不重可惜哉！当今霍邑西乡利害关系无踰此者，尚其早为筹度也乎！

（清《同治霍邱县志》卷之一《舆地志五》《水利》）

8. 朱孔木公楷《筑公堰堤埂说》

尝观古之上农"穀如京坻，富垺王侯"者，不过上乘天时，下尽地利，中知趋避，故人定可以胜天也。淠水西岸素称沃壤，自堰埂冲坏，汪洋易为，陆地膏腴变为石田，而所有堰下之田土，一经干旱，有作无成，所尤病者。此水在两宅胎方，水势奔泄，于宅大为不利，居此者往往家无隔岁之储。人有同室之讼，未始不由于此。我朱氏子孙当思此堰为合族之公堰，须同力合作以善其后，则堤埂之筑不可缓矣。筑之之法，宜分而为段，本私者仍私之，而不必捐；本公者仍公之，而不可夺。大要视人家之大小，受田土之多寡，量田土之多寡，为筑堤之则例。或三丈，或五丈，画分界限，各自为谋。高用六尺，宽用一丈，成功时务须首尾一线，势若长虹。某段为某所筑，分立界牌。各人树木，各人修补。公雇堤夫每日看守，牛羊不得而牧之。内可以纳细流，外可以遏狂波。旱不为灾，涝不为害，易瘠而肥指顾间耳。以风水言，水缠即山缠也。从此，南去北来车辙马迹，平平荡荡，扬鞭于树林阴翳之中，俯视荇藻参差，菱荷静爽，花香鸟语，别有一天。余将与诸父老子弟，呼酒堤上，醉歌呜呜，娱桑榆之晚景，受族人之惠岂有涯哉！虽然良法美意亦不能尽合乎人人之心，天下事尝有数十人成之，而不足一二人败之，而有余者能否果行，则非所逆覩。已姑为是说，以待知我之人云尔。

（清朱点衣《朱氏宗谱》卷二）

9. 何则贤《详请省款协助文》

霍邱与颍上接壤，中隔淮河，颍居淮北，霍居淮南，地势低漥，河腹淤浅，一遇水涨尽成泽国，连岁偏灾实由于此。上自三河尖起，下至溜子口止，计长二百四十里，旧有堤埂以资保障。岁久失修，全归倾圮。绅等每遇规复旧制，因经济困难，工程浩大，进行不易，因而中止。兹闻将军倪奉命督办皖北工赈，驺从过颍，委员查勘，拨款兴办。第念淮水为患，两岸相同，若仅筑北岸堤埂，而置南岸于不顾，则颍之获良多，而霍之受害更重，必须双方兼顾，同时并举，俾得利益均沾，藉免以邻国为壑。拟请委员会绅勘丈估土，或就旧存遗址继长增高，或就新起平沙创修经始。何处宜通，则濬深以疏急溜；何处宜塞，则筑实以遏横溜，必因地以制宜，必及时而奏效，庶乎两淮赤地共免其鱼之。嗟万姓苍生永息哀鸿之叹，况此青黄不接之际，民不聊生，以工代赈，尤为一举两得。谨就管见所及，绘图贴说，禀请转详等情到县知事。查淮水发源桐柏，会合众流，由豫达皖。霍邱西北之三河尖为淮水入皖首当其冲，迤逦至溜子口出境，入寿县界，绵亘二百余里，计长四万三千二百丈，河宽二十丈或十余丈不等，北属颍上，南属霍邱。每遇当淮水发涨，奔腾浩瀚，一望无涯，沿河田庐悉成泽国。旧有堤埂建自前清乾隆，代远年湮，久已废弃，自非筑堤防御，不足以资保障，而救昏垫。该绅等以颍之北岸现既拨款筑堤，若将霍之南岸弃而不治，将来大流南趋，势必以邻为壑，亦系实在情形。明知财政困难，工钜费繁，自非咄嗟所能立办。然两岸相形，利于彼则损于此，双方兼顾，自宜同时并举，方足以御水患而救民生，在大宪一视同仁，原无分淮南淮北，而下邑频年受害，实不啻己溺己饥。兹据该绅李灼华、刘燨等联名禀恳前来，可否乞筹拨钜款委员，估修之处理合绘图，据情上陈云云。

（《民国霍邱县志》卷四《舆地志》《水利》）

五、水利诗赋（3篇）

1. 彭汝砺《七门堰》并序

予为合肥职官，始按事傅校作视龙舒。出邑之西北门，观所谓乌阳（羊）䐗牘七门三堰，问耆老求疏治之始，漠然无能知者，盖其所从来远焉。晚得刘敞贡父所为庙碑，乃知始于羹颉侯刘仲（信），而刘馥实继之。因自叹曰：古人之所为乃能如此。刘仲（信）遭际幸会以得爵位，传所言惟力于耕产耳。馥诚奇士，然也无他称道，而其规画已足以休福元元于无穷。后世议论太高而亡其实，视民事藐然矣。万一有为，则利不常胜其弊，而民卒穷困以死而不救也，嗟夫！

古人材大心亦公，忧乐每与天下同。谋功虑事不草草，欲与天地为无穷。我来舒城道三堰，行看利人东南遍。渔樵处处乐太平，稻粱岁岁收馀羡。江淮旱涝相缀联，舒城独自为丰年。人知今日乐其土，不知古人为尔天。二刘未必真奇伟，谋虑及民乃如此。俗儒文多实已亡，洋洋大论言羲皇。心欲为功害辄胜，医庸未足平膏肓。纷纷予亦何为者，爱古伤今空涕洒。题诗倚立寄西风，不知材力非骚雅。

（《全宋诗》卷八九四《彭汝砺一》）

2. 高华《三堰余泽赋》

粤稽三堰屡开，万年良策。始则达于沟塍，既则倾于阡陌。湛波汪濊，绕百里以充周；阛汇罩敷，流四时而络绎。载戈载柞，赖此为灌溉之资；如柉如墉，因是受丰亨之益。洋萍鹿角，想功绩之巍巍；牒牍乌羊，溯经纶之奕奕。诚哉！曩哲之鸿恩；久矣！仁人之遗泽。原夫昔之初浚也，流贯七门，条分三堰。陂既视呼高低，时亦随其迁变。卯金羹颉，初疆理以勤劳；刺史神君，屡经营而不倦。盈科而进，果臕臕之周原；习坎以行，真畇畇之禹甸。当斯时也，山庄日丽，蔀屋云蓝，田分上下，亩尽东南，啼郭公之宛转，闻燕子之呢喃。一犁碧浪叱乌犍，处处畦分罦布；千顷青畴飞白鸟，村村水护烟含。竚看秧马行来，行行队队；却听田歌唱去，两两三三。盖由源泉不竭，涵濡有余。惠泽灌千区，恍接巢湖之水；恩波流万世，若随仙令之车。白蘋卧鹿之郊，咸肩耒耜；红蓼印龟之岸，齐力耘锄。惟导源夫一脉，实利赖乎三渠。迄今风微人往，固永被其溢洋；政美法良，犹冀深其保护。仰神漠之无穷，忻堤龙之如故。功足役乎山川，德实过于雨露。觐堰即以思人，颂人因而作赋。岂若桃溪春浪，仅邀词客之频临；梅鹿晓烟，徒寄骚人之佳句也哉！

（清《嘉庆舒城县志》卷之三十三《艺文志》《赋》）

3. 赵延芳《重开花水沟记》

予乡禾丰、王宝二圩，东与庐江石珍圩接，西北而东滨于河，西南迤东属于冈，曲折十余里。春夏苦雨，冈塍流潦奔注而下，圩成巨浸矣。利在急泄内水，乃望耕获。而滨河之田，遇山水决堤，浮沙淤垫，荐为高滩，沿冈稍远，沙不能到，反如釜底。车辙潦水既降，中外皆饱，河流尽退，积潦始泄，然非十数日不能涸。故圩之低田以涝灾者，十常八九，其地势然也。道光十年，岁贡生赵元音、庐江文生赵孔缵，始倡议沿冈开沟，以纳花水。又东开夹河，河尽作木涵二，达于外河。西高东下，潦乃易去，民稍稍利赖之。然冈段既长，沟或未尽开，开者或浅窄易淤，又木涵窳，不耐水啮。从九赵先聘更议恢拓之，首捐钱三十千助畚揭之费，余各按亩起夫，分段致功。沟未开者悉开之，凡深八尺，广被之；夹河之广，又三数倍之。沿边有堤御涨水，易木涵为斗门，以石为之。又使低田悉为月堤，堤外为沟，内为塘为渠。堤半为小涵，时其启闭，潦水大至，由沟分入夹河，达外河。旱则于上游引河水入沟渠灌田。法尽善矣。殆所谓人力足菑为福乎？然予更有望者，花水沟之长四五里，又接夹河二里余，沟身既长，道又盘曲，潢圩行潦，流转迂缓，久之，必有淤塞之病，不可不虑也。小民可与乐成，不可与图始，有基何以勿坏，是在后之留心沟洫者。至于工役之费，禾丰圩约得五之三，王宝圩一，石珍圩一。经营于咸丰辛亥纪元冬十月，告竣于明年春二月，蒇事之日，舒城赵延芳为之记。

（清《光绪续修舒城县志》卷之四十九《艺文志》《杂文》）

六、地方志论水利（15篇）

1.《万历舒城县志》论水利

志氏曰：自非井田法废，沟洫利堙，陂塘之设即沟洫之遗也。而舒之陂塘利害，兴焉其陼，然蓄水四时巨浸是无论已。乃有流潦所淤稍旁地坡而为田，往往没於豪右欺餂，官佃势禁连墙不得满水，则田愈广而水愈狭，泉流之利不免日削矣。又或窥全塘之污，轻上官价径决为田，递使每每膏原鞠为荒莽。而新淤所收独得百倍，陈之於官则执牒左验，吏拘旧文卒不敢决，官习姑息，因循故纸亦莫改纮，即无论古人濬距之绩，其於国家水利之重果安在哉！舒之宿弊今已尽革，然又有可虑者，愚民狃于小利而昧大体，幸在目前而忽后艰，或以陂塘弓口取办，众纳难于卒集，遂将稍垱之地愿佃於人，取其租稞以充公赋。如含慈陂塘沿边弓口四十七石，岁可收五百私，稞於人得银五十。代其办纳本塘弓口，虽以纾一时之困，然久佃多遁，催徵未易，或豪右循辄轻价欺侵，则争田争水旧事復作矣。司治农者省焉。

（明《万历舒城县志》卷之三《食货志》《水利》）

2.《雍正六安州志》论水利

周官之制，稻人教民以作田兴水之法，诚以天时之乾溢不常，地利之潴泻有节，使瓯窭得以灌溉，而污莱不致水涝，岁事所以屡丰也。六州田多莫陆，厥土涂泥，溉浸尤急。昔叔敖开芍陂，王景修之；信臣造钳卢，杜诗修之。利赖于今不朽，民事所需，勤筑濬而杜填占，旱乾其有备乎！志水利。

……

右旧志所载官塘湖堰，除民间专用积水灌田外，其中有陆拾口原有傍岸，平坦水迹。居民承种菱藕，各完塘稻。雍正七年奉文，凡属闲旷未耕之地，皆宜及时开垦，以裕养育万民之计。知州李懋仁遵往查勘，凡有坦阜之处，可以招垦者，详明侯丈给领，照例六年后起科，其低凹故道仍留蓄水，以资灌溉。

（清《雍正六安州志》卷之八《水利》）

3.《乾隆寿州志》论水利

按寿州水利自安丰塘、蔡城塘外，计塘四十余处，载之旧志甚详。大抵皆起于明之前，至明而其制亦备也。然水之潴为塘者，必水之来者。远聚者众疏其道，而筑堤以蓄之，而启闭有时，乃以为灌溉之利也。明末兵燹，久未疏濬，鼎革之后犹有未及为者。百年以来，人稠地满，莫不乐得地之广以为己业，而凡塘之可耕者皆侵为田，而凿私塘于其中。其或塘之大而不能占者，则历经陞科，而为田。而塘之制渐狭，而塘之利亦渐湮。且生齿日繁，则六畜亦多，从前田地中有可为刍牧之地，后则尽开阡陌，遂以塘为养畜之所，不使蓄水，则亦不筑其堤。是有塘之名而无塘之实矣。间有塘制尚显，来水未断，民间犹以为灌田之资，然其为利亦甚微。故屡奉例兴修，止及安丰塘、蔡城塘，其余皆不在估修之例矣。

（清《乾隆寿州志》卷之四《水利》）

4.《乾隆寿州志》论芍陂

按寿州水利安丰塘为大，旧志纪载甚详。大约欲得塘之利必先去塘之害，以其源出六安龙穴山，汇流谿沘淠之水而中隔，於六安朱灰塘、李子湾筑坝。故治奸民而禁之，所以裕其源也。水自南来，而其地皆膏腴，占塘为庐舍，为围田，则塘内渐狭，而且以塘为田。又有因水涨而盗决其堤之弊，故其初立碑为界，所以通其流也。塘之长原百里，周三百，及后止周一百二十里。塘水由众兴集、牛角铺顺流直下，缘河为堤。极北而堤乃东转以横截之，堤之上庆丰亭久废矣，孙公祠犹存也。惧水之过涨，南堤筑滚水坝，北堤建凤凰闸，皆所以减其水，而使无冲决之患也。其初放水之门有五，后增至三十六，皆在塘之西与北与东北者也。盖塘之南为来水之河，其两岸久为围田，不能復旧矣。塘之东地势高阜，利其水者少；塘之西与北则水可直注，得其利者数十里俱赖于门之启闭，以为蓄洩之用也。但以年久堤埂倾塌，塘内渐淤，水涨则流而去，天旱则水无存。康熙间，州同颜伯珣念生民之命在乎农田，而丰歉係於水利。

安丰塘水利甲于东南，旧制将废，殊堪扼腕。乃谋于堂正，禀於各宪，广募而大修之，塘之中心疏之使广，周围支河濬之使深，堤埂加筑之使高且厚，滚坝增砌之使宽且坚。汛滥之时从坝而洩，而水但取平堤也；骤来之水闭闸以存，而水不致直泻也；放水之门经理坚固，而水不致横冲，亦不致浸漏也。董其事者有塘长，有义民；应其役者有门头，有闸夫。制度详明，法令整齐，经年而后工竣。成功之后，每春则亲巡堤上，恐有损处也；夏秋更躬历垅亩，视其将涸，则发钥启闸，务令水利均沾；至冬犹自按查，恐民之不知大计者，或欲减水以资畜牧，或欲洩水以取鱼虾也。其中稍有不完者，则补葺之，以为来岁计焉。盖塘之由来虽远，而溥实惠能广济者，则莫大於颜公，是以士民感戴，立生祠於孙公祠之左。自后数十年，而河或淤浅，堤或冲决，闸坝、水门亦不无损坏。乾隆十四年，奉例查修，动支国帑一万有奇，仍其旧规，重加修理，壅塞者通之，崩决者补之，坍塌者增之，则塘之蓄洩皆有攸赖而美，利无穷矣。

（清《乾隆寿州志》卷之四《水利》）

5.《乾隆寿州志》论蔡城塘

按蔡城塘亦寿州水利之大者，志载南北直长一千八百丈，东西中阔五百丈，系大概成数也。塘形如桃核中宽，南北两头狭，围约二十六里，东南北三面有埂，陡门十三座，迤西一面靠冈，地高堪为界。塘身东低而西渐高，有来水一道，北引黄间、舜耕诸山以及平坡漫湋之水五派，从姚皋、马厂而南汇于沟，委宛十三里，由孔家店东过桥入塘。沟旁有减水石闸、滚水石坝各一座，遇水异涨则减泄，至北炉桥入河归淮。孔家桥南有小坝一座，系分水以灌沟旁之田者，久不修，来水沟淤塞，闸坝废坏，塘埂、陡门坍塌，塘内不能聚水。塘身迤西一带居民皆垦为田，升科纳粮，由来已久。及乾隆四年发帑修理，来水沟既深通，闸坝、塘埂、陡门亦皆完固，塘内已能蓄水。乾隆十四五两年，山水大涨，塘水盈溢，淹及塘西之田，遂有盗决塘埂之事，以致争讼。今查塘西之田虽属塘身，但升科纳粮已久，未便尽使弃田归塘，应令有田之家同力筑埂于塘田相连之处，以防塘水盈溢。埂内仍开涵洞三道，用泄田水入塘。然遇异涨之年，塘水既欲满蓄，则涵洞必被水湮，不能宣泄塘西田内之水，势必又至淹没。勘度形势，当于塘之南埂内筑夹埂一道，开徒门一座，塘西新埂之南向东筑小坝，遇塘水未满，塘西水涨欲泄，则开三涵洞并开小坝，泄水归塘。若塘水已满，或遇霪潦，塘西尚须减水，则将夹埂、丰乐门减泄入沟归河，实为两全之计。但须上、下塘长与司门者临时公同启闭。其夹埂、陡门或有损坏，责成塘西有田者随时公修。再查来水沟、减水闸，自动兴帑修以后，今又冲塌，应令塘下用水之家公修完固，以永水利，此则所望于吾民之踊跃从事者也。

（清《乾隆寿州志》卷之四《水利》）

6.《嘉庆霍山县志》论水利

周礼稻人教民以作田兴水之法，所以备乾溢之不时，而潴洩有地。则高不忧旱，卑不患涝。惟上之人识山川之向背，而善为宣蓄，民之食其利者，遂以不朽。此召父杜母之名，千载在人口也。霍山本陬，无大陂塘湖堰，致烦上官区画。而山下出泉，皆可作堰；地中有水，皆可为塘。民习於勤，颇自知疏筑。故本邑旱灾，较他邑恒减。第虑久而怠废，在随时敦勉，俾勿忘勿坏而已。山间半亩之塘，盈尺之堰，正在皆是，多不胜纪。

（清《嘉庆霍山县志》卷之二《营建志》《水利》）

7.《嘉庆舒城县志》论水利

舒邑有三堰、十塘、九陂，灌田数万顷。始于汉羹颉侯刘信，继之者扬州刺史刘馥，自晋迄元屡变沧桑，渐多壅塞。前明邑令刘显力兴水利，循旧规而导之，民沾其泽，祠三刘焉。我朝雍正初年，蒋令鹤鸣出视田亩，加修三堰，清理官塘，蓄水灌田，其利溥矣。外此西南山濒河，土人仿效前规，凿为小堰数十。又邑东圩田，则有长河荡水，因时灌溉，食水之民便焉。特三堰为七门之水，支分派远，脉络贯通，而艚牍、乌羊或通或塞，是在司牧者。因所利而利之，斯丰年多而歉岁少，三农乐利于无疆也。

（清《嘉庆舒城县志》卷十三《水利》）

8.《嘉庆舒城县志》论七门三堰

七门堰坐落七门岭东，前河水绕七门岭南向东流，汉羹颉侯于此阻河筑堰，灌田八万余亩，因此七门为堰名。堰水经女儿桥北行为苏家荡，行六七里至沙河观西为蛇头荡，又北行三四里至新河口西为洪家荡（此上为上三荡，灌田数千石）。自洪家荡分支东北流为银朱荡，下流为黄鼠荡，使水至霍湖城归前河。堰水自洪家荡转向北流者为十里长河，下流为豹子湾（在城西南十二里），又北行数里为三门荡（此下为下十荡，灌田一万七千余石）。又四五里为洋萍陂荡，自洋萍陂分支东流四五里，绕城六安门、北门，经牛集桥，在城北复绕城大东门，东过陈三堰，下为黄泥荡。凡十余里，至张山河入前河。自六安门外南支分为马蝗荡（即城西濠荡，名不在十荡数内），绕城西归南溪。北支分为八棱沟荡，东流过鱼鳞桥（官道汛地），行十余里，至张山河入前天河。自洋萍陂转向西流者为大格荡（在城北五里荡水始至叶家河止）。行四五里而分为三，东支为新荡，行三四里为马家荡。东行过三沟驿为焦公荡，荡水行六七里至石塘河入前河。复分支北至钵盂墩入后河。自大格荡分支向北流者为柳叶荡（离城十里，使水至谢家河止），又数里为鹿角荡（离城十余里，使水至桃镇南姚岗嘴止），堰水经糍粑店（官道汛地）、枣林岗至郑家冈，北入后河。

　　艚牍堰坐落西关外，离城半里，水道由任大年桥直达周瑜桥，至张陂桥分流。南支下灌潘家桥，由皂角堰至高桥，共灌田五千余石。北支由任家涵绕七星塘，下黄泥荡，分中南北三沟，共灌田三千七百余石。

　　乌羊堰坐落新河口东，由方家冈下伏虎寺垱，灌霍家坂，东过官道，共灌田数千石。堰口近被七里河沙涨尽成陆地，遂失考。后人于堰东开包家沟以灌诸田。

（清《嘉庆舒城县志》卷十三《水利》）

　　9.《同治霍邱县志》论水利

　　稼事之兴莫先於水利，修水之利利也，防水之患亦利也。县境南皆高阜，冈原四达，水不渟蓄，利宜酾渠引泉以资灌溉。北境库下，濁淖泪洳，众水所潴，利宜疏通下流，俾得宣泄。滨淮之地暴涨屡侵泛溢为患，扦防得宜，足成沃产。此其大略也。邑内不乏陂塘湖堰之属，但日久腌削，半成湮废。今以旧志所有者备录之，后之人庶几寻其躑，而可以兴復焉。

（清《同治霍邱县志》卷之一《舆地志五》《水利》）

　　10.《光绪寿州志》论芍陂

　　按汉书沘山，沘水所出，北至寿春入芍陂。水经注沘或作淠，沘山在今六安州霍山中，为沘水之源。迳河南固始县界，又东迳霍邱县入州境，凡四百余里，入淮。固始，古之期思县，北魏时尚有楚相孙叔敖庙。淠水在六安州界，皆两山夹流，势尚未盛，至固始入平地，其流始大，孙叔敖治芍陂时，必导源于此。故淮南子以为决期思之水以灌雩娄之野。雩娄今霍邱县，与安丰接壤，华夷对镜图言，芍陂周回二百四十里，当不仅在安丰一县之地。今考陂之北为寿春，西则雩娄，东为古成德县，南接六安国。雩娄，陂之来源，故亦得称为雩娄之野。崔寔月令及宋史循吏传，以芍陂为期思陂、期思塘，其义正同，诸书皆言孙叔敖所造。惟皇览以为楚大夫子思作，考子思之名不见于经史，皇览为魏文帝时诸儒撰集，后刘安数百年，又其书久亡失，惟见于刘昭续汉书注，殆不若淮南子之足据也。

陂之三源，淠水最大，会蹄鼓川、麻步川、濡须口之水，分注于陂，今已湮塞。其一肥水，源出合肥将军岭，与施水分流，水经称其与芍陂更相通注。今肥水绝不与施水会，而与芍陂相通。故渎已渐湮，水大则相挹注，水小则否。又其通注处上流亦不长，虽疏瀹之，与陂无益也。其一龙穴山水，会石堰河、白堰河、番山朱灰革之水，悉注于陂。伏滔谓为龙泉之陂是也。然皆山曲溪涧，不能容舟楫。上流复多堤堰，遇旱则专为己私，惟恃官为毁禁之耳。论者曰：旧志陂长本百里，周几三百里，今陂周一百二十里。又一百二十里中，其为陂者仅十之三，其余皆淤为田。水稍大则病陂中田，决之则病陂外田。稍旱则上流固其堤防，而陂之内外田皆病。今欲去此害，莫若详考淠水入陂故道，而修复之。旧图陂之西为众兴集，有滚坝一道，广四丈，高寻一尺，两壁隆起。中址迤下，溢则流，否则止。水西流，由迎河集入淠水。安丰旧县有凤凰闸，深六丈二尺，广三丈三尺，西流由板桥集入淠水，北流入淮。以水经注考之，其滚坝殆泄水入陂故道，凤凰闸殆泄水由陂注淠，入淮故道也。盖泄水自麻步川与淠水分流，北过芍陂至濡须口，复与淠水合，与今陂形正同。特今昔地名不同，所谓麻步川、濡须口者，无故老以确证之耳。众兴集去迎河集仅二十里，水大淠水东溢泛为巨浸。去芍陂仅六里，是迎河集之东，其地势皆卑于淠河，故水涨得溢而东出，其近陂六里地势较高，故水不能溢入。今莫若於滚坝入淠故道，力为疏瀹，引淠河之水东注于陂。而于迎河集之西复建一闸，水大则闭之，不使东注；水小则开闸引水，使还入陂，由凤凰闸以北入于淮。欲灌田则闭凤凰闸，而开诸门纵水，事迄则闭诸门，而使水复由于闸。若虑水盛败陂中田，则当深瀹陂中水流故道，而北瀹大香门，以达城濠，所谓芍陂渎也。水经注断神水，迄白芍亭东始积而为湖，则湖之西南必无积水，可知其断神水自五门亭，循堤北行，必有经由之道。今陂西围堤内皆有深沟，殆仍古制，当益深广之，既多蓄水亦便流通无滞。若山水大则开凤凰、皂口、大香门三闸，俾之宣洩，可保无害。昔宋刘义羡镇寿阳，因旧渠引淠水入陂，伐木开榛，水始通注。宋明道时，张旨令安丰，瀹淠河三十里，疏泄支流注芍陂，自是而后，无迳而引淠水者。盖屡经兵火，其故渠无人能识，故日就湮废。幸郦注之言，颇自详悉，迄今犹可按图籍而定之。今若濬淠水入陂故道，则虽遇旱，岁无歉患。通芍陂至黎浆故渎，则水虽盛涨，而陂中田亦不至浸没。苟能行之，淮之南皆沃壤矣。

按：是论甚伟，第地势高卑，今昔异形，淠与陂相通故道湮塞已久，疏濬实难。即令能通，现在陂中亦不能承受，恐转多冲决之患。今因时制宜，惟龙穴山来源，禁止上游堵闭，塘之闸坝、水门时加整理，堤埂时加培补，中沟时加挑挖，蓄洩有备，启闭应时，则水利均沾，永永无既，何事恢张其说，使人望同河汉哉！

州人夏尚忠所撰芍陂纪事，有五要、六害、四便、三难、二弊，皆切中时事，文繁不能备录，故刊其目，以俟后之考陂制者览焉。

（清《光绪寿州志》卷之六《水利志》《塘堰》）

11.《光绪霍山县志》论水利

霍虽岩邑，食为粳米，故农民重稻田，以水为命。湄漫潜三水发源西南山中，其流稍巨，然幽险陜仄，峻激多砥石，两岸无田可资灌溉。湄行百里已入州境，漫潜合流至梁家滩，以下渐平衍，则又停淤滥漫，即有田亦多淹没，不能享其利，反受害焉。得其利者率山泉溪涧之水，垒石为堤，承流作堰。所谓畈田者，十才一二，其一坵一墅间；所谓垅田者，大都倚岩傍涧，屈曲层叠而成，奇零错落，无阡陌，得源泉之润甚少，全恃垅头凿池塘以蓄水，稍不慎则渴竭随之。是以耕山田之农最苦，亦最勤。近治与东北二乡田稍平衍，颇得渠堰池塘之利，然水利废弛，反不若山农之兢兢防蓄。且境内土脉鬆薄，水易渗耗，五六月霖雨以时，乃望有秋。十日不雨则民心惶惶，水利之讲求顾不重哉！

（清《光绪霍山县志》卷之二《地理志下》《水利》）

12.《光绪霍山县志》论堤防

拱辰门外所谓河北滩者，昔为两保之地，平畴千顷，烟火万家，乃霍境膏腴。自遭洪水，河徙而北，没为南滩，白沙弥漫，一望无际。近年淤垫渐高，去水远者已成沃壤（据老农言，河沙得水侵润，日久可变为土，有草根挂淤者，成熟更速）。居人虽争相认种，遗弃犹多。且势分而散，不能疏濬。内河捍御外涨，水稍大不免淹渍之患。如能归公开垦，相度形势，於俞家畈之鳌山坝、潜台寺二处顶溜之区，筑挑水石坝（即民间所谓水犁者），逼正溜，使益趋北。秋冬水落，由潜台寺筑长堤，迤逦沿流而下，抵龙头石而止，取河滨之泥沙，实堤内之低陷，堤上遍植茅莎、桑竹。堤成则束水归漕，水归漕则流畅，溜急挟泥沙俱下，数年之后，水道愈深，堤亦巩固。内疏化龙、幽芳二河之水，设斗门，建堰闸，以时宣洩灌溉，则白沙荒土悉变良田，约略不下万石。田既成熟，然后丈量，均其租赋，荒粮缺额之累可补，地方学堂之经费可增，而城垣亦资以保护，诚公私百世之利也（或谓工程浩钜，非大力者不能，是亦有术其间。惟挑水坝工本稍巨，须集股为之。土堤则责令有主者，主客分任。无主之地，谕民间有能筑堤若干丈者，即为世业，成熟后听种三年，再行升科收租。筑尺得尺，筑丈得丈，三数年，计无不成者。此民办之说也。若由官绅设立垦荒公司，凡有主之地给半价使归公集股，招垦建筑，更为易易。若谓沙土疏鬆不能御水，则又不然。凡筑堤必去水稍远，使河溜可容盛涨，况有挑水坝顶御大溜，即令暴涨，不过漾溢无虞。冲刷数年之后，草木根蟠，坚实无恙矣。如英山两河全系沙堤，非洪水未尝破坏，项家桥之河堤今则巨木数围，历无数水灾，矻然益固，非目前之明证乎）。

（清《光绪霍山县志》卷之二《地理志下》《水利》）

13.《光绪续修舒城县志》论水利

自古兴水利者必除水患。志所称三堰、十塘、九陂，为民利溥矣。然滨河之区，滩湾淫污利水半，患水亦半。自汉以来，如三刘诸贤言水利者多矣，而能言水患者卒鲜。余尝欲考河流原委，具知圩田要害，作圩田图志，卒以本末不具，书阙有间矣。兹特撮其大略以俟君子，作沟渠志水利。

舒城西南多山，而东北近湖，前河（即巴洋河）贯其中，后河（即界河）界其北。近山而高者为冈，漥者为冲，濒河淤而沙者为湾，水而田者为圩、为畈。春夏之交，河夹诸山之水奔腾下注，七门以东河出平地，束于诸圩，不及趋湖，盛涨莫宣，时虞泛滥，蓄洩得宜，可以杀患而兴利。纵观地势，大要有三，山冈之地最宜蓄水，因高就下，可塘可堰，渟潴灌溉，利饶耕作，其要一也。沙湾之地厥宜洩水，泉脉夜润，小旱不枯；厥土坟垆不任积潦，多开支渠，潢污易去，其要二也。滨河之地惟宜障水，势既污下，水复湍急，骤雨连日，堤多溃漫，增高培厚，与水争地，其要三也。综是三要，尤以蓄水为最。蓄水之利昔称三堰，今以七门为最。

七门山来自孟潜，孟潜距两河之间。山脉东迤为大陆，广袤数十里，七门斜贯其中。志载汉初羹颉侯刘信于七门岭下阻河筑堰，曰七门。开渠建牐牏，引河流东北，载之平陆，条分支贯，灌田八万余亩。或曰堰筑于淮南厉王长，盖汉初邑故淮南国，其后乃为庐江郡治舒县地也。三国时，魏扬州刺史刘馥守淮南，大开稻田，循汉羹颉侯故迹，后乃浸废。明邑令刘显修复之，为荡十有五，又分闲忙，定引水例，董以堰长，民至今遵行之（上五荡引忙水，自四月朔起。下十荡引闲水，自八月朔起）。然堰引河流，山水挟沙，倒灌入堰，岁时挑掘，积沙渐高。夹堰皆民田，不容淤垫，苟非别筹隙地积土，则水利半废矣。七门之东有乌羊堰，亦汉羹颉侯筑，东穿官道十余里，灌田万余亩，旧在河南岸。明季河南徙七里，沟屡泛决，田尽淤，而堰遂废。后人于其东开包家沟，今亦废。存者惟伏虎荡以东沟身数道而已。然下游不治，霪雨积潦，深没道路，经旬不去，豆麦咸病。故曰沙湾之地利在洩水，是则乌羊一堰，不必治其源，但当疏其委矣。

七门、乌羊两堰之间有龙王荡，筑于龙王庙北，故名。志载明邑令刘显于龙王庙西作坝障水，以灌诸堰。国朝嘉庆初，邑人高珍开渠，北通七门堰，以资下十荡忙水之利。惜今河南徙，堰口淤废，不能享其利也。七门堰支流既远，其利浸微，则济以糟牍堰，堰亦汉羹颉侯所筑，志所称三堰，盖七门、乌羊，并此而三也。在邑西关外绕治东流，分三沟，灌田二万余亩，自河流南徙，堰半废。康熙雍正朝，邑令蒋鹤鸣、陈守仁两次开濬，终以河淤无水废。堰初有糟牍，以时启闭，故曰糟牍。河淤堰废，糟牍遂荡然，猝遇大涨，河流倒灌，常为城郭、田庐之害，计为修糟牍筑堤，先杀其患，徐图其利也。

自七门三堰之后，谈水利者，官私陂塘堰荡，次第悉举矣。撮其大者，七门堰之西有十丈陂，潴板山之水，分十二堰，东流十余里汇於七门。陂之东北有陷冲塘（亦曰白水），东合靠山陂，入于七门堰，水至此始大。其东有侯家坝，北阻寒塘之水，亦南入七门者也。七门堰北，冈势稍高，堰水不及，则有南塘灌溉之利。南塘位陷冲塘北，路斯庙南，积水成渠，流注冈脊，东延几三十里。官塘水利此为大，塘之西有官陂塘、景冲塘，又西有含慈陂，灌张母桥车皮畈田，北极于界河而止。塘以东有小冲塘、大冲塘，又东有西塘。稍北有青陵陂，又北有破山陂、六冲塘，皆位于分路口平冈之上，东极于杨家店之北，蓄水灌田，与七门之利相埒。其在前河以南春秋、凤翥、鹿起诸山脉，夷为平冈数十里，其间官塘之大者，于春秋山麓则有乌鸦、石人诸塘，于凤翥山麓则有卓山、陈山、春秋、夹山诸塘，于鹿起则有金陂、侯陂、女佔诸塘，皆有斗门以备蓄泄，设塘长司启闭。惟石人一塘久废，石人塘截冲筑堤，长里许，潴曹家河水灌田，今悉淤废，开垦成田。原其弊在水挟泥沙，不以时濬，久益淤塞，小民贪利，渐占为田，已复升科，遂不可复，此在官私陂塘堰荡无不然也。前河自西南来，经巴洋河达于龙河口，其间土田平旷，有灰汤堰，源杨林坦，委梅河镇。

龙河水出庐镇关西南群山中，北流至朱黄店，东岸有丰林堰。又北至新开岭，西岸有伏龙堰，经高峰山西麓乌沙镇，迄于龙河口。乌沙之东有老马堰，经湾塘河、洪家畈，亦达龙河口，今废，仅存其名。龙眠、华岩诸山水北流至杜家店，西岸有梅家堰，东岸有李家堰，皆灌田数千亩，至小河口入前河。春秋之阳其水曰曹家河，经石人塘北流，右过横山，有荻草堰。又西北经古罗汉畈有古罗汉畈堰，又北入前河。曹家河之东有南港河，南合东西二衖水，有圣功堰，北流至南港镇，有龙塘堰。又北为孔家河，至柏毛荡入前河。南港之东有水曰新店河，源出硖石关，北经三里畈，有枫子堰。又北过横山，西岸有千功堰，北为王家坝，明通判王渭所筑，北极萧家潦，至周公渡入前河。横山之北曰花李山，其下有堰曰花李堰，北迤为金司堰，今堰口占为民田，不复引水，惟沟形犹存。

自七门以东滨河诸圩田，岁旱则有长河荡水之利，截河筑坝，阻水入圩，或三五里，或十余里，节节为之，所在皆有。撮其大者，于下七里河东岸有兀子荡，其东有柏毛荡，皆阻前河入孔家河，灌三汊陂以东诸田。柏毛荡之东有陈家、千人二荡，阻水入白露沟，达县河下游，灌路里桥、七柯柳以北诸圩田。陈家荡之东曰合心荡，阻水入韩家河口，灌鲍舒桥、千人桥东北诸圩田。其东周公渡有黄鳝沟荡，阻水入新店河，灌萧家潦诸圩田。又北有将军荡，灌倒灌圩以东诸田。杭埠之东有张家荡，阻水入桑树店河灌田。相传昔本邑漕舟截水济运，后沿为例，盖犹七门三堰之遗意也。然大旱望泽，民有同情，上若有余，下必不足，上下相争，每有械斗之事，宣塞不时，有利不能无害矣。

前河源出潜霍诸山，自源迄委，曲折经行县境二百余里。而后河界连六合，源于平冈，无沙石之淤，河身低于前河，水势不及前河之半，故前河山水暴发，必北注后河以杀其势。生齿日繁，山民不足于食，垦荒渐多，树叶草根无以含水，浮沙细石随雨暴注，日积月累，河道遂塞。初前河之注后河也，由县前河渐移而东，由鲍舒桥河，由移而东由千人桥河，今且东移而由钱家河、杭埠河，水势回远，滨河圩堤时有决溢。又两河入湖之口扼于三河诸圩，尾闾不畅，沿河之地常苦潦，故县河塞而方家冈泛（道光季年），方家冈之堤成（咸丰八年筑），而任家湾决（光绪年），下愈雍则上愈溃，必至之势也。

夫讲吾舒之水利，山冈当兴其利，圩畈当除其害，兴利莫先于七门牐牍诸堰，浅者濬之，塞者疏之，倒灌者牐牍之，泛滥者堤之，则利兴矣。其余近山之处，不患无水，如南塘、石人塘之类，各循旧例而修复之，则利兴矣。而无人议及者，公私财匮，无以给工役备揭之费，一也；日渐芜废，民或侵占，狃目前之利，不顾其害，二也；董长非人，谋私利，不图公益，三也。害莫大于前河，水涨则泛决为害，水落则淤塞为害。其在畈田，蛟水泛涨，或数年，或数十年一受其害。而在圩田，或间岁而受其害，或无岁不受其害。今欲除泛决之害，莫善于防，而沙河日浅，水行地上，未易防也。即防矣，而湖口不畅，支河多塞，仍不得而防也。除淤塞之害，莫宜于疏，而疏导之法必先下游。今自三河以下入湖之口，皆属合肥、庐江县境，操纵无权，则疏之法穷，且沙石日积，继长增高，种山既无禁令，长河遂无濬法，则疏之说终穷矣。为今之计，莫如先讲蓄水之利，相度地势，广筑塘堰，农隙之时，官督民办，务令堤坝坚劳，沟洫通畅，潦水渟潴，不遽注泻，则旱既有资，涝亦无患。次讲放水之利，语云：人力足，灾为福。但使营圩田者通力合作，不侵不溢，功力坚劳，则堤自高固，堤高且固，足与水敌。数年之后，各山种久土结，河沙遇骤雨冲洗，庶可复旧，则水患息而水利兴矣。

（清《光绪续修舒城县志》卷之十一《沟渠志》《水利》）

14.《光绪续修舒城县志》论七门三堰

七门堰在七门岭东，巴洋河南绕七门岭，汉羹颉侯刘信于岭下阻河筑堰，因名七门（《舆地纪胜》魏刘馥广屯田，兴治七门堰，利民甚溥。《太平寰宇记》七门堰在庐江县西一百一十里，刘馥为扬州刺史修筑，断龙舒水，灌田千五百顷。宋刘攽《七门庙记》、明秦民悦《七门堰记》，皆谓堰创于羹颉侯刘信，至馥时，废而复修耳）。凡十五荡，灌田千余顷。堰口有牐牍，深一丈，广八尺，上为桥，曰女儿。左右有隙地，下十荡，架屋数楹，为开堰工役栖迟之所。堰水经女儿桥东北流，绕七门东麓，过桑树井湾五六里为苏家荡。又北东三四里至沙河观西为蛇头荡。又东北里许为洪家荡，自洪家荡分支东北流六七里迳龙王荡，又东至乾沙河北为银朱荡，又东北三四里为黄鼠荡，又东北至霍湖城入县河（以上为上五荡，使忙水，四月朔起，十月晦止）。其经流自洪家荡北折为十里长河，十丈陂水自西来会，北过万家桥，又北二里，西合陷冲塘、靠山陂水，堰水至此始大。折而东四五里过陈家桥、侯家坝，合寒塘支水自北来入。又东北里许，龙王荡故沟自南来入，过心懔桥，又东北三四里至豹子湾，东北斜绝冈脊二三里为三涵（支流金鸡墩入县河）。又东北里许过官沟桥，又东北里许为高沟（支流至城西合洋萍陂支水为蚂蝗荡）。又北东里许为三门荡（以下为下十荡，使闲水，八月朔起，三月晦止，灌田一万七千余石）。又东北里许为洋萍陂，分二支，一支东南流为八棱沟，复分支，南支南流四五里至县治古城复分支，南绕六安门，西合高沟支水为蚂蝗荡。又南绕庆成门东入于南溪。北支绕古城北过牛集桥，又东南绕大东门过八蜡祠，又东北为陈三堰。又东北为黄泥荡，与艚艗堰水合，十余里至张家河入县河。其八棱沟东支东流七八里过三里桥，至鱼鳞桥穿官道东合陈三堰支水，东北流十余里至张山河入县河。其经流自洋萍陂北流，南过五里旭，又东北斜穿冈脊二三里为大格荡（或曰戴家荡，支流北入谢家河）。又东北四五里分支，南支东流为新荡，又东三四里过龙王庙为马家荡（亦曰马饮荡），又东北四五里至三沟驿为焦公荡。又东六七里分数支，东至石滩河入县河，北至钵盂墩入后河。其自大格荡东北流五六里为柳叶荡（支水北至谢家河），又东北四五里为鹿角荡（支水东北至桃镇南姚冈嘴入界河），又东北经糍粑店，又北东过枣林冈至郑家冈，凡十余里，入界河。

　　按：七门堰上下十五荡，引水之例向分闲忙，各荡皆有定期。堰口女儿桥艚艗旧深一丈，广八尺，今沙淤其半，沟日浅狭，来源不畅，专恃十丈陂余水为挹注，若久旸不雨，陂无来源，则堰流滋细矣。又柳叶、鹿角、焦心等荡，沟身多被民侵为田，淤泥日厚，不肯开濬。若准以量水之法，则堰水之利已废，其半有基勿坏，是在留心水利者。

　　艚艗堰在庆成门外窑厂西，《舆地纪胜》艚艗堰在舒城县，即汉羹颉侯所筑，有羹颉庙，灌田二万余亩。堰水东过任大年桥，又东过周瑜桥，绕城南东汇为带渚堰。又东过望湖桥，北折至张陂桥，分二支，南支东流四五里过潘家桥为皂角堰，又东数里经九女墩南，至高桥入县河（灌田万余亩）。北支由任家涵东绕七星塘，又东会七门堰支流为黄泥荡。又东数里经九女墩北，又东过谢家坝，又东至路里桥北入县河（灌田近二万亩）。

按：筑堰必筑艚牏，所以收水利，即以防水害。堰名艚牏，则旧有艚牏明矣。自河淤堰废，艚牏遂无存。岁旱，则无水可引；暴涨则由堰倒灌，自城以东数十里，咸被其害。又志载修城必筑城南王家坝以障水，今堰口无艚牏无堤，虽筑坝，无益也。光绪戊戌，堰水大涨，南城坍者数十丈，此其著者也。

乌羊堰在龙王庙东，亦龚颉侯筑，灌田万余亩。堰水东过方家冈，又东北六七里至伏虎寺为伏虎荡，又东经霍家畈分三支，一东北经三里街，过太平桥，又东北过菜花桥，又北入县河。一东过小清水桥，又东北过铁匠桥，又北入县河。一东过大清水桥，经任家湾为梅家荡，又东北过粮米铺入县河。

按：明季河南溪七里沟后，屡泛决，堰口淤成陆地，后人于堰东开包家沟，今亦废，惟伏虎荡以东数沟仅存。伏虎荡有泉曰锡杖，大旱不竭，颇利灌溉。然堰水所灌之田尽皆淤垫，宜稻者什之一，余皆宜豆麦杂植，利在洩水，宜多开支渠，清其下游，则称上腴矣。又伏虎荡西宋家湾有古河一段，由永安圩惠家斗门入县河，今斗门不治，积潦无所洩，急宜规复旧制也。

（清《光绪续修舒城县志》卷之十一《沟渠志》《水利》）

15.《光绪重修安徽通志》论六安州水利

按六安之水乘高而下，湍急势悍，易盛易竭。然潴之堤之亦可养水性之有余，而补地势之不足。但其土疏弱难坚易毁，非勤而修之不为功。英山无平原旷野，田多冲垅，间有滨河者皆沙坪，赖堰灌溉。霍亦山陬，无大陂塘湖堰，而民习於勤，颇事疏筑，故偶遇旱魃，其灾较他邑恒减云。

（清《光绪重修安徽通志》卷六十七《河渠志》《水利》）

后　记

　　皖西地处淮河流域中游地区，位于江淮农业区的西部区域。自春秋战国以来，当地民众先后兴建了芍陂、七门堰、水门塘、蔡城塘等较为著名的水利灌溉工程，农业生产获得较快发展。这些工程至今仍发挥着作用。在长达数千年的历史进程中，皖西地区的水利建设取得了很大成就，这里也成为中国古代历史上水利事业最发达的地区之一。特别是在新中国成立后，皖西地区大力开展治理淮河行动，兴建了佛子岭、梅山、响洪甸、磨子潭、龙河口、白莲岩等大型水库。皖西人民还巧借治淮成果，兴建了新中国最大的灌区——淠史杭灌区，其沟通了长江、淮河两大水系，使皖西、皖中江淮分水岭的岗丘地带呈现出"水在岭上流，船在岗上走"的奇特景观，勘为世界水利建设历史上绚丽夺目的明珠。但长期以来，学术界对有着悠久水利历史的皖西地区缺乏有力关注，仅寿县的芍陂工程研究成果相对较多。故作者历时十余年，数易其稿而著成此书，其中的困难程度是很难以语言来表述的。

　　由于众所周知的原因，皖西地区留存的民国前有关著述、文献很少，而且极为分散，难以寻获。作者自2006年开始进行皖西水利史的研究，深入民间，进行田野调查，以期获得民间文献和资料。作者还专门到皖西地区留存的一些著名古寺庙、古遗址抄录碑刻资料，深入农民家中走访并抄阅族谱（家谱）资料；利用参加学术会议的机会，到国家图书馆、南京图书馆、安徽省图书馆，还到本区域内的六安市、舒城、霍邱、寿县档案馆和方志馆查阅有关皖西地方的文献及档案资料，先后搜集了大量有关皖西地方的水利史资料，为本书的顺利撰写打下了良好基础。

　　本书从撰写到出版面世，历时十年之久。除东南大学出版社有关编辑人员的认真编审，严格把关外，先后得到了安徽省淠史杭工程管理局、六安市水利局、安徽省龙河口水库管理局、舒城县方志馆、皖西学院图书馆等相关工作人员的大力帮助，在此致以深切谢意！

　　最后还需向读者说明的是，原书稿所附参考文献因与书中页下注释文献重列，故不再单独列出。在书稿撰写过程中，参考和引述了许多专家学者们的资料，尽管在文中已经注明，但可能还有遗漏，失当之处敬请谅解！书中存在的一些舛误，尚祈读者们赐教！

作者

2020年6月30日

于皖西学院寓所